世界精品石材
The Illustrative Plates of World
图谱
Exquisite Stones

Volume Ⅱ

主　编

环球石材集团有限公司

伟业达（北京）国际展览有限公司

Edited By

Universal Marble & Granite Group Co., Ltd

Victory (Beijing) International Exhibition Co., Ltd

中国建材工业出版社

China Building Material Industry Press

图书在版(CIP)数据

世界精品石材图谱/环球石材集团，伟业达(北京)国际展览有限公司编.-北京:中国建材工业出版社,2002.1
ISBN 978-7-80159-6

Ⅰ.世… Ⅱ.①环… ②伟… Ⅲ.①建筑材料-装饰材料-石料.工业产品目录.世界 ②建筑材料-装饰材料-石料.图谱 Ⅳ F765.1

中国版本图书馆 CIP 数据核字(2001)第 076769 号

The Illustrative Plates of World Exquisite Stones
CIP Data
The Illustrative Plates of World Exquisite Stones /Edited by Universal Marble & Granite Group Co., Ltd, Victory (Beijing) International Exhibition Co., Ltd, and Beijing-based China Building Materials Industry Press, 1, 2002.
ISBN 978-7-80159-6
Ⅰ.World... Ⅱ.① Universal... ② Victory... Ⅲ.① Building material- Decoration Material-Stone Material-List of Industry Products-World ② Building Material- Decoration Material- Stone Material.Illustrative Plates Ⅳ.F765.1
China edition Library of congress Catalog Card Number(2001)No076769

世界精品石材图谱

环球石材集团有限公司
伟业达(北京)国际展览有限公司　主编

The Illustrative Plates of World Exquisite Stones

Edited by: Universal Marble & Granite Group Co., Ltd
Victory (Beijing) International Exhibition Co., Ltd

中国建材工业出版社(北京市西城区车公庄大街6号 邮编: 100044)
http://www.jccbs.com.cn
编辑部电话: (010)88385207
发行部电话: (010)68345931
新华书店北京发行所发行 各地新华书店经销
恒美印务(番禺南沙)有限公司 印刷 装订

Published by China Building Materials Industry Press
(No.6 Chegongzhuang Road, Xicheng District, Beijing, China Postcode:100044)
http://www.jccbs.com.cn
Phone Number of Editor Department:(010)88385207
Phone Number of Distribution Department: (010)68345931
Distributed by: Beijing Distribution Station of Xinhua Book Store
Printed by: Everbest Printing (Panyu Nansha) Co., Ltd

开本:889mm × 1194mm 1/16 印张:34 字数:988 千字
2002 年 3 月第一版　2007 年 6 月第二次印刷
定价:850 元(套)

Size:889mm × 1194mm 1/16 Printing paper:34 Words:988 thousands
First Edition: March 2002　Second Print: June 2007
Oversea Price: US$ 300/set

主　　编：环球石材集团有限公司
伟业达（北京）国际展览有限公司
顾　　问：严克明 李运璧
副 主 编：朱新胜 高　峰
策　　划：熊仕威 侯力学 高　峰
策划编辑：侯力学
责任编辑：刘京梁
翻　　译：文　梁
编　　辑：朱玉红 朱端英 汪　力 肖建平 许秋艳 杨尚志 罗克中
贾仲岩 韩淑霞
监　　制：栗克宁
封面设计：徐威波
正文设计：侯力学 李修群
撰　　稿：高　峰 力　学
制　　作：李修群 孙　涛

制　　版：恒美印务（番禺南沙）有限公司
印　　刷：恒美印务（番禺南沙）有限公司

Edited by: Universal Marble & Granite Group Co., Ltd.
Victory (Beijing) International Exhibition Co., Ltd.
Advisers: Keming Yan, Yunbi Li
Vice-Editors-in-Chief: Xinsheng Zhu , Feng Gao
Planned by: Shiwei Xiong, Lixue Hou , Feng Gao
Plan Editors: Lixue Hou
Responsibility Editors: Jingliang Liu
Translator: Wen Liang
Editors: Yuhong Zhu, Duanying Zhu, Jianping Xiao, Kezhong Luo
Shangzhi Yang, Zhongyan Jia, Li Wang, Qiuyan Xu, Shuxia Han
Supervised by: Kening Li
Cover Design: Weibo Xu
Format Design: Lixue Hou ,Xiuqun Li
Text by: Feng Gao, Lixue
*Manufactured by:*Xiuqun Li, Tao Sun
Manufacturing Assistant: Shuxia Han
Plate Making: Everbest Printing (Panyu Nansha) Co., Ltd
Printed by: Everbest Printing (Panyu Nansha) Co., Ltd

内容提要

本书是一部介绍天然石材纹理、颜色、产地、物理力学性能指标、供货商名录的大型专业图谱类工具书。全书分为上、中、下三卷，上卷收录了海外精品石材图例 400 幅；中卷收录了国内精品石材图例 600 幅；下卷收录了国内外石材供货商约 1000 家。

本书图案逼真、精美，内容翔实、全面，编排合理，检索方便，并附有详尽的石材产地，使用范围说明，相关检测数据。是一本设计师、施工者、使用者、石材生产厂家、石材经销商及相关从业人员必备的工具书。

Abstract

This is a large professional reference book of illustrative plates with stone texture, color, place of production, index of test data and list of dealers. The book is divided into three volumes. Volume I collects 400 pictures of overseas stone; Volume II contains 600 pictures of domestic stone and Volume III lists over 1000 stone dealers.

The pictures collected in this book are lifelike and exquisite; there are detailed explanations for all pictures and the book is so conveniently complied that readers can easily search what they are looking for. There is also detailed information about the place of production, test data and general usage. It is a highly required reference book for designers, constructors, users, manufacturers, dealers and all relevant people in this field.

序

——贺《世界精品石材图谱》出版发行

我国石材资源丰富，可用做建筑与建筑装饰用的品种在千个以上。近年来我国石材工业产值每年以百分之二十的速度增长。年出口总额已逾12亿美元，国内生产总值达1000亿元人民币。石材产量跃居世界第一，已成为世界第一大石材产品贸易国。石材产品的出口与进口，互补长短，又大大促进了石材工业的进一步发展。带动了产品质量与花色品种的不断提高与更新。

为适应石材工业的发展，国内陆续出版了一些石材工具书，它们互有千秋。应该说，对我国石材业做出了积极的贡献。但是，与任何事物一样，石材工具书也必须与时俱进。至少应具有时代特征，花色真实、数据准确、翔实可靠、实用性强等特点。《世界精品石材图谱》的编撰者，在充分考察国内外石材产品和比较各类石材工具书的基础上，将国内石材产品、国外石材产品以及石材经销商名录各成一卷，三卷成套，形成一个完整的体系，奉献给读者。石材品种包括了花岗石、大理石、板岩和砂岩等，分类严谨，使用方便，图片精美逼真，中英文对照的文字说明，别具一格，真可称之为精品。《世界精品石材图谱》三卷共计800多页，一千多个石材品种和一千多个经销商名录，可谓"大全"了。

本人不是这本书的推销者，但是愿意为它呐喊，为之叫好！在我国加入WTO，北京申奥成功，石材大有用武之际的美好日子里，《世界精品石材图谱》的问世，将在设计者、施工者、生产者、使用者、供应商之间发挥出桥梁与纽带作用。本人还期望，阅读和使用这本工具书的同仁们，多提出宝贵意见，反馈给主编单位，以使它在再版时更加完美。

顺祝读者及行业同仁们事业兴旺。

2002年2月

（严克明　中国地质科学院研究员。中国建筑装饰协会石材委员会会长、秘书长。）

PREFACE

Congratulations on the publication of The Illustrative Plates of World Exquisite Stones

Our country is abundant in stone resources and more than one thousand of stone products can be used in construction and construction decoration. In recent years, the annual growth rate of the production value from the stone industry is 20 percent. The annual export value has totaled more than US$1.2 billion. The domestic production value has reached RMB￥100 billion. China has ranked No 1 in the world in terms of the stone output as well as of export. The import and export of stone products have complemented each other; therefore, they have greatly boosted the development of stone industry. Furthermore, they have widened and updated the range of products, and improved the qualities.

In order to cater to the development of stone industry, some stone reference books have been published continually. Those books are of different styles and features. To be fair, they have done their credits to the development of the domestic stone industry. However, the stone books shall develop as time goes on, just as everything else does. At least, stone professional books should reveal the features of the time, demonstrate genuine colors, present accurate data, provide detailed information and be user-friendly. Having carefully examined world and domestic stone products, and studied various stone reference books, the editors of The Illustrative Plates of World Exquisite Stones have complied this 3-book set for readers. Volume I deals with domestic stone products, Volume II covers world stone products and Volume III lists stone dealers. Stone products include granite, marble, slate and sandstone. They are categorized strictly and easy to search. The photos are elegant and lifelike. The explanatory words are both in English and Chines, which makes the book enjoy an unique style. The Illustrative Plates of World Exquisite Stones has a set of 3 books with a total of more than 800 pages, more than 1000 kinds of stones and 1000 dealers, and it deserves the title of "full collection".

I am not promoting this book, but I am exclaiming and hailing it. After China's entry to WTO and the success in winning the sponsorship of the Olympic Games, the stone industry will enjoy a large scope in future. The publication of The Illustrative Plates of World Exquisite Stones will play a role in serving as a bridge and link among designers, manufacturers, constructors, users and dealers. And I also have a hope that readers and colleagues who have read or referred to this reference book could present their precious comments to the compiling unit of this book, helping them make the second edition better.

Finally, great wishes to readers and colleagues in this business for your success and prosperity.

February, 2002

Professor Keming Yan: China Geology Academy of Science
President and secretary-general of China Decoration Association Stone Committee.

使用说明

为方便读者使用，现将使用方法简介如下：

1. 全书分为上、中、下三册，上册收录了400种海外石材；中册收录了国内精品石材600种；下册收录了石材生产企业1000家。

2. 每册均将石材分为花岗石、大理石两大类；在每一类中，又将石材分为白色、黄色、蓝色、红色、黑色、绿色、灰色、青色、其他几大色系，并在书的切口处有所标记。

3. 收录进国家标准的石材均标出了标准号。

4. 本书备有索引，每种石材在索引中均可找到。

5. 大部分石材均标有石材产地、物理力学指标。

6. 本书按进口关税分区将台湾石材划入进口部分。

7. 本书编号的意义如图所示：

缩略语	中文解释	缩略语	中文解释	缩略语	中文解释
I	进口	C	青色	C.P	化学成分
D	国产	OT	其他	Ig.Loss	烧失量
W	白色	G	花岗岩	A.R	酸溶失率
Y	黄色	M	大理石	P.P	产地
BK	黑色	S	板岩	Q.L	矿址
B	蓝色	M.R	抗折强度	G.U	一般用途
G	绿色	S.H	萧氏硬度	Reserve	储量
R	红色	W.A	吸水率	C.S	抗压强度
GR	灰色	B.D	岩石密度		

Guide to Using the Book

For the convenience of the readers, we provide the following guides:

1. This book is divided into three volumes. Volume I collects 400 pictures of overseas stones; Volume II Contains 600 pictures of domestic stones and Volume III lists 1000 stone manufacturers and dealers.

2. Each volume divides stones into two types: marbles and granites. And they are further broken down in terms of colors, namely: white series, yellow series, black series, blue series, cyan color series, other series. You can find the index color you want from the slotted side of the book easily.

3. If the stones are up to the standards of our country, we also show you the standard code number

4. The book has an index, and every stone can be searched in the index.

5. Most stones are supplied with the information about the origin place of production and physical test data.

6. In this book, Taiwan stones will be part of import items according to the customs regulations.

7. Symbols and signs used in this book have the following meaning:

Abbreviation	Full word	Abbreviation	Full word	Abbreviation	Full word
I	Import	C	Cyan	C.P	Composition
D	Domestic	OT	Other	Ig.Loss	Ignition Loss
W	White	G	Granite	A.R	Acid Resistance
Y	Yellow	M	Marble	P.P	Place of Production
BK	Black	S	Slate	Q.L	Quarry Location
B	Blue	M.R	Modulus Rupture Flexural Strength	G.U	General Useage
G	Green	S.H	Shore Hardness	Reserve	Reserve
R	Red	W.A	Water Absorption	C.S	Compress Strength
GR	Grey	B.D	Block Density		

索　引

INDEX OF ARTIST

国产花岗石部分

Domestic Granite Section

白色系列
White Series

国产大理石部分
Domestic Marble Section

国产板岩部分
Domestic Slate Section

国产花岗石

Domestic Granite

本图谱虽然取自天然石材产品，但因制版、印刷的客观原因，图谱中石材的颜色与天然石材极难保持完全一致，敬请读者留意。

Although illustrative plates are from natural stone, because of the printing's reason, the color of picture is hardly keep the same with natural stone,please reader keep in mind.

荣城白
WHITE RONGCHENG
GW001

- 产地（P.P）：山东（Shandong）
- 一般用途（G.U）：－
- 储量（Reserve）：－
- 抗压强度（C.S）：－
- 抗折强度（M.R）：－
- 萧氏硬度（S.H）：－
- 吸水率（W.A）：－
- 岩石密度（B.D）：－
- 化学成分（C.P）：

SiO_2：－　Al_2O_3：－
CaO：－　MgO：－
Na_2O：－　K_2O：－
烧失量（Ig.loss）：－
Fe_2O_3：－

吉林白 2201
WHITE JILIN
GW002

- 产地（P.P）：吉林（Jilin）
- 矿址（Q.L）：吉林蛟河市（Jiaohe City Jilin Province）
- 一般用途（G.U）：－
- 储量（Reserve）：－
- 抗压强度（C.S）：－
- 抗折强度（M. R）：－
- 萧氏硬度（S. II）：－
- 吸水率（W.A）：－
- 岩石密度（B.D）：－
- 化学成分（C.P）：

SiO_2：－　Al_2O_3：－
CaO：－　MgO：－
Na_2O：－　K_2O：－
烧失量（Ig.loss）：－
Fe_2O_3：－

房山瑞雪 1156 -A
SNOW-WHITE FANGSHAN
GW003

- 产地（P.P）：北京（Beijing）
- 矿址（Q.L）：北京房山县（Fangshan County Beijing）
- 一般用途（G.U）：室内外装修及墓碑（Interior&Exterior Decoration and Gravestone）
- 储量（Reserve）：$2.92 \times 10^7 m^3$
- 抗压强度（C.S）：140.30 MPa
- 抗折强度（M.R）：-
- 萧氏硬度（S.H）：-
- 吸水率（W.A）：-
- 岩石密度（B.D）：2.8 g/cm^3
- 化学成分（C.P）：
  SiO_2：- Al_2O_3：-
  CaO：- MgO：-
  Na_2O：- K_2O：-
  烧失量（Ig.loss）：-
  Fe_2O_3：-

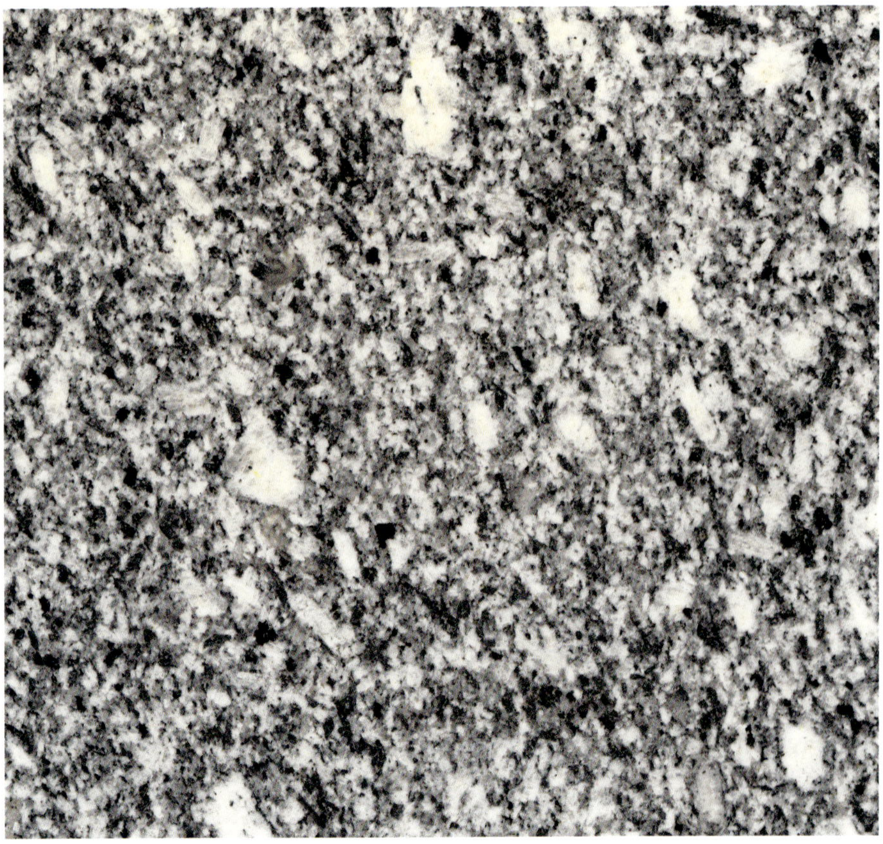

房山瑞雪 1156 -B
SNOW-WHITE FANGSHAN
GW004

- 产地（P.P）：北京（Beijing）
- 一般用途（G.U）：-
- 储量（Reserve）：-
- 抗压强度（C.S）：-
- 抗折强度（M.R）：-
- 萧氏硬度（S.H）：-
- 吸水率（W.A）：-
- 岩石密度（B.D）：-
- 化学成分（C.P）：
  SiO_2：- Al_2O_3：-
  CaO：- MgO：-
  Na_2O：- K_2O：-
  烧失量（Ig.loss）：-
  Fe_2O_3：-

玉兰花 -A
JADE BLUE GRAIN
GW005

- 产地（P.P）：吉林（Jilin）
- 一般用途（G.U）：–
- 储量（Reserve）：–
- 抗压强度（C.S）：–
- 抗折强度（M.R）：–
- 萧氏硬度（S.H）：–
- 吸水率（W.A）：–
- 岩石密度（B.D）：–
- 化学成分（C.P）：

  SiO_2：–　Al_2O_3：–
  CaO：–　MgO：–
  Na_2O：–　K_2O：–
  烧失量（Ig.loss）：–
  Fe_2O_3：–

三门雪花 3310
SNOW FLAKE SANMEN
GW006

- 产地（P.P）：浙江（Zhejiang）
- 矿址（Q.L）：浙江省三门县中门乡（Zhongmen Town Sanmen County Zhejiang Province）
- 一般用途（G.U）：–
- 储量（Reserve）：$1 \times 10^7 m^3$
- 抗压强度（C.S）：–
- 抗折强度（M.R）：–
- 萧氏硬度（S.H）：–
- 吸水率（W.A）：0.34 %
- 岩石密度（B.D）：2.65 g/cm^3
- 化学成分（C.P）：

  SiO_2：–　Al_2O_3：–
  CaO：–　MgO：–
  Na_2O：–　K_2O：–
  烧失量（Ig.loss）：–
  Fe_2O_3：–

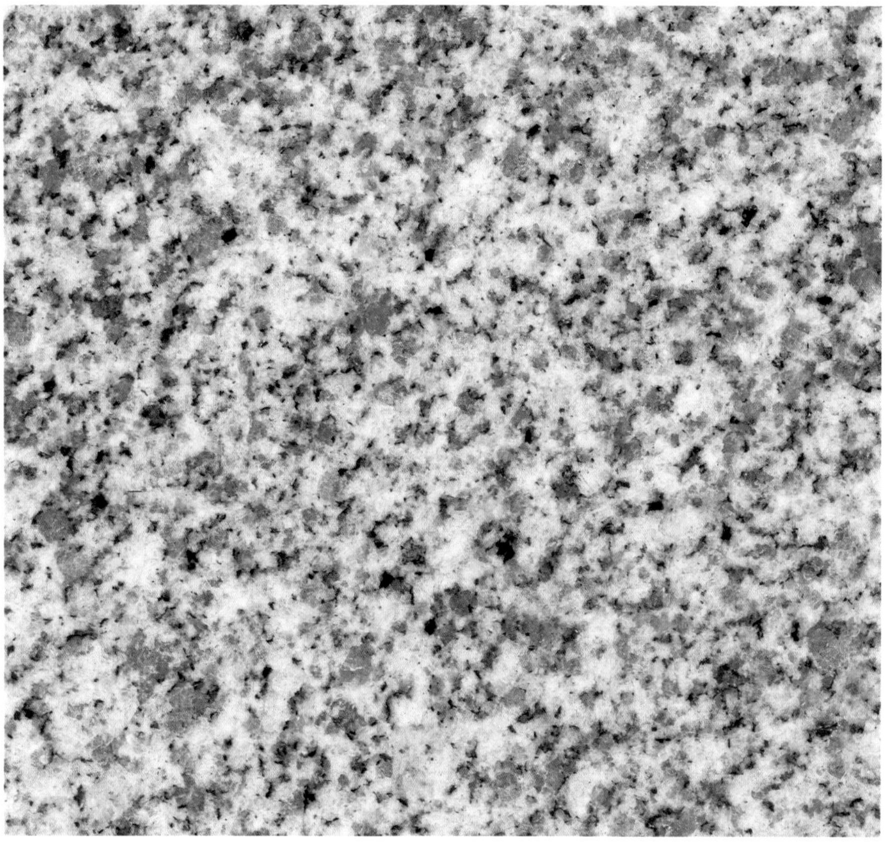

晋江巴厝白 3503
WHITE BACUO JINJIANG
GW007

- 产地（P.P）：福建（Fujian）
- 矿址（Q.L）：福建省晋江市永和镇巴厝（Bacuo Yonghe Town Jinjiang City Fujian Province）
- 一般用途（G.U）：用于建筑物大面积装修（Suit for large area decoration）
- 储量（Reserve）：$8 \times 10^7 m^3$
- 抗压强度（C.S）：156.60 MPa
- 抗折强度（M.R）：15.80 MPa
- 萧氏硬度（S.H）：92.60
- 吸水率（W.A）：0.33 %
- 岩石密度（B.D）：2.65 g/cm^3
- 化学成分（C.P）：

  SiO_2：70.11　Al_2O_3：15.48
  CaO：3.33　MgO：0.62
  Na_2O：4.05　K_2O：3.14
  烧失量（Ig.loss）：0.20
  Fe_2O_3：3.08

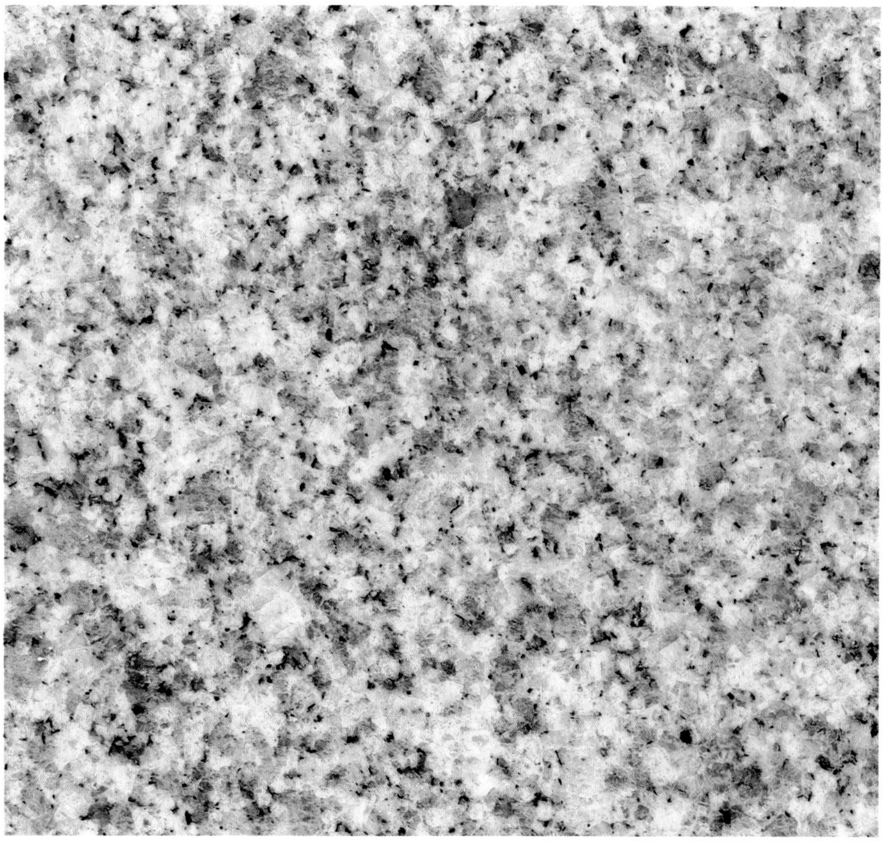

602 #

GW008

- 产地（P.P）：福建（Fujian）
- 一般用途（G.U）：–
- 储量（Reserve）：–
- 抗压强度（C.S）：–
- 抗折强度（M.R）：–
- 萧氏硬度（S.H）：–
- 吸水率（W.A）：–
- 岩石密度（B.D）：–
- 化学成分（C.P）：

  SiO_2：–　Al_2O_3：–
  CaO：–　MgO：–
  Na_2O：–　K_2O：–
  烧失量（Ig.loss）：–
  Fe_2O_3：–

洪塘白 3514
WHITE HONGTANG
GW009

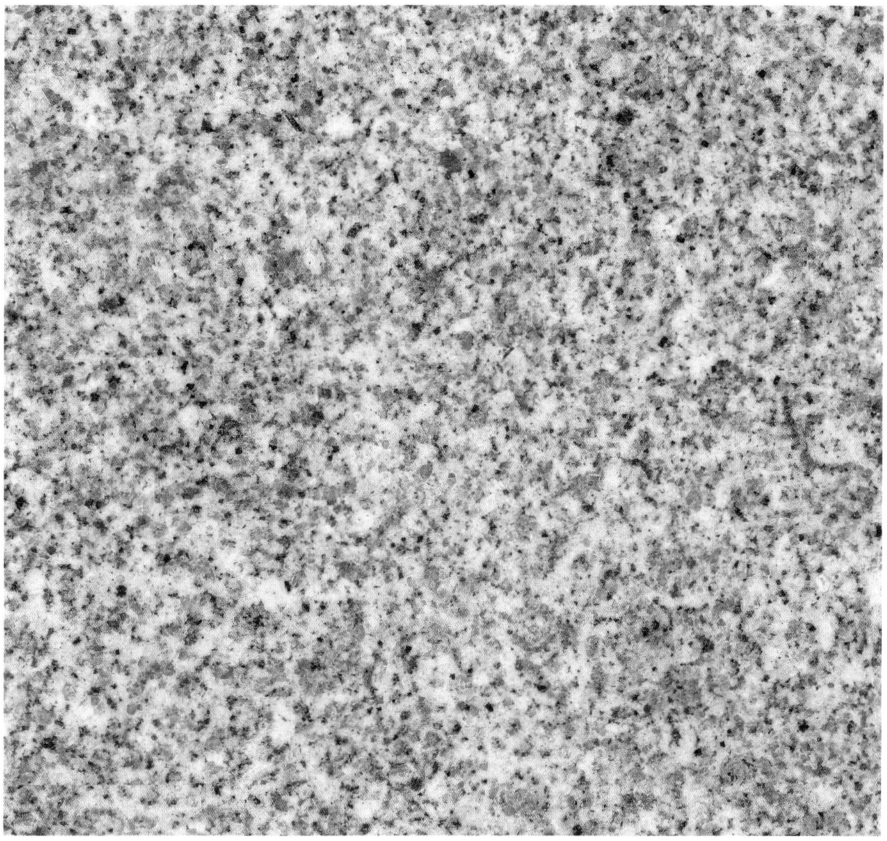

- 产地（P.P）：福建（Fujian）
- 矿址（Q.L）：福建厦门市同安区洪塘镇塘边村（Tangbian Village Hongtang Town Tongan District Xiamen City Fujian Province）
- 一般用途（G.U）：用于墓碑材料（Suit for gravestone）
- 储量（Reserve）：1 × $10^6 m^3$
- 抗压强度（C.S）：103.60 MPa
- 抗折强度（M.R）：16.30 MPa
- 萧氏硬度（S.H）：87.80
- 吸水率（W.A）：0.27 %
- 岩石密度（B.D）：2.62 g/cm^3
- 化学成分（C.P）：
  SiO_2：67.86 Al_2O_3：15.92
  CaO：0.93 MgO：3.15
  Na_2O：3.70 K_2O：3.03
  烧失量（Ig.loss）：0.31
  Fe_2O_3：0.90

晋江清透白 3515
WHITE QINGTOU JINJIANG
GW010

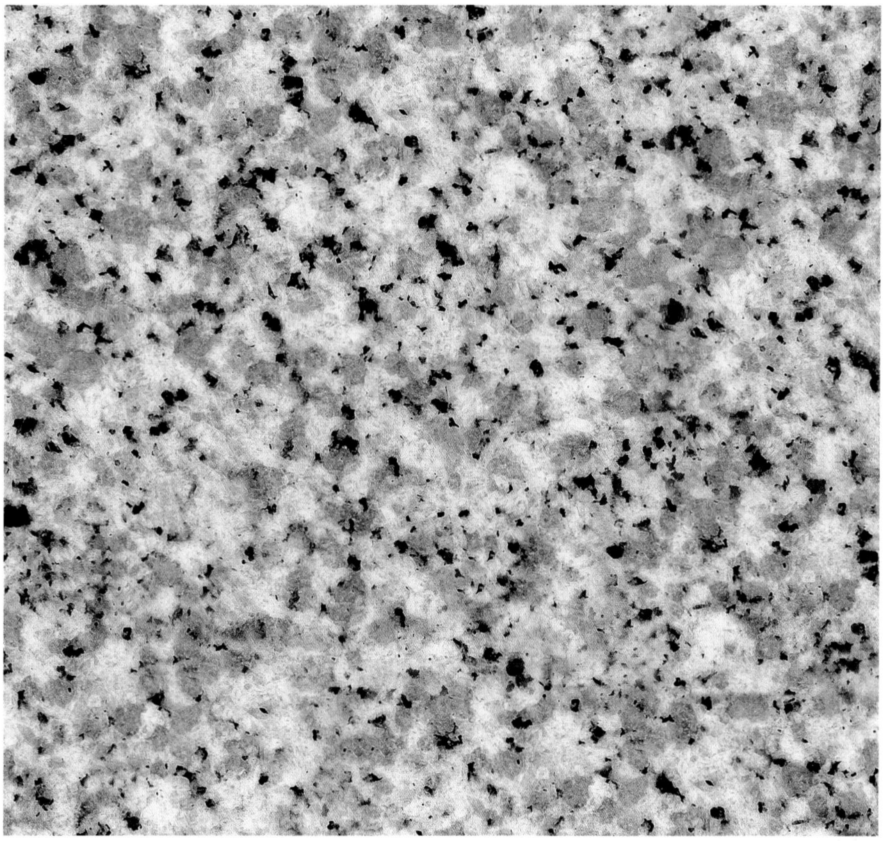

- 产地（P.P）：福建（Fujian）
- 矿址（Q.L）：福建晋江市东石镇清透应岩山一带（Near Qingtouyingyan Mountain Dongshi Town Jinjiang City Fujian Province）
- 一般用途（G.U）：–
- 储量（Reserve）：5 × $10^5 m^3$
- 抗压强度（C.S）：216.60 MPa
- 抗折强度（M.R）：15.40 MPa
- 萧氏硬度（S.H）：–
- 吸水率（W.A）：0.34 %
- 岩石密度（B.D）：2.63 g/cm^3
- 化学成分（C.P）：
  SiO_2：– Al_2O_3：–
  CaO：– MgO：–
  Na_2O：– K_2O：–
  烧失量（Ig.loss）：–
  Fe_2O_3：–

海沧白 3523
WHITE HAICANG
GW011

- 产地（P.P）：福建（Fujian）
- 矿址（Q.L）：福建省厦门市海沧镇（Haicang Town Xiamen City Fujian Province）
- 一般用途（G.U）：适合于大面积装修及墓碑用料（Suit for large area decoration and gravestone）
- 储量（Reserve）：1 × $10^6 m^3$
- 抗压强度（C.S）：169.80 MPa
- 抗折强度（M.R）：17.10 MPa
- 萧氏硬度（S.H）：91.20
- 吸水率（W.A）：0.30 %
- 岩石密度（B.D）：2.61 g/cm^3
- 化学成分（C.P）：
  SiO_2：74.60 Al_2O_3：12.75
  CaO：– MgO：1.49
  Na_2O：4.10 K_2O：4.34
  烧失量(Ig.loss)：–
  Fe_2O_3：0.34

晋江陈山白 3532
WHITE CHENSHAN JINJIANG
GW012

- 产地（P.P）：福建（Fujian）
- 矿址（Q.L）：福建晋江市英林镇陈山村（Chenshan Village Yinglin Town Jinjiang City Fujian Province）
- 一般用途（G.U）：–
- 储量（Reserve）：3 × $10^5 m^3$
- 抗压强度（C.S）：252.40 MPa
- 抗折强度（M.R）：21.10 MPa
- 萧氏硬度（S.H）：–
- 吸水率（W.A）：0.31 %
- 岩石密度（B.D）：2.65 g/cm^3
- 化学成分（C.P）：
  SiO_2：– Al_2O_3：–
  CaO：– MgO：–
  Na_2O：– K_2O：–
  烧失量（Ig.loss）：–

安海白 3536 –A
WHITE ANHAI
GW013

- 产地（P.P）：福建（Fujian）
- 一般用途（G.U）：–
- 储量（Reserve）：–
- 抗压强度（C.S）：185.3 MPa
- 抗折强度（M.R）：21.9 MPa
- 萧氏硬度（S.H）：95
- 吸水率（W.A）：0.121 %
- 岩石密度（B.D）：2.61 g/cm^3
- 化学成分（C.P）：

  SiO_2：–　Al_2O_3：–
  CaO：–　MgO：–
  Na_2O：–　K_2O：–
  烧失量（Ig.loss）：–
  Fe_2O_3：–

安海白 3536 –B
WHITE ANHAI
GW014

- 产地（P.P）：福建（Fujian）
- 一般用途（G.U）：–
- 储量（Reserve）：–
- 抗压强度（C.S）：185.3 MPa
- 抗折强度（M.R）：21.9 MPa
- 萧氏硬度（S.H）：95
- 吸水率（W.A）：0.121 %
- 岩石密度（B.D）：2.61 g/cm^3
- 化学成分（C.P）：

  SiO_2：–　Al_2O_3：–
  CaO：–　MgO：–
  Na_2O：–　K_2O：–
  烧失量（Ig.loss）：–
  Fe_2O_3：–

肖厝白 3516
WHITE XIAOCUO
GW015

- 产地（P.P）：福建（Fujian）
- 一般用途（G.U）：–
- 储量（Reserve）：–
- 抗压强度（C.S）：197.9 MPa
- 抗折强度（M.R）：24 MPa
- 萧氏硬度（S.H）：–
- 吸水率（W.A）：0.26 %
- 岩石密度（B.D）：2.65 g/cm^3
- 化学成分（C.P）：
  SiO_2：–　Al_2O_3：–
  CaO：–　MgO：–
  Na_2O：–　K_2O：–
  烧失量（Ig.loss）：–
  Fe_2O_3：–

平度白（晶白玉）3755
WHITE PINGDU
GW016

- 产地（P.P）：山东（Shandong）
- 矿址（Q.L）：山东平度市大泽山镇北台（Beitai Dazeshan Town Pingdu City Shandong Province）
- 一般用途（G.U）：–
- 储量（Reserve）：9 × 10^5m^3
- 抗压强度（C.S）：109.30 MPa
- 抗折强度（M.R）：8.90 MPa
- 萧氏硬度（S.H）：–
- 吸水率（W.A）：0.43 %
- 岩石密度（B.D）：2.59 g/cm^3
- 化学成分（C.P）：
  SiO_2：–　Al_2O_3：–
  CaO：–　MgO：–
  Na_2O：–　K_2O：–
  烧失量（Ig.loss）：–
  Fe_2O_3：–

莱州芝麻白（山东白麻）3765
SESAME WHITE LAIZHOU
GW017

- 产地（P.P）：山东（Shandong）
- 矿址（Q.L）：山东莱州市南10公里的黑皮山（Heipi Mountain 10 Kilometre away from South to Laizhou City Shandong Province）
- 一般用途（G.U）：适宜于大面积装修（Suit for large area decoration）
- 储量（Reserve）：–
- 抗压强度（C.S）：–
- 抗折强度（M.R）：–
- 萧氏硬度（S.H）：–
- 吸水率（W.A）：0.32 %
- 岩石密度（B.D）：2.61 g/cm^3
- 化学成分（C.P）：
  SiO_2：–　Al_2O_3：–
  CaO：–　MgO：–
  Na_2O：–　K_2O：–
  烧失量（Ig.loss）：–
  Fe_2O_3：–

晋江内厝白 3533
WHITE NEICUO JINJIANG
GW018

- 产地（P.P）：福建（Fujian）
- 一般用途（G.U）：–
- 储量（Reserve）：–
- 抗压强度（C.S）：172.2 MPa
- 抗折强度（M.R）：20.1 MPa
- 萧氏硬度（S.H）：103.3
- 吸水率（W.A）：0.33 %
- 岩石密度（B.D）：2.65 g/cm^3
- 化学成分（C.P）：
  SiO_2：–　Al_2O_3：–
  CaO：–　MgO：–
  Na_2O：–　K_2O：–
  烧失量（Ig.loss）：–
  Fe_2O_3：–

宜昌黑白花 4253
BLACK-WHITE GRAIN YICHANG
GW019

- 产地（P.P）：湖北（Hubei）
- 矿址（Q.L）：湖北宜昌县栗子坪乡兰家河一板仓河一带（Near Banchang River & Lanjia River Liziping Town Yichang County Hubei Province）
- 一般用途（G.U）：–
- 储量（Reserve）：$3.5 \times 10^7 m^3$
- 抗压强度（C.S）：_
- 抗折强度（M.R）：–
- 萧氏硬度（S.H）：–
- 吸水率（W.A）：–
- 岩石密度（B.D）：–
- 化学成分（C.P）：
  SiO_2：–　Al_2O_3：–
  CaO：–　MgO：–
  Na_2O：–　K_2O：–
  烧失量（Ig.loss）：–
  Fe_2O_3：–

信宜海浪花 4418
SEA SPRAY XINYI
GW020

- 产地（P.P）：广东（Guangdong）
- 矿址（Q.L）：广东省信宜市（Xinyi City Guangdong Province）
- 一般用途（G.U）：–
- 储量（Reserve）：$1 \times 10^9 m^3$
- 抗压强度（C.S）：–
- 抗折强度（M.R）：–
- 萧氏硬度（S.H）：–
- 吸水率（W.A）：0.22 %
- 岩石密度（B.D）：2.68 g/cm^3
- 化学成分（C.P）：
  SiO_2：–　Al_2O_3：–
  CaO：–　MgO：–
  Na_2O：–　K_2O：–
  烧失量（Ig.loss）：–
  Fe_2O_3：–

信宜细麻花 4419
FINE GRAIN XINYI
GW021

- 产地(P.P)：广东(Guangdong)
- 矿址（Q.L）：广东省信宜市（Xinyi City Guangdong Province）
- 一般用途（G.U）：适用于大面积室内装饰（Suit for Interior decoration）
- 储量（Reserve）：1.2 × $10^9 m^3$
- 抗压强度（C.S）：–
- 抗折强度（M.R）：–
- 萧氏硬度（S.H）：–
- 吸水率（W.A）：0.28 %
- 岩石密度（B.D）：2.63 g/cm^3
- 化学成分（C.P）：
  SiO_2：– Al_2O_3：–
  CaO：– MgO：–
  Na_2O：– K_2O：–
  烧失量（Ig.loss）：–
  Fe_2O_3：–

广宁红彩麻 4421
MULTICOLOUR GRAIN GUANGNING
GW022

- 产地(P.P)：广东(Guangdong)
- 矿址（Q.L）：广东广宁县（Guangning County Guangdong Province）
- 一般用途（G.U）：–
- 储量（Reserve）：5 × $10^6 m^3$
- 抗压强度（C.S）：183.40 MPa
- 抗折强度（M.R）：–
- 萧氏硬度（S.H）：–
- 吸水率（W.A）：0.20 %
- 岩石密度（B.D）：2.61 g/cm^3
- 化学成分（C.P）：
  SiO_2：– Al_2O_3：–
  CaO：– MgO：–
  Na_2O：– K_2O：–
  烧失量（Ig.loss）：–
  Fe_2O_3：–

广宁东方白麻（亚洲白麻）4422
ORIENTAL WHITE GRAIN GUANGNING
GW023

- 产地（P.P）：广东（Guangdong）
- 矿址（Q.L）：广东广宁县（Guangning County Guangdong Province）
- 一般用途（G.U）：–
- 储量（Reserve）：5 × $10^6 m^3$
- 抗压强度（C.S）：183.40 MPa
- 抗折强度（M.R）：–
- 萧氏硬度（S.H）：–
- 吸水率（W.A）：0.20 %
- 岩石密度（B.D）：2.61 g/cm^3
- 化学成分（C.P）：

  SiO_2：–　Al_2O_3：–
  CaO：–　MgO：–
  Na_2O：–　K_2O：–
  烧失量（Ig.loss）：–
  Fe_2O_3：–

655 #（同安白）
TONGAN GRAIN
GW024

- 产地（P.P）：福建（Fujian）
- 一般用途（G.U）：–
- 储量（Reserve）：–
- 抗压强度（C.S）：198.6 MPa
- 抗折强度（M.R）：15.6 MPa
- 萧氏硬度（S.H）：99
- 吸水率（W.A）：0.28 %
- 岩石密度（B.D）：2.64 g/cm^3
- 化学成分（C.P）：

  SiO_2：–　Al_2O_3：–
  CaO：–　MgO：–
  Na_2O：–　K_2O：–
  烧失量（Ig.loss）：–
  Fe_2O_3：–

宝兴珍珠花 5124
PEARL GRAIN BAOXING
GW025

- 产地（P.P）：四川（Sichuan）
- 矿址（Q.L）：四川宝兴县（Baoxing County Sichuan Province）
- 一般用途（G.U）：–
- 储量（Reserve）：$5 \times 10^4 m^3$
- 抗压强度（C.S）：–
- 抗折强度（M.R）：_
- 萧氏硬度（S.H）：–
- 吸水率（W.A）：–
- 岩石密度（B.D）：–
- 化学成分（C.P）：
  SiO_2：– Al_2O_3：–
  CaO：– MgO：–
  Na_2O：– K_2O：–
  烧失量（Ig.loss）：–
  Fe_2O_3：–

丹巴芝麻花 5149
SESAME FLOWER DANBA
GW026

- 产地（P.P）：四川（Sichuan）
- 矿址（Q.L）：四川丹巴县佛爷岩（Fuoyeyan Danba County Sichuan Province）
- 一般用途（G.U）：–
- 储量（Reserve）：$1.5 \times 10^5 m^3$
- 抗压强度（C.S）：–
- 抗折强度（M.R）：–
- 萧氏硬度（S.H）：–
- 吸水率（W.A）：–
- 岩石密度（B.D）：–
- 化学成分（C.P）：
  SiO_2：– Al_2O_3：–
  CaO：– MgO：–
  Na_2O：– K_2O：–
  烧失量（Ig.loss）：–
  Fe_2O_3：–

桂白麻（白麻）
WHITE GRAIN
GW027

- 产地（P.P）：广西（Guangxi）
- 一般用途（G.U）：–
- 储量（Reserve）：–
- 抗压强度（C.S）：–
- 抗折强度（M.R）：–
- 萧氏硬度（S.H）：–
- 吸水率（W.A）：–
- 岩石密度（B.D）：–
- 化学成分（C.P）：

  SiO_2：– Al_2O_3：–
  CaO：– MgO：–
  Na_2O：– K_2O：–
  烧失量（Ig.loss）：–
  Fe_2O_3：–

珍珠白
PEARL WHITE
GW028

- 产地（P.P）：江西（Jiangxi）
- 一般用途（G.U）：–
- 储量（Reserve）：–
- 抗压强度（C.S）：223.50 MPa
- 抗折强度（M.R）：19 MPa
- 萧氏硬度（S.H）：–
- 吸水率（W.A）：–
- 岩石密度（B.D）：2.80 g/cm^3
- 化学成分（C.P）：

  SiO_2：– Al_2O_3：–
  CaO：– MgO：–
  Na_2O：– K_2O：–
  烧失量（Ig.loss）：–
  Fe_2O_3：–

白花岗
WHITE GRANITE
GW029

- 产地（P.P）：江西（Jiangxi）
- 一般用途（G.U）：_
- 储量（Reserve）：–
- 抗压强度（C.S）：143.06 MPa
- 抗折强度（M.R）：14.70 MPa
- 萧氏硬度（S.H）：94.60
- 吸水率（W.A）：–
- 岩石密度（B.D）：2.67 g/cm^3
- 化学成分（C.P）：

  SiO_2：–　Al_2O_3：–
  CaO：–　MgO：–
  Na_2O：–　K_2O：–
  烧失量（Ig.loss）：–
  Fe_2O_3：–

杰丹白麻（丹点白麻）
RED SPOT GRAIN
GW030

- 产地（P.P）：安徽（Anhui）
- 一般用途（G.U）：–
- 储量（Reserve）：–
- 抗压强度（C.S）：–
- 抗折强度（M.R）：–
- 萧氏硬度（S.H）：–
- 吸水率（W.A）：–
- 岩石密度（B.D）：–
- 化学成分（C.P）：

  SiO_2：–　Al_2O_3：–
  CaO：–　MgO：–
  Na_2O：–　K_2O：–
  烧失量（Ig.loss）：–
  Fe_2O_3：–

吐古尔白（啡点白）
TUGUER WHITE
GW031

- 产地（P.P）：安徽（Anhui）
- 一般用途（G.U）：–
- 储量（Reserve）：–
- 抗压强度（C.S）：–
- 抗折强度（M.R）：–
- 萧氏硬度（S.H）：–
- 吸水率（W.A）：–
- 岩石密度（B.D）：–
- 化学成分（C.P）：

SiO_2：–　Al_2O_3：–
CaO：–　MgO：–
Na_2O：–　K_2O：–
烧失量（Ig.loss）：–
Fe_2O_3：–

中原白（安阳白）
WHITE ANYANG
GW032

- 产地（P.P）：河南（He'nan）
- 一般用途（G.U）：–
- 储量（Reserve）：–
- 抗压强度（C.S）：–
- 抗折强度（M.R）：–
- 萧氏硬度（S.H）：–
- 吸水率（W.A）：–
- 岩石密度（B.D）：–
- 化学成分（C.P）：

SiO_2：–　Al_2O_3：–
CaO：–　MgO：–
Na_2O：–　K_2O：–
烧失量（Ig.loss）：–
Fe_2O_3：–

泽尼白麻（大花白麻）
ZENI WHITE GRAIN
GW033

- 产地（P.P）：山东（Shandong）
- 一般用途（G.U）：–
- 储量（Reserve）：–
- 抗压强度（C.S）：–
- 抗折强度（M.R）：–
- 萧氏硬度（S.H）：–
- 吸水率（W.A）：–
- 岩石密度（B.D）：–
- 化学成分（C.P）：

  SiO_2：–　Al_2O_3：–
  CaO：–　MgO：–
  Na_2O：–　K_2O：–
  烧失量（Ig.loss）：–
  Fe_2O_3：–

海萨白麻
HAISA WHITE GRAIN
GW034

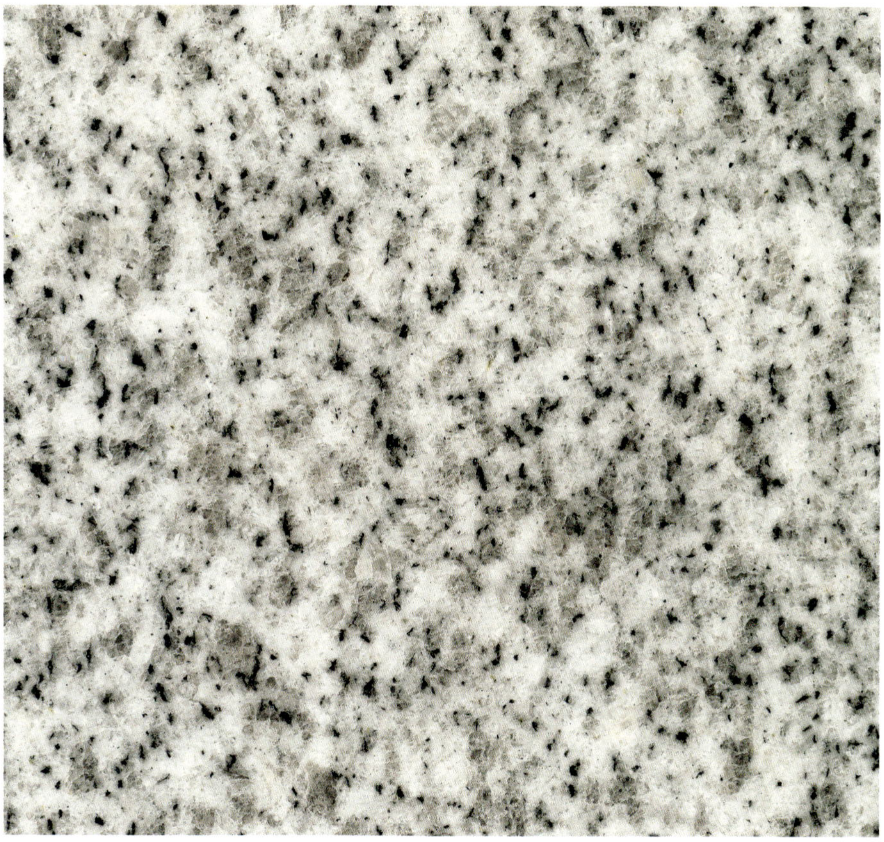

- 产地（P.P）：山东（Shandong）
- 一般用途（G.U）：–
- 储量（Reserve）：–
- 抗压强度（C.S）：–
- 抗折强度（M.R）：–
- 萧氏硬度（S.H）：–
- 吸水率（W.A）：–
- 岩石密度（B.D）：
- 化学成分（C.P）：

  SiO_2：–　Al_2O_3：–
  CaO：–　MgO：–
  Na_2O：–　K_2O：–
  烧失量（Ig.loss）：–
  Fe_2O_3：–

维纳斯白麻（阳江白麻）-A
WHITE GRAIN YANGJIANG
GW035

- 产地(P.P)：广东（Guangdong）
- 一般用途（G.U）：–
- 储量（Reserve）：–
- 抗压强度（C.S）：–
- 抗折强度（M.R）：–
- 萧氏硬度（S.H）：–
- 吸水率（W.A）：–
- 岩石密度（B.D）：–
- 化学成分（C.P）：
  SiO_2：– Al_2O_3：–
  CaO：– MgO：–
  Na_2O：– K_2O：–
  烧失量（Ig.loss）：–
  Fe_2O_3：–

维纳斯白麻（阳江白麻）-B
WHITE GRAIN YANGJIANG
GW036

- 产地(P.P)：广东（Guangdong）
- 一般用途（G.U）：–
- 储量（Reserve）：–
- 抗压强度（C.S）：–
- 抗折强度（M.R）：–
- 萧氏硬度（S.H）：–
- 吸水率（W.A）：–
- 岩石密度（B.D）：–
- 化学成分（C.P）：
  SiO_2：– Al_2O_3：–
  CaO：– MgO：–
  Na_2O：– K_2O：–
  烧失量（Ig.loss）：–
  Fe_2O_3：–

福建白麻
WHITE GRAIN FUJIAN
GW037

- 产地（P.P）：福建（Fujian）
- 一般用途（G.U）：–
- 储量（Reserve）：–
- 抗压强度（C.S）：–
- 抗折强度（M.R）：–
- 萧氏硬度（S.H）：–
- 吸水率（W.A）：–
- 岩石密度（B.D）：–
- 化学成分（C.P）：
  SiO_2：– Al_2O_3：–
  CaO：– MgO：–
  Na_2O：– K_2O：–
  烧失量（Ig.loss）：–
  Fe_2O_3：–

金山白
WHITE JINSHAN
GW038

- 产地（P.P）：广东（Guangdong）
- 一般用途（G.U）：–
- 储量（Reserve）：–
- 抗压强度（C.S）：–
- 抗折强度（M.R）：–
- 萧氏硬度（S.H）：–
- 吸水率（W.A）：–
- 岩石密度（B.D）：–
- 化学成分（C.P）：
  SiO_2：– Al_2O_3：–
  CaO：– MgO：–
  Na_2O：– K_2O：–
  烧失量（Ig.loss）：–
  Fe_2O_3：–

廉江中花 –A
MEDIUM GRAIN LIANJIANG
GW039

- 产地（P.P）：广东（Guangdong）
- 一般用途（G.U）：–
- 储量(Reserve)：–
- 抗压强度（C.S）：–
- 抗折强度(M. R)：–
- 萧氏硬度(S. H)：–
- 吸水率(W.A)：–
- 岩石密度 (B.D)：–
- 化学成分(C.P)：

  SiO_2：–　Al_2O_3：–
  CaO：–　MgO：–
  Na_2O：–　K_2O：–
  烧失量（Ig.loss）：–
  Fe_2O_3：–

廉江中花 –B
MEDIUM GRAIN LIANJIANG
GW040

- 产地（P.P）：广东（Guangdong）
- 一般用途（G.U）：–
- 储量（Reserve）：–
- 抗压强度（C.S）：–
- 抗折强度（M.R）：–
- 萧氏硬度（S.H）：–
- 吸水率（W.A）：–
- 岩石密度（B.D）：–
- 化学成分（C.P）：

  SiO_2：–　Al_2O_3：–
  CaO：–　MgO：–
  Na_2O：–　K_2O：–
  烧失量（Ig.loss）：–
  Fe_2O_3：–

廉江花
GRAIN LIANJIANG
GW041

- 产地（P.P）：广东（Guangdong）
- 一般用途（G.U）：–
- 储量（Reserve）：–
- 抗压强度（C.S）：–
- 抗折强度（M.R）：–
- 萧氏硬度（S.H）：–
- 吸水率（W.A）：–
- 岩石密度（B.D）：–
- 化学成分（C.P）：

  SiO_2：–　Al_2O_3：–
  CaO：–　MgO：–
  Na_2O：–　K_2O：–
  烧失量（Ig.loss）：–
  Fe_2O_3：–

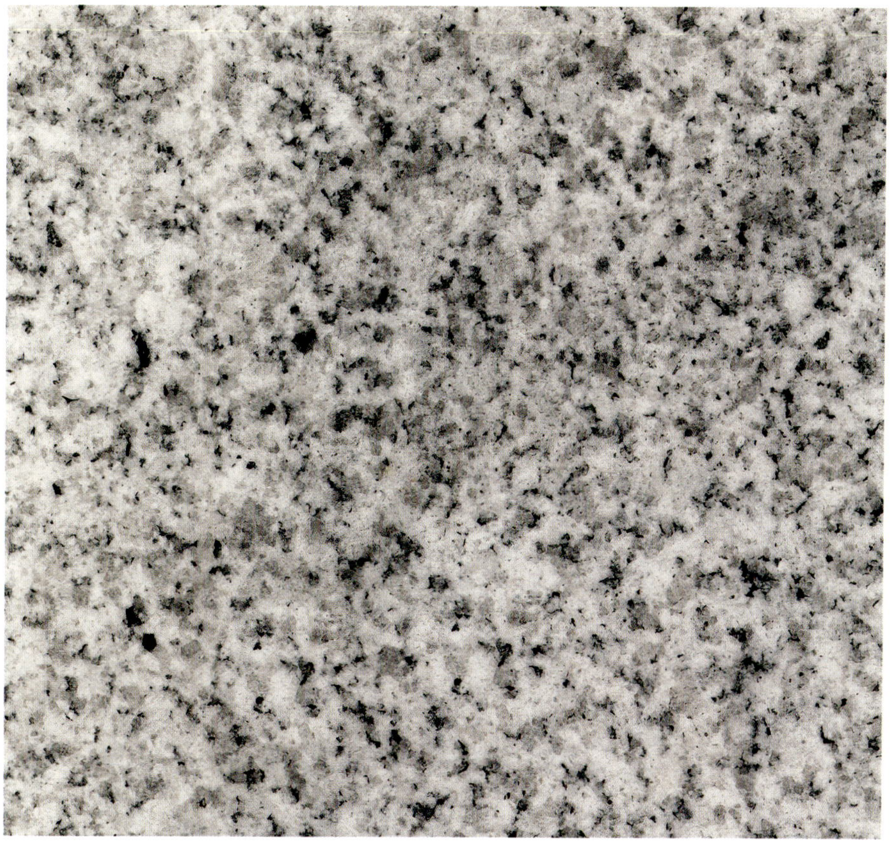

天山白麻（新疆白麻）
WHITE GRAIN XINJIANG
GW042

- 产地（P.P）：新疆（Xinjiang）
- 一般用途（G.U）：–
- 储量（Reserve）：–
- 抗压强度（C.S）：–
- 抗折强度（M.R）：–
- 萧氏硬度（S.H）：–
- 吸水率（W.A）：–
- 岩石密度（B.D）：–
- 化学成分（C.P）：

  SiO_2：–　Al_2O_3：–
  CaO：–　MgO：–
  Na_2O：–　K_2O：–
  烧失量（Ig.loss）：–
  Fe_2O_3：–

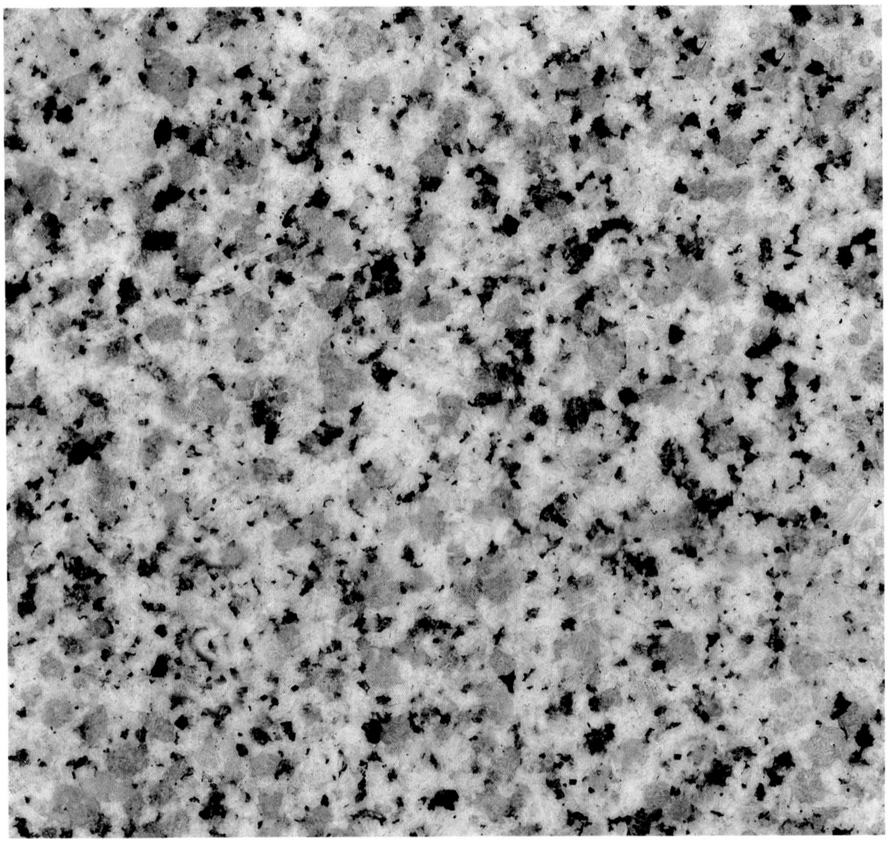

东石白 3540 –A
WHITE DONGSHI
GW043

- 产地（P.P）：福建（Fujian）
- 矿址（Q.L）：福建晋江东石（Dongshi Jinjiang City Fujian Province）
- 一般用途（G.U）：用于加工板材、墓石和园林石等（Suit for slab processing&gravestone and garden）
- 储量（Reserve）：–
- 抗压强度（C.S）：182.1 MPa
- 抗折强度（M.R）：23.1MPa
- 萧氏硬度（S.H）：103.7
- 吸水率（W.A）：0.24 %
- 岩石密度（B.D）：2.7 g/cm^3
- 化学成分（C.P）：
  SiO_2：–　Al_2O_3：–
  CaO：–　MgO：–
  Na_2O：–　K_2O：–
  烧失量（Ig.loss）：–
  Fe_2O_3：–

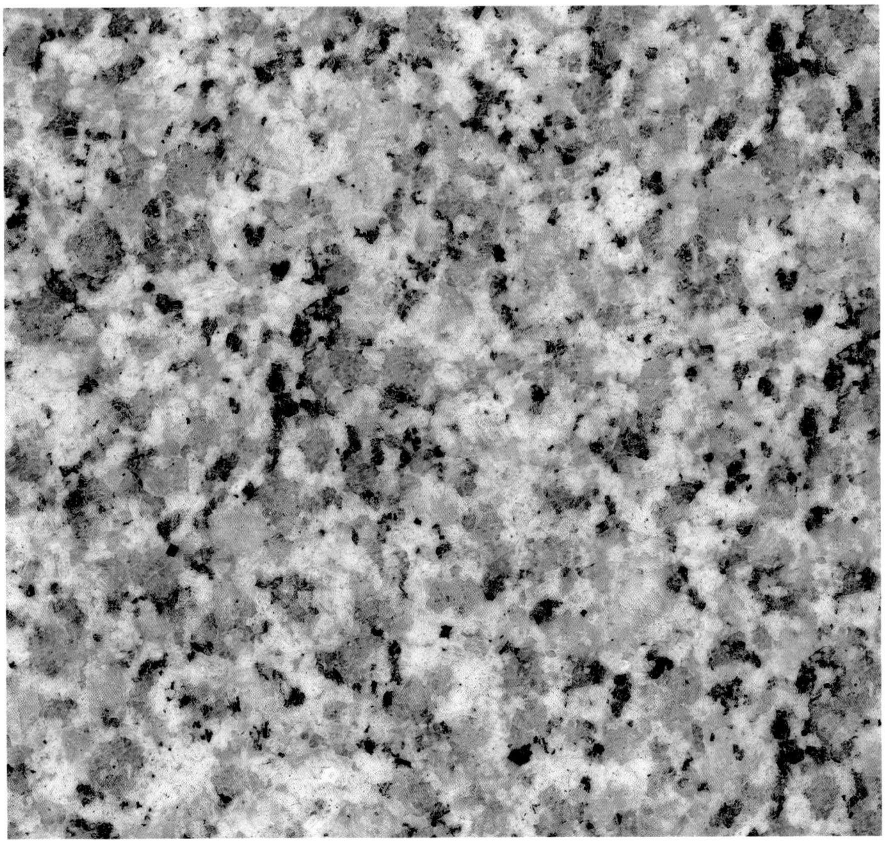

东石白 3540 –B
WHITE DONGSHI
GW044

- 产地（P.P）：福建（Fujian）
- 一般用途（G.U）：–
- 储量（Reserve）：–
- 抗压强度（C.S）：182.1 MPa
- 抗折强度（M.R）：23.1 MPa
- 萧氏硬度（S.H）：103.7
- 吸水率（W.A）：0.24 %
- 岩石密度（B.D）：2.7 g/cm^3
- 化学成分（C.P）：
  SiO_2：–　Al_2O_3：–
  CaO：–　MgO：–
  Na_2O：–　K_2O：–
  烧失量（Ig.loss）：–
  Fe_2O_3：–

封开花
KAIFENG GRAIN
GW045

- 产地（P.P）：广东（Guangdong）
- 一般用途（G.U）：–
- 储量（Reserve）：–
- 抗压强度（C.S）：–
- 抗折强度（M.R）：–
- 萧氏硬度（S.H）：–
- 吸水率（W.A）：–
- 岩石密度（B.D）：–
- 化学成分（C.P）：

SiO_2：–　Al_2O_3：–
CaO：–　MgO：–
Na_2O：–　K_2O：–
烧失量（Ig.loss）：–
Fe_2O_3：–

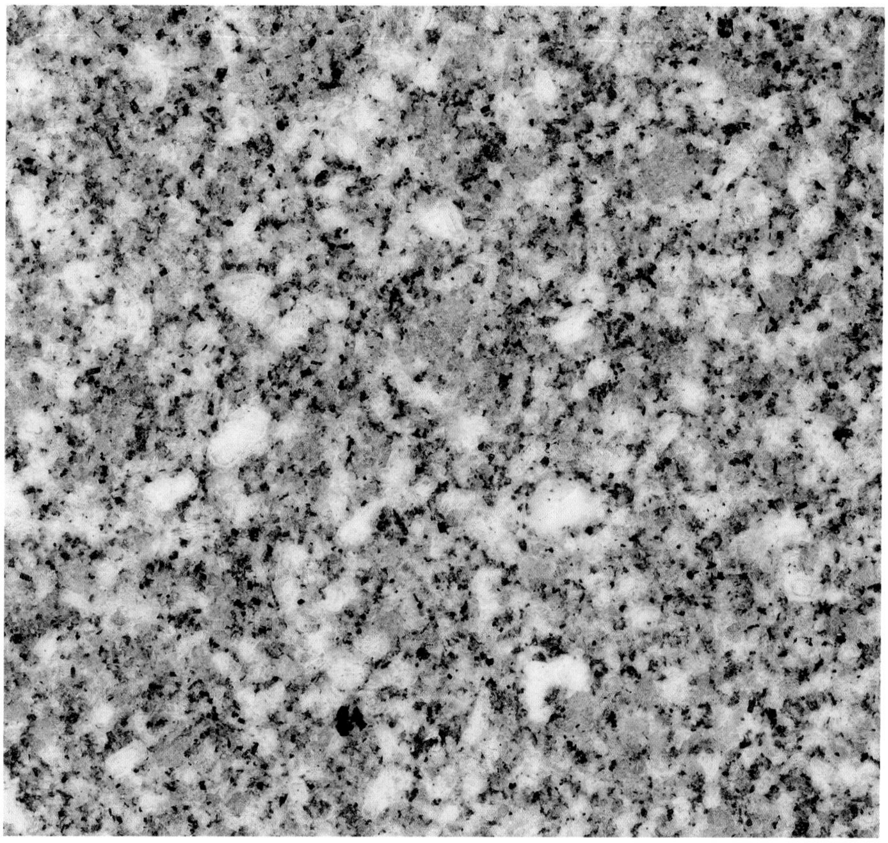

鲁灰
GREY SHANDONG
GW046

- 产地（P.P）：山东（Shandong）
- 一般用途（G.U）：–
- 储量（Reserve）：–
- 抗压强度（C.S）：–
- 抗折强度（M.R）：–
- 萧氏硬度（S.H）：–
- 吸水率（W.A）：–
- 岩石密度（B.D）：–
- 化学成分（C.P）：

SiO_2：–　Al_2O_3：–
CaO：–　MgO：–
Na_2O：–　K_2O：–
烧失量（Ig.loss）：–
Fe_2O_3：–

玉泽白麻
WHITE GRAIN YUZE
GW047

- 产地（P.P）：山东（Shandong）
- 储量（Reserve）：–
- 抗压强度(C.S）：–
- 抗折强度(M.R）：–
- 萧氏硬度（S.H）：–
- 吸水率（W.A）：–
- 岩石密度（B.D）：–
- 化学成分（C.P）：

  SiO_2：–　Al_2O_3：–
  CaO：–　MgO：–
  Na_2O：–　K_2O：–
  烧失量（Ig.loss）：–
  Fe_2O_3：–

虎皮白
TIGER-SKIN WHITE
GW048

- 产地（P.P）：福建（Fujian）
- 一般用途（G.U）：–
- 储量（Reserve）：–
- 抗压强度（C.S）：–
- 抗折强度（M.R）：–
- 萧氏硬度（S.H）：–
- 吸水率（W.A）：–
- 岩石密度（B.D）：–
- 化学成分（C.P）：

  SiO_2：–　Al_2O_3：–
  CaO：–　MgO：–
  Na_2O：–　K_2O：–
  烧失量（Ig.loss）：–
  Fe_2O_3：–

普宁大白花 4439
WHITE COARSE GRAIN PUNING
GW049

- 产地(P.P):广东(Guangdong)
- 矿址(Q.L):广东省惠州普宁市梅林(Meilin Puning City Huizhou Guangdong Province)
- 一般用途(G.U):_
- 储量(Reserve):–
- 抗压强度(C.S):66.50 MPa
- 抗折强度(M.R):–
- 萧氏硬度(S.H):–
- 吸水率(W.A):0.19 %
- 岩石密度(B.D):2.64 g/cm^3
- 化学成分(C.P):

  SiO_2:– Al_2O_3:–
  CaO:– MgO:–
  Na_2O:– K_2O:–
  烧失量(Ig.loss):–
  Fe_2O_3:–

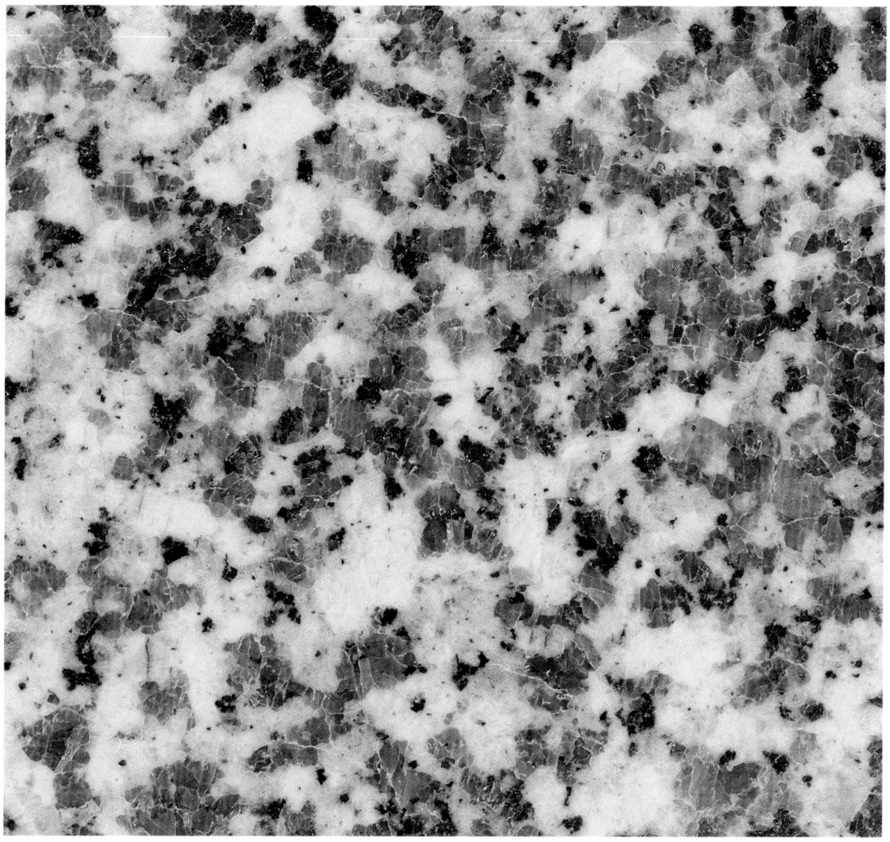

哈密芝麻翠 6503
SESAME GREEN HAMI
GW050

- 产地(P.P):新疆(Xinjiang)
- 矿址(Q.L):新疆哈密白石头泉(White Stone Spring Hami County Xinjiang)
- 一般用途(G.U):–
- 储量(Reserve):1 × $10^7 m^3$
- 抗压强度(C.S):–
- 抗折强度(M.R):–
- 萧氏硬度(S.H):–
- 吸水率(W.A):0.22 %
- 岩石密度(B.D):2.62 g/cm^3
- 化学成分(C.P):

  SiO_2:76 Al_2O_3:–
  CaO:0.60 MgO:0.30
  Na_2O:4.50 K_2O:3.50
  烧失量(Ig.loss):–
  Fe_2O_3:12.00

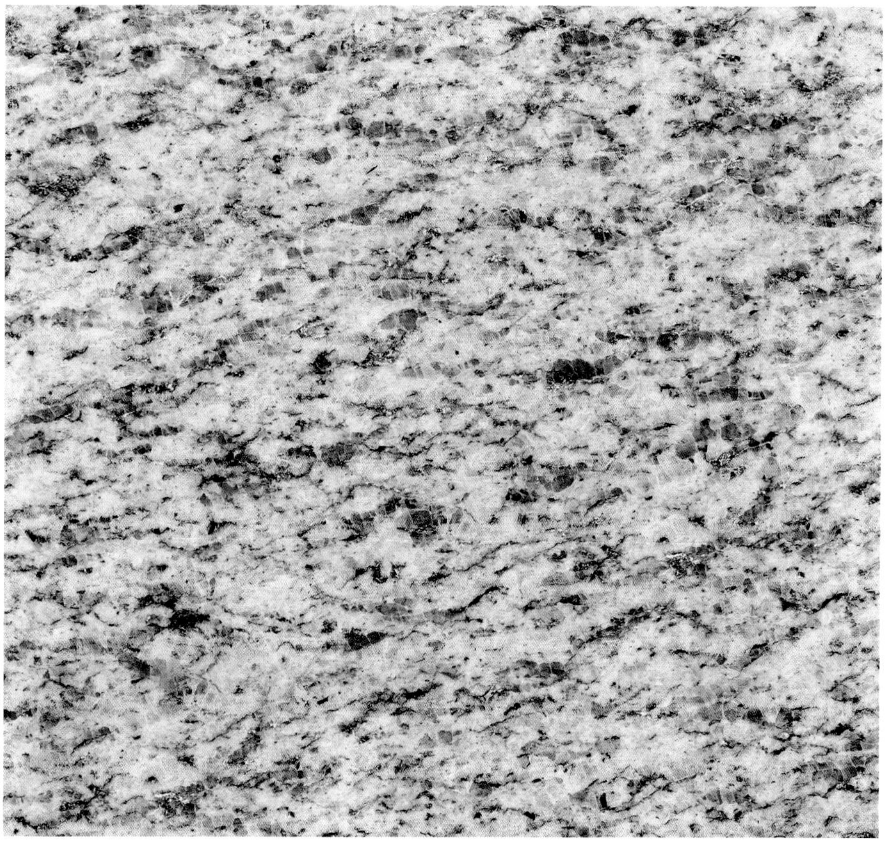

白珠麻（白珠白麻）

WHITE PEARL GRAIN

GW051

- 产地（P.P）：广东（Guangdong）
- 一般用途（G.U）：–
- 储量（Reserve）：–
- 抗压强度（C.S）：–
- 抗折强度（M.R）：–
- 萧氏硬度（S.H）：–
- 吸水率（W.A）：–
- 岩石密度（B.D）：–
- 化学成分（C.P）：

  SiO_2：–　Al_2O_3：–

  CaO：–　MgO：–

  Na_2O：–　K_2O：–

  烧失量（Ig.loss）：–

  Fe_2O_3：–

雪莲花

ADONIS FLOWER

GW052

- 产地（P.P）：新疆（Xinjiang）
- 一般用途（G.U）：–
- 储量（Reserve）：–
- 抗压强度（C.S）：–
- 抗折强度（M.R）：–
- 萧氏硬度（S.H）：–
- 吸水率（W.A）：–
- 岩石密度（B.D）：–
- 化学成分（C.P）：

  SiO_2：–　Al_2O_3：–

  CaO：–　MgO：–

  Na_2O：–　K_2O：–

  烧失量（Ig.loss）：–

  Fe_2O_3：–

幻彩白钻
MULTICOLOUR WHITE
GW053

- 产地（P.P）：福建（Fujian）
- 一般用途（G.U）：–
- 储量（Reserve）：–
- 抗压强度（C.S）：–
- 抗折强度（M.R）：–
- 萧氏硬度（S.H）：–
- 吸水率（W.A）：–
- 岩石密度（B.D）：–
- 化学成分（C.P）：

  SiO_2：–　Al_2O_3：–
  CaO：–　MgO：–
  Na_2O：–　K_2O：–
  烧失量（Ig.loss）：–
  Fe_2O_3：–

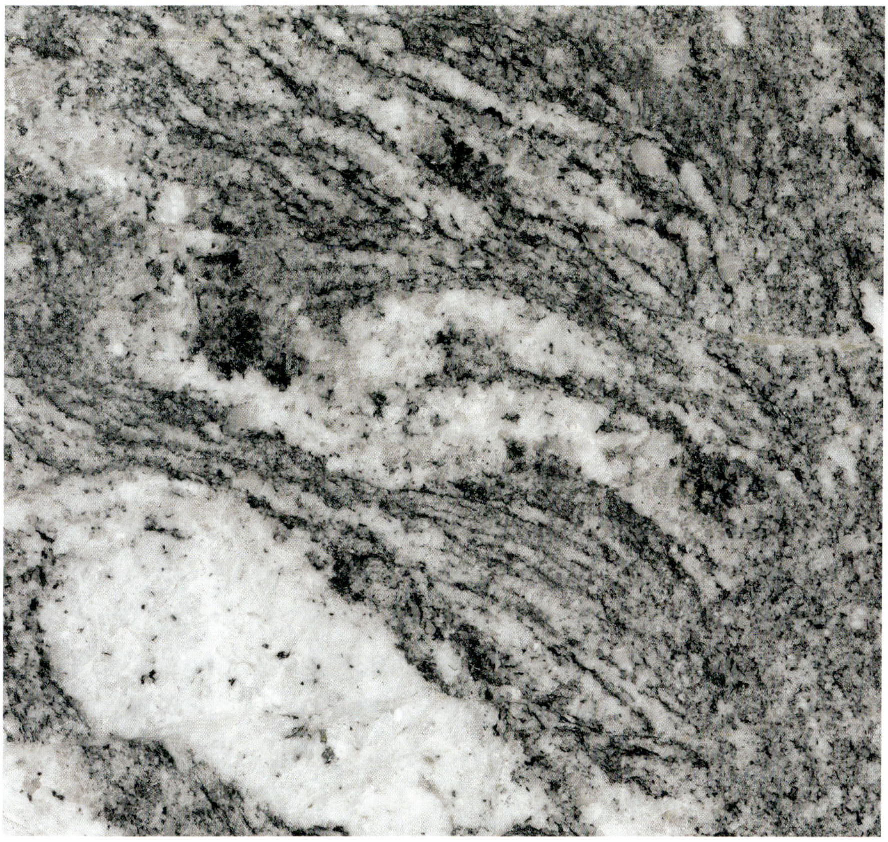

虎皮锈
TIGER-SKIN RUST
GW054

- 产地（P.P）：福建（Fujian）
- 一般用途（G.U）：–
- 储量（Reserve）：–
- 抗压强度（C.S）：–
- 抗折强度（M.R）：–
- 萧氏硬度（S.H）：–
- 吸水率（W.A）：–
- 岩石密度（B.D）：–
- 化学成分（C.P）：

  SiO_2：–　Al_2O_3：–
  CaO：–　MgO：–
  Na_2O：–　K_2O：–
  烧失量（Ig.loss）：–
  Fe_2O_3：–

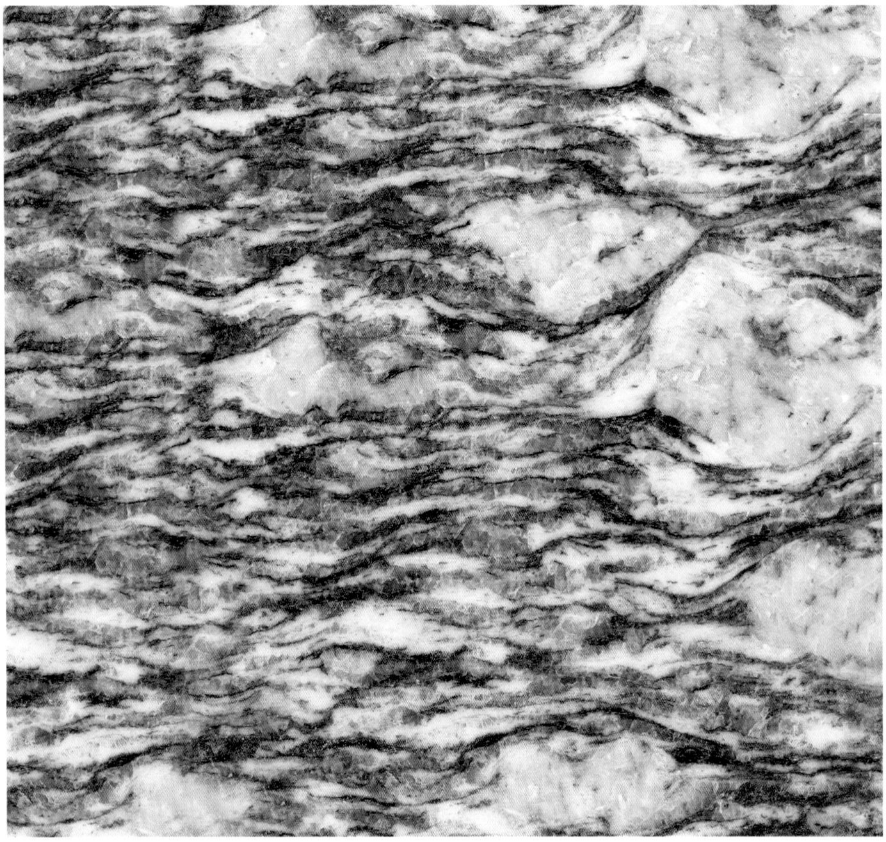

浪花白
SPRAY WHITE
GW055

- 产地（P.P）：广西（Guangxi）
- 一般用途（G.U）：–
- 储量（Reserve）：–
- 抗压强度（C.S）：–
- 抗折强度（M.R）：–
- 萧氏硬度（S.H）：–
- 吸水率（W.A）：–
- 岩石密度（B.D）：–
- 化学成分（C.P）：

  SiO_2：–　Al_2O_3：–
  CaO：–　MgO：–
  Na_2O：–　K_2O：–
  烧失量（Ig.loss）：–
  Fe_2O_3：–

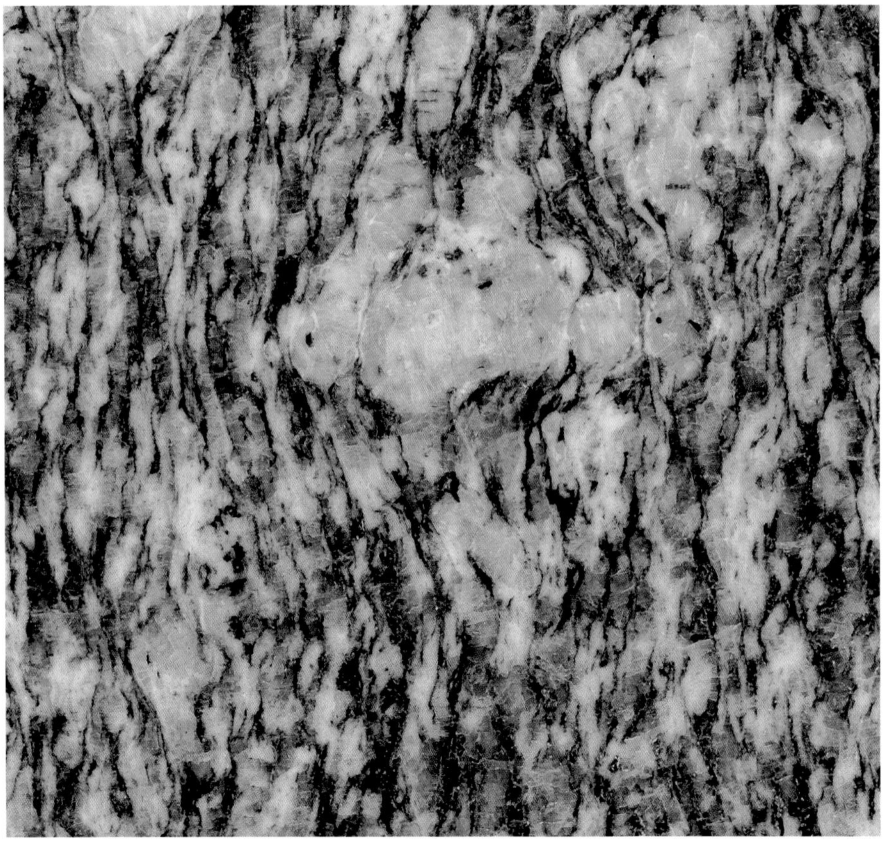

蒙阴海浪花 3777
SEA SPRAY MENGYIN
GW056

- 产地（P.P）：山东（Shandong）
- 矿址（Q.L）：山东蒙阴县桃曲（Taoqu Mengyin County Shandong Province）
- 一般用途（G.U）：–
- 储量（Reserve）：3.5 × 10^5m^3
- 抗压强度（C.S）：70–87 MPa
- 抗折强度（M.R）：36.70 MPa
- 萧氏硬度（S.H）：85
- 吸水率（W.A）：0.34 %
- 耐酸率（Ac.R）：99.90 %
- 耐碱率（Al.R）：100 %
- 岩石密度（B.D）：–
- 化学成分（C.P）：

  SiO_2：–　Al_2O_3：–
  CaO：–　MgO：–
  Na_2O：–　K_2O：–
  烧失量（Ig.loss）：–
  Fe_2O_3：–

广灵象牙黄 1404
IVORY YELLOW GUANGLING
GY001

- 产地（P.P）：山西（Shanxi）
- 矿址（Q.L）:山西大同市浑源县（Hunyuan County Datong City Shanxi Province）
- 一般用途(G.U)：–
- 储量（Reserve）：$1.2 \times 10^7 m^3$
- 抗压强度（C.S）：–
- 抗折强度（M.R）：–
- 萧氏硬度（S.H）：–
- 吸水率（W.A）：–
- 岩石密度（B.D）：–
- 化学成分（C.P）：
  SiO_2：–　Al_2O_3：–
  CaO：–　MgO：–
  Na_2O：–　K_2O：–
  烧失量（Ig.loss）：–
  Fe_2O_3：–

平山柏坡黄 1303
YELLOW BAIPO PINGSHAN
GY002

- 产地（P.P）：河北（Hebei）
- 矿址（Q.L）：河北平山县西柏坡（West Baipo Pingshan County Hebei Province）
- 一般用途（G.U）：–
- 储量（Reserve）：–
- 抗压强度（C.S）：–
- 抗折强度（M.R）：–
- 萧氏硬度（S.H）：–
- 吸水率（W.A）：–
- 岩石密度（B.D）：–
- 化学成分（C.P）：
  SiO_2：–　Al_2O_3：–
  CaO：–　MgO：–
  Na_2O：–　K_2O：–
  烧失量（Ig.loss）：–
  Fe_2O_3：–

石井锈石 3582 –A
RUST STONE SHIJING
GY003

- 产地（P.P）：福建（Fujian）
- 矿址（Q.L）：福建省南安市石井镇扬子山（Yangzi Mountain Shijing Town Nanan City Fujian Province）
- 一般用途（G.U）：–
- 储量（Reserve）：1 × 10^7m^3
- 抗压强度（C.S）：212.80 MPa
- 抗折强度（M.R）：15.40 MPa
- 肃氏硬度（S.H）：–
- 吸水率（W.A）：0.43 %
- 岩石密度（B.D）：2.60 g/cm^3
- 化学成分（C.P）：

  SiO_2：–　Al_2O_3：–
  CaO：–　MgO：–
  Na_2O：–　K_2O：–
  烧失量（Ig.loss）：–
  Fe_2O_3：–

石井锈石 3582 –B
RUST STONE SHIJING
GY004

- 产地（P.P）：福建（Fujian）
- 矿址（Q.L）：福建省南安市石井镇扬子山（Yangzi Mountain Shijing Town Nanan City Fujian Province）
- 一般用途（G.U）：–
- 储量（Reserve）：1 × 10^7m^3
- 抗压强度（C.S）：212.80 MPa
- 抗折强度（M.R）：15.40 MPa
- 肃氏硬度（S.H）：–
- 吸水率（W.A）：0.43 %
- 岩石密度（B.D）：2.60 g/cm^3
- 化学成分（C.P）：

  SiO_2：–　Al_2O_3：–
  CaO：–　MgO：–
  Na_2O：–　K_2O：–
  烧失量（Ig.loss）：–
  Fe_2O_3：–

米易豹皮花 5158
LEOPARD SKIN MIYI
GY005

- 产地（P.P）：四川（Sichuan）
- 矿址（Q.L）：四川米易县黄草乡、沙坝乡、桂榜乡（Guibang Town & Shaba Town & Huangcao Town Miyi County Sichuan Province）
- 一般用途（G.U）：–
- 储量（Reserve）：5.4 × 10^6m^3
- 抗压强度（C.S）：–
- 抗折强度（M.R）：–
- 萧氏硬度（S.H）：–
- 吸水率（W.A）：–
- 岩石密度（B.D）：–
- 化学成分（C.P）：
  SiO_2：– Al_2O_3：–
  CaO：– MgO：–
  Na_2O：– K_2O：–
  烧失量（Ig.loss）：–
  Fe_2O_3：–

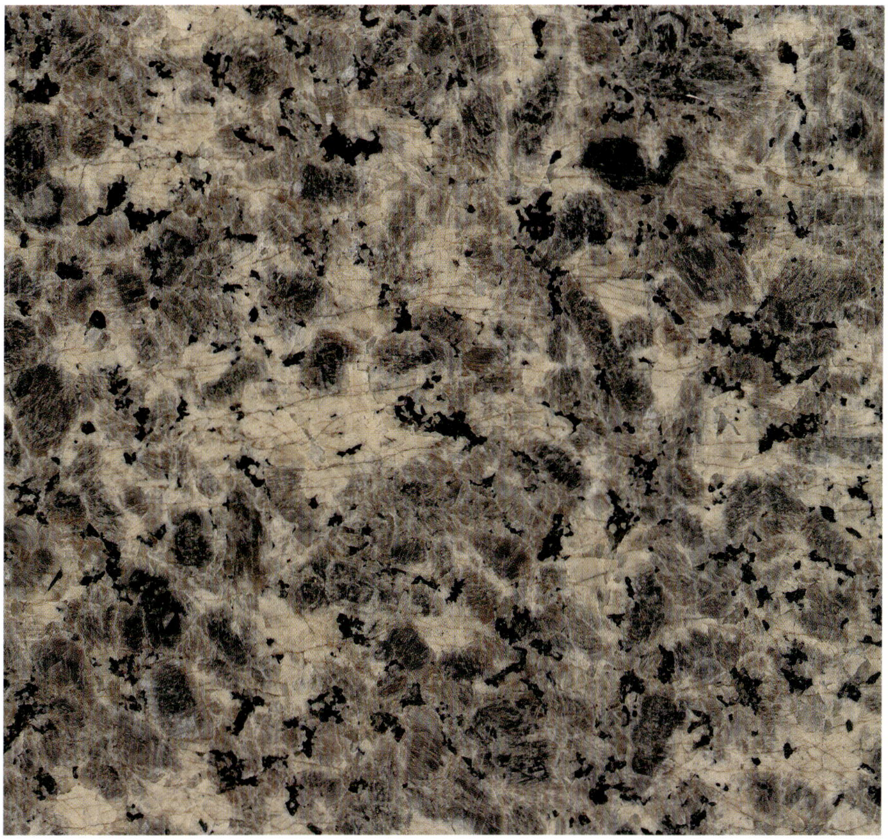

天山豹皮花
LEOPARD SKIN TIANSHAN
GY006

- 产地（P.P）：新疆（Xinjiang）
- 一般用途（G.U）：–
- 储量（Reserve）：–
- 抗压强度（C.S）：–
- 抗折强度（M.R）：–
- 萧氏硬度（S.H）：–
- 吸水率（W.A）：–
- 岩石密度（B.D）：–
- 化学成分（C.P）：
  SiO_2：– Al_2O_3：–
  CaO：– MgO：–
  Na_2O：– K_2O：–
  烧失量（Ig.loss）：–
  Fe_2O_3：–

托里菊花黄 6522
CHRYSANTHEMUM YELLOW TUOLI
GY007

- 产地（P.P）：新疆（Xinjiang）
- 矿址（Q.L）：新疆托里县柳树沟北东20公里（20 Kilometre away from northeast of Liushugou Tuoli County Xinjiang Weiwuer Nation Autonomy Region）
- 一般用途（G.U）：–
- 储量（Reserve）：3.7 × 10^5m^3
- 抗压强度（C.S）：_
- 抗折强度（M.R）：–
- 萧氏硬度（S.H）：–
- 吸水率（W.A）：0.4 %
- 岩石密度（B.D）：2.60 g/cm^3
- 化学成分（C.P）：

  SiO_2：–　Al_2O_3：–
  CaO：–　MgO：–
  Na_2O：–　K_2O：–
  烧失量（Ig.loss）：–
  Fe_2O_3：–

灵山黄
LINGSHAN YELLOW
GY008

- 产地（P.P）：江西（Jiangxi）
- 一般用途（G.U）：–
- 储量（Reserve）：–
- 抗压强度（C.S）：–
- 抗折强度（M.R）：–
- 萧氏硬度（S.H）：–
- 吸水率（W.A）：–
- 岩石密度（B.D）：–
- 化学成分（C.P）：

  SiO_2：–　Al_2O_3：–
  CaO：–　MgO：–
  Na_2O：–　K_2O：–
  烧失量（Ig.loss）：–
  Fe_2O_3：–

三元花 3757
SANYUAN FLOWER
GY009

- 产地（P.P）：山东（Shandong）
- 一般用途（G.U）：–
- 储量（Reserve）：–
- 抗压强度（C.S）：–
- 抗折强度（M.R）：–
- 萧氏硬度（S.H）：–
- 吸水率（W.A）：–
- 岩石密度（B.D）：–
- 化学成分（C.P）：

  SiO_2：–　Al_2O_3：–
  CaO：–　MgO：–
  Na_2O：–　K_2O：–
  烧失量（Ig.loss）：–
  Fe_2O_3：–

雪花青
SNOW BLACK
GY010

- 产地（P.P）：新疆（Xinjiang）
- 一般用途（G.U）：–
- 储量（Reserve）：–
- 抗压强度（C.S）：–
- 抗折强度（M.R）：–
- 萧氏硬度（S.H）：–
- 吸水率（W.A）：–
- 岩石密度（B.D）：–
- 化学成分（C.P）：

  SiO_2：–　Al_2O_3：–
  CaO：–　MgO：–
  Na_2O：–　K_2O：–
  烧失量（Ig.loss）：–
  Fe_2O_3：–

燕山黄

YANSHAN YELLOW

GY011

- 产地（P.P）：河北（Hebei）
- 一般用途（G.U）：–
- 储量（Reserve）：–
- 抗压强度（C.S）：–
- 抗折强度（M.R）：–
- 肃氏硬度（S.H）：–
- 吸水率（W.A）：–
- 岩石密度（B.D）：–
- 化学成分（C.P）：

  SiO_2：–　Al_2O_3：–
  CaO：–　MgO：–
  Na_2O：–　K_2O：–
  烧失量（Ig.loss）：–
  Fe_2O_3：–

荷兰菊

NETHERLADNS CHRYSAN-THEMUM

GY012

- 产地（P.P）：新疆（Xinjiang）
- 一般用途（G.U）：–
- 储量（Reserve）：–
- 抗压强度（C.S）：–
- 抗折强度（M.R）：–
- 肃氏硬度（S.H）：–
- 吸水率（W.A）：–
- 岩石密度（B.D）：–
- 化学成分（C.P）：

  SiO_2：–　Al_2O_3：–
  CaO：–　MgO：–
  Na_2O：–　K_2O：–
  烧失量（Ig.loss）：–
  Fe_2O_3：–

紫红麻（幻彩黄、万龙花）
PURPLE GRAIN
GY013

- 产地（P.P）：河北（Hebei）
- 一般用途（G.U）：–
- 储量（Reserve）：–
- 抗压强度（C.S）：–
- 抗折强度（M.R）：–
- 萧氏硬度（S.H）：–
- 吸水率（W.A）：–
- 岩石密度（B.D）：–
- 化学成分（C.P）：

  SiO_2：–　Al_2O_3：–
  CaO：–　MgO：–
  Na_2O：–　K_2O：–
  烧失量（Ig.loss）：–
  Fe_2O_3：–

贵妃黄（米黄玉）
MADAM YELLOW
GY014

- 产地（P.P）：广东（Guangdong）
- 一般用途（G.U）：–
- 储量（Reserve）：–
- 抗压强度（C.S）：–
- 抗折强度（M.R）：–
- 萧氏硬度（S.H）：–
- 吸水率（W.A）：–
- 岩石密度（B.D）：–
- 化学成分（C.P）：

  SiO_2：–　Al_2O_3：–
  CaO：–　MgO：–
  Na_2O：–　K_2O：–
  烧失量（Ig.loss）：–
  Fe_2O_3：–

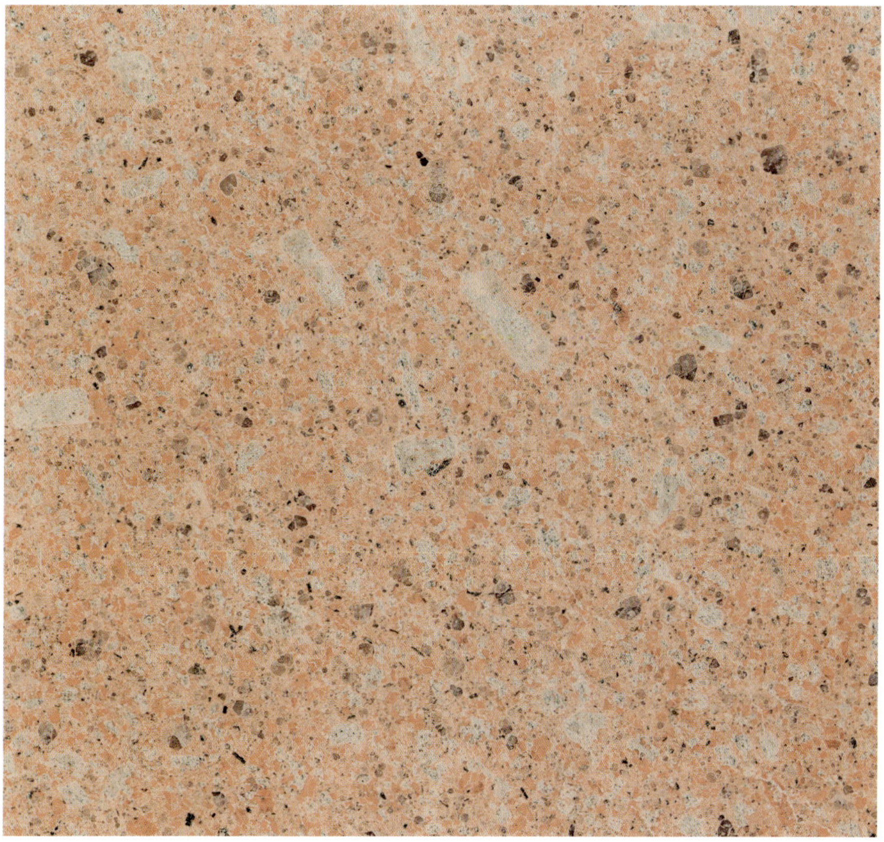

金菊
GOLDEN CHRYSANTHEMUM
GY015

- 产地（P.P）：新疆（Xinjiang）
- 矿址（Q.L）：–
- 一般用途（G.U）：–
- 储量（Reserve）：–
- 抗压强度（C.S）：–
- 抗折强度（M.R）：–
- 萧氏硬度（S.H）：–
- 吸水率（W.A）：–
- 岩石密度（B.D）：–
- 化学成分（C.P）：

SiO_2：–　Al_2O_3：–
CaO：–　MgO：–
Na_2O：–　K_2O：–
烧失量（Ig.loss）：–
Fe_2O_3：–

金丝黄
GOLDEN SILK
GY016

- 产地（P.P）：新疆（Xinjiang）
- 一般用途（G.U）：–
- 储量（Reserve）：–
- 抗压强度（C.S）：–
- 抗折强度（M.R）：–
- 萧氏硬度（S.H）：–
- 吸水率（W.A）：–
- 岩石密度（B.D）：–
- 化学成分（C.P）：

SiO_2：–　Al_2O_3：–
CaO：–　MgO：–
Na_2O：–　K_2O：–
烧失量（Ig.loss）：–
Fe_2O_3：–

金沙黄
SAND YELLOW
GY017

- 产地（P.P）：山东（Shandong）
- 一般用途（G.U）：－
- 储量（Reserve）：－
- 抗压强度（C.S）：－
- 抗折强度（M.R）：－
- 肃氏硬度（S.H）：－
- 吸水率（W.A）：－
- 岩石密度（B.D）：－
- 化学成分（C.P）：

SiO_2：－ Al_2O_3：－
CaO：－ MgO：－
Na_2O：－ K_2O：－
烧失量（Ig.loss）：－
Fe_2O_3：－

莎仕金麻
GOLDEN GRAIN SHASHI
GY018

- 产地（P.P）：新疆（Xinjiang）
- 一般用途（G.U）：－
- 储量（Reserve）：－
- 抗压强度（C.S）：－
- 抗折强度（M.R）：－
- 肃氏硬度（S.H）：－
- 吸水率（W.A）：－
- 岩石密度（B.D）：－
- 化学成分（C.P）：

SiO_2：－ Al_2O_3：－
CaO：－ MgO：－
Na_2O：－ K_2O：－
烧失量（Ig.loss）：－
Fe_2O_3：－

米黄岩

CREAM ROCK

GY019

- 产地（P.P）：云南（Yunnan）
- 一般用途（G.U）：－
- 储量（Reserve）：－
- 抗压强度（C.S）：－
- 抗折强度（M.R）：－
- 萧氏硬度（S.H）：－
- 吸水率（W.A）：－
- 岩石密度（B.D）：－
- 化学成分（C.P）：

  SiO_2：－　Al_2O_3：－

  CaO：－　MgO：－

  Na_2O：－　K_2O：－

  烧失量（Ig.loss）：－

  Fe_2O_3：－

虎皮黄

TIGER-SKIN YELLOW

GY020

- 产地（P.P）：福建（Fujian）
- 一般用途（G.U）：－
- 储量（Reserve）：－
- 抗压强度（C.S）：－
- 抗折强度（M.R）：－
- 萧氏硬度（S.H）：－
- 吸水率（W.A）：－
- 岩石密度（B.D）：－
- 化学成分（C.P）：

  SiO_2：－　Al_2O_3：－

  CaO：－　MgO：－

  Na_2O：－　K_2O：－

  烧失量（Ig.loss）：－

  Fe_2O_3：－

苏伊土黄（台山黄）
TAISHAN YELLOW
GY021

- 产地（P.P）：广东（Guangdong）
- 一般用途（G.U）：–
- 储量（Reserve）：–
- 抗压强度（C.S）：–
- 抗折强度（M.R）：–
- 萧氏硬度（S.H）：–
- 吸水率（W.A）：–
- 岩石密度（B.D）：–
- 化学成分（C.P）：

  SiO_2：–　Al_2O_3：–
  CaO：–　MgO：–
  Na_2O：–　K_2O：–
  烧失量（Ig.loss）：–
  Fe_2O_3：–

龙海黄玫瑰 3510
YELLOW ROSE LONGHAI
GY022

- 产地（P.P）：福建（Fujian）
- 矿址（Q.L）：福建龙海市白水镇郊边村（Jiaobian Village Baishui Town Longhai City Fujian Province）
- 一般用途（G.U）：–
- 储量（Reserve）：1.5 × $10^6 m^3$
- 抗压强度（C.S）：178.20 MPa
- 抗折强度（M.R）：14.90 MPa
- 萧氏硬度（S.H）：–
- 吸水率（W.A）：0.39 %
- 岩石密度（B.D）：2.63 g/cm^3
- 化学成分（C.P）：

  SiO_2：–　Al_2O_3：–
  CaO：–　MgO：–
  Na_2O：–　K_2O：–
  烧失量（Ig.loss）：–
  Fe_2O_3：–

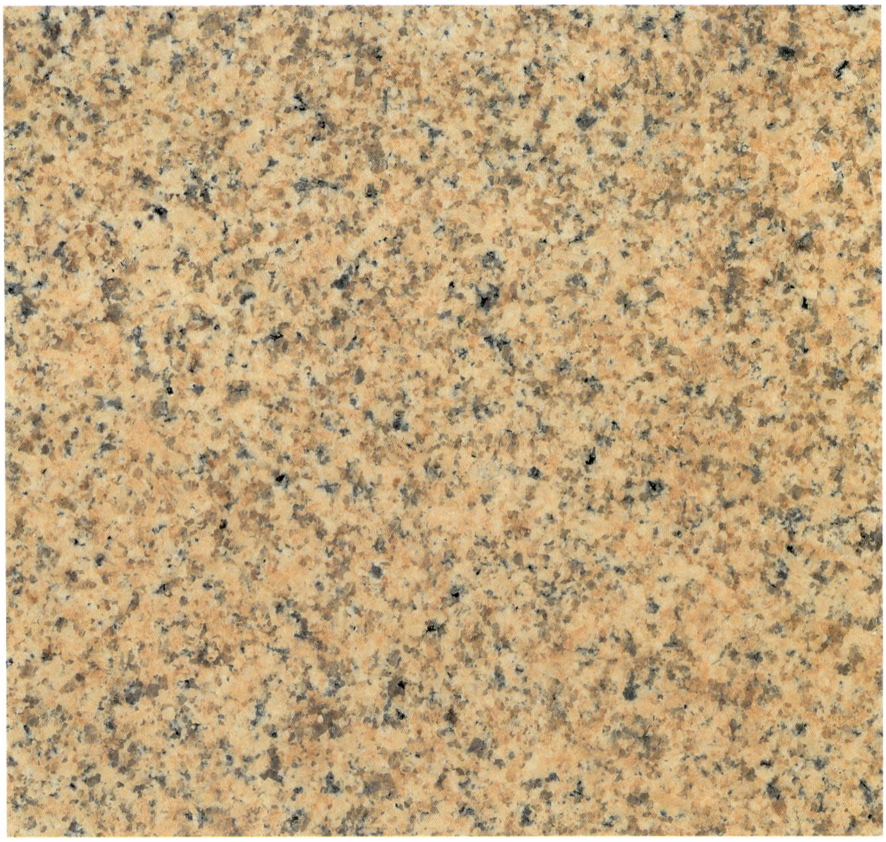

金沙滩

GOLDEN BEACH

GY023

- 产地((P.P)：广东（Guangdong）
- 一般用途（G.U）：–
- 储量（Reserve）：–
- 抗压强度（C.S）：–
- 抗折强度（M.R）：–
- 萧氏硬度（S.H）：–
- 吸水率（W.A）：–
- 岩石密度（B.D）：–
- 化学成分（C.P）：

  SiO_2：–　Al_2O_3：–

  CaO：–　MgO：–

  Na_2O：–　K_2O：–

  烧失量（Ig.loss）：–

  Fe_2O_3：–

金海岸

GOLDEN COAST

GY024

- 产地（P.P）：广东（Guangdong）
- 一般用途（G.U）：–
- 储量（Reserve）：–
- 抗压强度（C.S）：–
- 抗折强度（M.R）：–
- 萧氏硬度（S.H）：–
- 吸水率（W.A）：–
- 岩石密度（B.D）：–
- 化学成分（C.P）：

  SiO_2：–　Al_2O_3：–

  CaO：–　MgO：–

  Na_2O：–　K_2O：–

  烧失量（Ig.loss）：–

  Fe_2O_3：–

珍珠麻
PEARL GRAIN
GY025

- 产地（P.P）：新疆（Xinjiang）
- 一般用途（G.U）：–
- 储量（Reserve）：–
- 抗压强度（C.S）：–
- 抗折强度（M.R）：–
- 萧氏硬度（S.H）：–
- 吸水率（W.A）：–
- 岩石密度（B.D）：–
- 化学成分（C.P）：

  SiO_2：–　Al_2O_3：–
  CaO：–　MgO：–
  Na_2O：–　K_2O：–
  烧失量（Ig.loss）：–
  Fe_2O_3：–

密云桃花 1152
PEACH BLOSSOM MIYUN
GR001

- 产地（P.P）：北京（Beijing）
- 矿址（Q.L）：北京密云县半城子产古山谷（Changu Valley Banchengzi Village Miyun County Beijing）
- 一般用途（G.U）：–
- 储量（Reserve）：6.4 × 10^8 m^3
- 抗压强度（C.S）：78 MPa
- 抗折强度（M.R）：14.10 MPa
- 萧氏硬度（S.H）：–
- 吸水率（W.A）：0.3 %
- 岩石密度（B.D）：2.74 g/cm^3
- 化学成分（C.P）：

  SiO_2：–　Al_2O_3：–
  CaO：–　MgO：–
  Na_2O：–　K_2O：–
  烧失量（Ig.loss）：–
  Fe_2O_3：–

贵妃红
MADAM RED
GR002

- 产地（P.P）：四川（Sichuan）
- 一般用途（G.U）：–
- 储量（Reserve）：–
- 抗压强度（C.S）：–
- 抗折强度（M.R）：–
- 肃氏硬度（S.H）：–
- 吸水率（W.A）：–
- 岩石密度（B.D）：–
- 化学成分（C.P）：
  SiO_2：– Al_2O_3：–
  CaO：– MgO：–
  Na_2O：– K_2O：–
  烧失量（Ig.loss）：–
  Fe_2O_3：–

灵丘贵妃红 1402
MADAM RED LINGQIU
GR003

- 产地（P.P）：山西（Shanxi）
- 矿址（Q.L）:山西灵丘县东庄（Dong Village Lingqiu County Shanxi Province）
- 一般用途（G.U）：室内外装修（Interior& Exterior Decoration）
- 储量（Reserve）：–
- 抗压强度（C.S）：131 MPa
- 抗折强度（M.R）：15.17 MPa
- 肃氏硬度（S.H）：98.8
- 吸水率（W.A）：0.24%
- 岩石密度（B.D）：2.646g/ cm^3
- 化学成分（C.P）：
  SiO_2：– Al_2O_3：–
  CaO：– MgO：–
  Na_2O：– K_2O：–
  烧失量（Ig.loss）：–
  Fe_2O_3：–

灵丘山杏花 1406
APRICOT BLOSSOM LINGQIU
GR004

- 产地（P.P）：山西（Shanxi）
- 矿址（Q.L）：山西灵丘独山谷乡（Dushangu Town Lingqiu County Shanxi Province）
- 一般用途（G.U）：–
- 储量（Reserve）：–
- 抗压强度（C.S）：–
- 抗折强度（M.R）：–
- 萧氏硬度（S.H）：–
- 吸水率（W.A）：–
- 岩石密度（B.D）：–
- 化学成分（C.P）：

  SiO_2：–　Al_2O_3：–
  CaO：–　MgO：–
  Na_2O：–　K_2O：–
  烧失量（Ig.loss）：–
  Fe_2O_3：–

诺尔红 1530
NUOER RED
GR005

- 产地（P.P）：内蒙古（Inner Mongolia）
- 矿址（Q.L）：内蒙古自治区阿拉善左旗（Alashanzuo County Inner Mongolia Autonomy Region）
- 一般用途（G.U）：–
- 储量（Reserve）：–
- 抗压强度（C.S）：159.95 MPa
- 抗折强度（M.R）：11.66 MPa
- 萧氏硬度（S.H）：87.30
- 吸水率（W.A）：–
- 岩石密度（B.D）：2.64 g/ cm^3
- 化学成分（C.P）：

  SiO_2：72.56　Al_2O_3：12.89
  CaO：1.71　MgO：1.46
  Na_2O：–　K_2O：5.13
  烧失量（Ig.loss）：0.69
  Fe_2O_3：2.73

清远红
QINGYUAN RED
GR006

- 产地（P.P）：广东（Guangdong）
- 一般用途（G.U）：–
- 储量（Reserve）：–
- 抗压强度（C.S）：–
- 抗折强度（M.R）：–
- 萧氏硬度（S.H）：–
- 吸水率（W.A）：–
- 岩石密度（B.D）：–
- 化学成分（C.P）：
  SiO_2：– Al_2O_3：–
  CaO：– MgO：–
  Na_2O：– K_2O：–
  烧失量（Ig.loss）：–
  Fe_2O_3：–

涿鹿樱花红 1305
CHERRY BLOSSOM PINK ZHUOLU
GR007

- 产地（P.P）：河北（Hebei）
- 矿址（Q.L）:河北涿鹿（zhuolu Hebei Province）
- 一般用途（G.U）：–
- 储量（Reserve）：–
- 抗压强度（C.S）：–
- 抗折强度（M.R）：–
- 萧氏硬度（S.H）：–
- 吸水率（W.A）：–
- 岩石密度（B.D）：–
- 化学成分（C.P）：
  SiO_2：– Al_2O_3：–
  CaO：– MgO：–
  Na_2O：– K_2O：–
  烧失量（Ig.loss）：–
  Fe_2O_3：–

上虞菊花红 3305
CHRYSANTHEMUM RED SHANGYU
GR008

- 产地（P.P）：浙江（Zhejiang）
- 矿址（Q.L）：浙江上虞市岭南乡（Lingnan Town Shang Yu City Zhejiang Province）
- 一般用途（G.U）：–
- 储量（Reserve）：1 × $10^8 m^3$
- 抗压强度（C.S）：–
- 抗折强度（M.R）：–
- 萧氏硬度（S.H）：–
- 吸水率（W.A）：0.26 %
- 岩石密度（B.D）：2.61 g/cm^3
- 化学成分（C.P）：

  SiO_2：–　Al_2O_3：–
  CaO：–　MgO：–
  Na_2O：–　K_2O：–
  烧失量（Ig.loss）：–
  Fe_2O_3：–

泉州白 3506
WHITE QUANZHOU
GR009

- 产地（P.P）：福建（Fujian）
- 矿址（Q.L）：福建省南安县石砻（Shilong Nanan County Fujian Province）
- 一般用途（G.U）：–
- 储量（Reserve）：–
- 抗压强度（C.S）：210.16 MPa
- 抗折强度（M.R）：20.92 MPa
- 萧氏硬度（S.H）：105
- 吸水率（W.A）：–
- 岩石密度（B.D）：–
- 化学成分（C.P）：

  SiO_2：76.22　Al_2O_3：12.43
  CaO：0.10　MgO：0.96
  Na_2O：3.50　K_2O：4.25
  烧失量（Ig.loss）：0.16
  Fe_2O_3：0.37

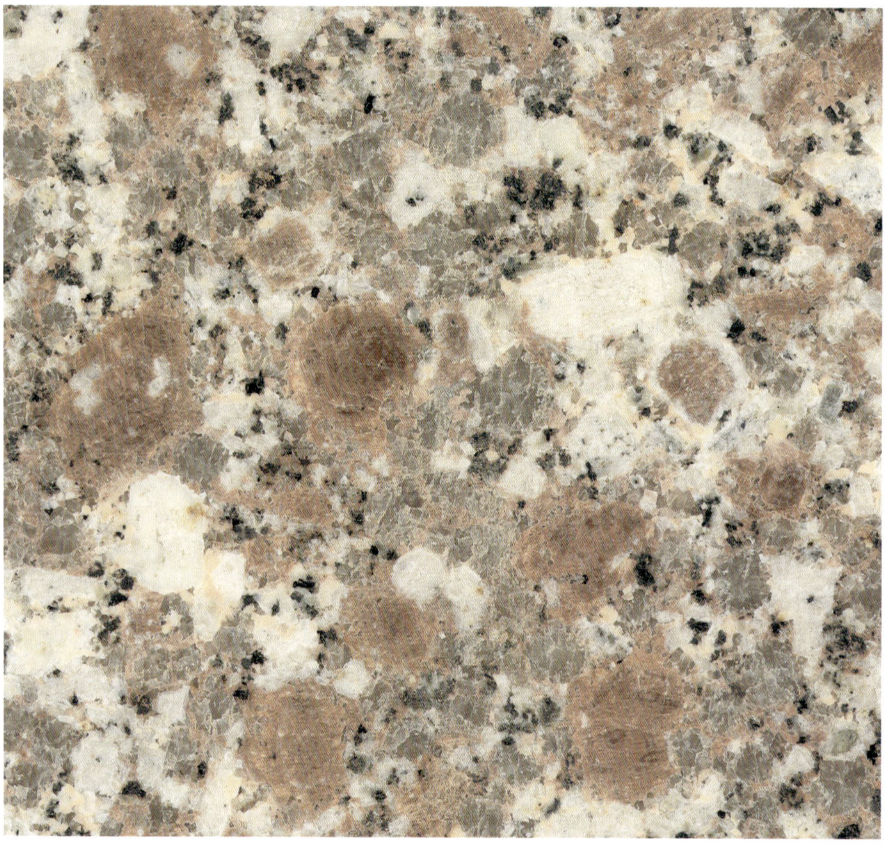

南安雪里梅 3508
SNOW PLUM NANAN
GR010

- 产地（P.P）：福建（Fujian）
- 矿址（Q.L）：福建省南安市罗东镇坂村（Ban Village Luodong Town Nanan City Fujian Province）
- 一般用途（G.U）：–
- 储量（Reserve）：1 × $10^8 m^3$
- 抗压强度（C.S）：169.20 MPa
- 抗折强度（M.R）：15.50 MPa
- 萧氏硬度（S.H）：–
- 吸水率（W.A）：0.37 %
- 岩石密度（B.D）：2.62 g/cm^3
- 化学成分（C.P）：
  SiO_2：–　Al_2O_3：–
  CaO：–　MgO：–
  Na_2O：–　K_2O：–
  烧失量（Ig.loss）：–
  Fe_2O_3：–

武夷红（斯特红）3528
RED WUYI
GR011

- 产地（P.P）：福建（Fujian）
- 矿址（Q.L）：福建武夷山市洋庄（Yang Village Wuyishan City Fujian Province）
- 一般用途（G.U）：–
- 储量（Reserve）：1 × $10^6 m^3$
- 抗压强度（C.S）：–
- 抗折强度（M.R）：–
- 萧氏硬度（S.H）：–
- 吸水率（W.A）：–
- 岩石密度（B.D）：–
- 化学成分（C.P）：
  SiO_2：–　Al_2O_3：–
  CaO：–　MgO：–
  Na_2O：–　K_2O：–
  烧失量（Ig.loss）：–
  Fe_2O_3：–

安溪红（安西麻）3535
RED ANXI
GR012

- 产地（P.P）：福建（Fujian）
- 矿址（Q.L）：福建省安溪县官桥镇（Guanqiao Town Anxi County Fujian Province）
- 一般用途（G.U）：–
- 储量（Reserve）：–
- 抗压强度（C.S）：189.66 MPa
- 抗折强度（M.R）：15 MPa
- 萧氏硬度（S.H）：88
- 吸水率（W.A）：0.37 %
- 耐酸率（Ac.R）：99.67 %
- 耐碱率（Al.R）：99.67 %
- 岩石密度（B.D）：2.78 g/cm^3
- 化学成分（C.P）：

  SiO_2：– Al_2O_3：–
  CaO：– MgO：–
  Na_2O：– K_2O：–
  烧失量（Ig.loss）：–
  Fe_2O_3：–

漳浦红（列斯纳红）3548
RED ZHANGPU
GR013

- 产地（P.P）：福建（Fujian）
- 矿址（Q.L）：福建漳浦灶山徐坎（Xukan Zhangpuzao Mountain Fujian Province）
- 一般用途（G.U）：–
- 储量（Reserve）：–
- 抗压强度（C.S）：148.60 MPa
- 抗折强度（M.R）：28.50 MPa
- 萧氏硬度（S.H）：–
- 吸水率（W.A）：0.35 %
- 岩石密度（B.D）：2.63 g/cm^3
- 化学成分（C.P）：

  SiO_2：73.02 Al_2O_3：12.28
  CaO：2.45 MgO：0.38
  Na_2O：– K_2O：–
  烧失量（Ig.loss）：–
  Fe_2O_3：0.68

罗源紫罗兰 3564 -A
VIOLET LUOYUAN
GR014

- 产地（P.P）：福建（Fujian）
- 矿址（Q.L）：福建省罗源县白塔（Baita Luoyuan County Fujian Province）
- 一般用途（G.U）：–
- 储量（Reserve）：6 × $10^7 m^3$
- 抗压强度（C.S）：130.50 MPa
- 抗折强度（M.R）：15.50 MPa
- 萧氏硬度（S.H）：–
- 吸水率（W.A）：0.31 %
- 岩石密度（B.D）：2.64 g/cm^3
- 化学成分（C.P）：

  SiO_2：– Al_2O_3：–
  CaO：– MgO：–
  Na_2O：– K_2O：–
  烧失量（Ig.loss）：–
  Fe_2O_3：–

罗源紫罗兰 3564 -B
VIOLET LUOYUAN
GR015

- 产地（P.P）：福建（Fujian）
- 矿址（Q.L）：福建省罗源县白塔（Baita Luoyuan County Fujian Province）
- 一般用途（G.U）：–
- 储量（Reserve）：6 × $10^7 m^3$
- 抗压强度（C.S）：130.50 MPa
- 抗折强度（M.R）：15.50 MPa
- 萧氏硬度（S.H）：–
- 吸水率（W.A）：0.31 %
- 岩石密度（B.D）：2.64 g/cm^3
- 化学成分（C.P）：

  SiO_2：– Al_2O_3：–
  CaO：– MgO：–
  Na_2O：– K_2O：–
  烧失量（Ig.loss）：–
  Fe_2O_3：–

古田桃花红 3567 –A
PEACH BLOSSOM RED GUTIAN
GR016

- 产地（P.P）：福建（Fujian）
- 矿址（Q.L）：福建古田县鹤塘镇（Hetang Town Gutian County Fujian Province）
- 一般用途（G.U）：–
- 储量（Reserve）：2 × 10^6m^3
- 抗压强度（C.S）：127.80 MPa
- 抗折强度（MR）：15.30 MPa
- 萧氏硬度（SH）：–
- 吸水率（W.A）：0.39 %
- 岩石密度（B.D）：2.59 g/cm^3
- 化学成分（C.P）：

  SiO_2：–　Al_2O_3：–
  CaO：–　MgO：–
  Na_2O：–　K_2O：–
  烧失量（Ig.loss）：–
  Fe_2O_3：–

古田桃花红 3567 –B
PEACH BLOSSOM RED GUTIAN
GR017

- 产地（P.P）：福建（Fujian）
- 一般用途（G.U）：–
- 储量（Reserve）：–
- 抗压强度（C.S）：–
- 抗折强度（M.R）：–
- 萧氏硬度（S.H）：–
- 吸水率（W.A）：–
- 岩石密度（B.D）：–
- 化学成分（C.P）：

  SiO_2：–　Al_2O_3：–
  CaO：–　MgO：–
  Na_2O：–　K_2O：–
  烧失量（Ig.loss）：–
  Fe_2O_3：–

617 #

GR018

- 产地（P.P）：福建（Fujian）
- 矿址（Q.L）：–
- 一般用途（G.U）：–
- 储量（Reserve）：–
- 抗压强度（C.S）：–
- 抗折强度（M.R）：–
- 肃氏硬度（S.H）：–
- 吸水率（W.A）：–
- 岩石密度（B.D）：–
- 化学成分（C.P）：

  SiO_2：–　Al_2O_3：–
  CaO：–　MgO：–
  Na_2O：–　K_2O：–
  烧失量（Ig.loss）：–
  Fe_2O_3：–

浦城牡丹红 3578
PEONY RED PUCHENG
GR019

- 产地（P.P）：福建（Fujian）
- 矿址（Q.L）：福建浦城县永兴镇（Yongxing Town Pucheng County Fujian Province）
- 一般用途（G.U）：–
- 储量（Reserve）：–
- 抗压强度（C.S）：–
- 抗折强度（M.R）：–
- 肃氏硬度（S.H）：–
- 吸水率（W.A）：–
- 岩石密度（B.D）：–
- 化学成分（C.P）：

  SiO_2：–　Al_2O_3：–
  CaO：–　MgO：–
  Na_2O：–　K_2O：–
  烧失量（Ig.loss）：–
  Fe_2O_3：–

光泽红 3583 -A
RED GUANGZE
GR020

- 产地（P.P）：福建（Fujian）
- 矿址（Q.L）：福建光泽县大古庵（Daguan Guangze County Fujian Province）
- 一般用途（G.U）：-
- 储量（Reserve）：-
- 抗压强度（C.S）：-
- 抗折强度（M.R）：-
- 萧氏硬度（S.H）：-
- 吸水率（W.A）：-
- 岩石密度（B.D）：-
- 化学成分（C.P）：

  SiO_2：-　Al_2O_3：-
  CaO：-　MgO：-
  Na_2O：-　K_2O：-
  烧失量（Ig.loss）：-
  Fe_2O_3：-

光泽红 3583 -B
RED GUANGZE
GR021

- 产地（P.P）：福建（Fujian）
- 一般用途（G.U）：-
- 储量（Reserve）：-
- 抗压强度（C.S）：-
- 抗折强度（M.R）：-
- 萧氏硬度（S.H）：-
- 吸水率（W.A）：-
- 岩石密度（B.D）：-
- 化学成分（C.P）：

  SiO_2：-　Al_2O_3：-
  CaO：-　MgO：-
  Na_2O：-　K_2O：-
  烧失量（Ig.loss）：-
  Fe_2O_3：-

光泽铁关红 3587
RED TIEGUAN GUANGZE
GR022

- 产地（P.P）：福建（Fujian）
- 矿址（Q.L）：福建光泽县花侨乡铁关（Tieguan Huaqiao Town Guangze County Fujian Province）
- 一般用途（G.U）：主要作加工镜面板材或火烧板（Suit for polish slab and flamed slab）
- 储量（Reserve）：3.5 × 10^5m^3
- 抗压强度（C.S）：127.50 MPa
- 抗折强度（M.R）：19.00 MPa
- 萧氏硬度（S.H）：–
- 吸水率（W.A）：0.43 %
- 岩石密度（B.D）：2.58 g/cm^3
- 化学成分（C.P）：
  SiO_2：–　Al_2O_3：–
  CaO：–　MgO：–
  Na_2O：–　K_2O：–
  烧失量（Ig.loss）：–
  Fe_2O_3：–

屈原红
POET RED
GR023

- 产地（P.P）：湖北（Hubei）
- 矿址（Q.L）：–
- 一般用途（G.U）：适合于加工高档饰面石材板材（Slab suit for luxury decoration）
- 储量（Reserve）：–
- 抗压强度（C.S）：–
- 抗折强度（M.R）：–
- 萧氏硬度（S.H）：–
- 吸水率（W.A）：–
- 岩石密度（B.D）：–
- 化学成分（C.P）：
  SiO_2：–　Al_2O_3：–
  CaO：–　MgO：–
  Na_2O：–　K_2O：–
  烧失量（Ig.loss）：–
  Fe_2O_3：–

永定红（吉曼斯红）3596
RED YONGDING
GR024

- 产地（P.P）：福建（Fujian）
- 矿址（Q.L）：福建永定县洪山乡（Hongshan Town Yongding County Fujian Province）
- 一般用途（G.U）：–
- 储量（Reserve）：–
- 抗压强度（C.S）：–
- 抗折强度（M.R）：–
- 萧氏硬度（S.H）：–
- 吸水率（W.A）：–
- 岩石密度（B.D）：–
- 化学成分（C.P）：

SiO_2：–　Al_2O_3：–
CaO：–　MgO：–
Na_2O：–　K_2O：–
烧失量（Ig.loss）：–
Fe_2O_3：–

贵溪仙人红 3601
CELESTIAL BEING RED GUIXI
GR025

- 产地（P.P）：江西（Jiangxi）
- 矿址（Q.L）：江西上饶县王府山及铅山县太源乡（Taiyuan Town Qianshan County and Wangfu Mountain Shangrao county Jiangxi Province）
- 一般用途（G.U）：–
- 储量（Reserve）：$2.25 \times 10^5 m^3$
- 抗压强度（C.S）：–
- 抗折强度（M.R）：–
- 萧氏硬度（S.H）：–
- 吸水率（W.A）：–
- 岩石密度（B.D）：–
- 化学成分(C.P)：

SiO_2：71.72　Al_2O_3：14.01
CaO：0.10　MgO：3.53
Na_2O：–　K_2O：–
烧失量（Ig.loss）：–
Fe_2O_3：–

Domestic Granite

崂山红 3709
RED LAOSHAN
GR026

- 产地（P.P）：山东（Shandong）
- 矿址（Q.L）：山东青岛市高科技工业园（High technology industry zone Qindao City Shandong Province）
- 一般用途（G.U）：装饰建筑物（General decoration）
- 储量（Reserve）：$1.61 \times 10^7 m^3$
- 抗压强度（C.S）：94.09/102.96 MPa
- 抗折强度（M.R）：17.94 MPa
- 萧氏硬度（S.H）：112/115
- 吸水率（W.A）：0.17/0.20 %
- 耐酸率（Ac.R）：98.12/98.28 %
- 耐碱率（Al.R）：98.12/98.28 %
- 岩石密度（B.D）：2.65 g/cm^3
- 化学成分（C.P）：
  SiO_2：70.19 Al_2O_3：12.34
  CaO：2.04 MgO：0.50
  Na_2O：– K_2O：–
  烧失量（Ig.Loss）：0.66
  Fe_2O_3：1.99

五莲豹皮花 3742
LEOPARD SKIN WULIAN
GR027

- 产地（P.P）：山东（Shandong）
- 矿址（Q.L）：山东五莲县（Wulian County Shandong Province）
- 一般用途（G.U）：–
- 储量（Reserve）：–
- 抗压强度（C.S）：–
- 抗折强度（M.R）：–
- 萧氏硬度（S.H）：–
- 吸水率（W.A）：–
- 岩石密度（B.D）：–
- 化学成分（C.P）：
  SiO_2：– Al_2O_3：–
  CaO：– MgO：–
  Na_2O：– K_2O：–
  烧失量（Ig.loss）：–
  Fe_2O_3：–

将军红 3752 –A
CHINESE SUYA PINK
GR028

- 产地（P.P）：山东（Shandong）
- 矿址（Q.L）：山东省平邑县城南35公里的临涧乡四海山（Sihai Mountain Linjian Town 35 kilometre away from South of Pingyi County Shandong Province）
- 一般用途（G.U）：–
- 储量（Reserve）：5.06 × $10^6 m^3$
- 抗压强度（C.S）：153.80 MPa
- 抗折强度（M.R）：12.80 MPa
- 萧氏硬度（S.H）：90.50
- 吸水率（W.A）：0.36 %
- 耐酸率（Ac.R）：98.90 %
- 耐碱率（Al.R）：99.43 %
- 岩石密度（B.D）：2.69 g/cm^3
- 化学成分（C.P）：
  SiO_2：64.24　Al_2O_3：17.11
  CaO：1.69　MgO：0.94
  Na_2O：4.76　K_2O：5.95
  烧失量（Ig.loss）：–
  Fe_2O_3：3.57

将军红 3752 –B
CHINESE SUYA PINK
GR029

- 产地（P.P）：山东（Shandong）
- 一般用途（G.U）：–
- 储量（Reserve）：–
- 抗压强度（C.S）：–
- 抗折强度（M.R）：–
- 萧氏硬度（S.H）：–
- 吸水率（W.A）：–
- 岩石密度（B.D）：–
- 化学成分（C.P）：
  SiO_2：–　Al_2O_3：–
  CaO：–　MgO：–
  Na_2O：–　K_2O：–
  烧失量（Ig.loss）：–
  Fe_2O_3：–

齐鲁红（银红晶）3754 –A
QILU RED
GR030

- 产地（P.P）：山东（Shandong）
- 一般用途（G.U）：–
- 储量（Reserve）：–
- 抗压强度（C.S）：–
- 抗折强度（M.R）：–
- 萧氏硬度（S.H）：–
- 吸水率（W.A）：–
- 岩石密度（B.D）：–
- 化学成分（C.P）：

  SiO_2：–　Al_2O_3：–
  CaO：–　MgO：–
  Na_2O：–　K_2O：–
  烧失量（Ig.loss）：–
  Fe_2O_3：–

齐鲁红 3754 –B
QILU RED
GR031

- 产地（P.P）：山东（Shandong）
- 矿址（Q.L）：山东蒙阴县贾庄乡燕子窝（Swallow nest Jiazhuang Town Mengyin County Shandong Province）
- 一般用途（G.U）：外墙装修（Suit for exterior decoration）
- 储量（Reserve）：5 × 10^8m^3
- 抗压强度（C.S）：93.90/162.50 MPa
- 抗折强度（M.R）：7.10 MPa
- 萧氏硬度（S.H）：87
- 吸水率（W.A）：–
- 岩石密度（B.D）：2.70 g/cm^3
- 化学成分（C.P）：

  SiO_2：69.01　Al_2O_3：15.15
  CaO：1.41　MgO：0.55
  Na_2O：–　K_2O：5.10
  烧失量（Ig.loss）：–
  Fe_2O_3：1.13

莒南红 3756
RED LVNAN
GR032

- 产地（P.P）：山东（Shandong）
- 矿址（Q.L）：山东莒南县涝坡乡（Laopo Town Lvnan County Shandong Province）
- 一般用途（G.U）：适用于大面积装饰（外墙和地面）[Suit for large area decoration（exterior wall and floor）]
- 储量（Reserve）：2 × $10^6 m^3$
- 抗压强度（C.S）：–
- 抗折强度（M.R）：–
- 萧氏硬度（S.H）：–
- 吸水率（W.A）：0.37 %
- 岩石密度（B.D）：2.60 g/cm^3
- 化学成分（C.P）：

  SiO_2：–　Al_2O_3：–
  CaO：–　MgO：–
  Na_2O：–　K_2O：–
  烧失量（Ig.loss）：–
  Fe_2O_3：–

荣成佳润红 3785
JIARUN RED RONGCHENG
GR033

- 产地（P.P）：山东（Shandong）
- 矿址（Q.L）：山东荣成市（Rongcheng City Shandong Province）
- 一般用途（G.U）：–
- 储量（Reserve）：–
- 抗压强度（C.S）：–
- 抗折强度（M.R）：–
- 萧氏硬度（S.H）：–
- 吸水率（W.A）：–
- 岩石密度（B.D）：–
- 化学成分（C.P）：

  SiO_2：–　Al_2O_3：–
  CaO：–　MgO：–
  Na_2O：–　K_2O：–
  烧失量（Ig.loss）：–
  Fe_2O_3：–

泽山红 3764
RED ZESHAN
GR034

- 产地（P.P）：山东（Shandong）
- 一般用途（G.U）：–
- 储量（Reserve）：–
- 抗压强度（C.S）：–
- 抗折强度（M.R）：–
- 萧氏硬度（S.H）：–
- 吸水率（W.A）：–
- 岩石密度（B.D）：–
- 化学成分（C.P）：

  SiO_2：–　Al_2O_3：–
  CaO：–　MgO：–
  Na_2O：–　K_2O：–
  烧失量（Ig.loss）：–
  Fe_2O_3：–

杏花红
APRICOT RED
GR035

- 产地（P.P）：广东（Guangdong）
- 矿址（Q.L）：–
- 一般用途（G.U）：
  适宜大面积装饰
  （Suit for large area decoration）
- 储量（Reserve）：–
- 抗压强度（C.S）：–
- 抗折强度（M.R）：–
- 萧氏硬度（S.H）：–
- 吸水率（W.A）：–
- 岩石密度（B.D）：–
- 化学成分（C.P）：

  SiO_2：–　Al_2O_3：–
  CaO：–　MgO：–
  Na_2O：–　K_2O：–
  烧失量（Ig.loss）：–
  Fe_2O_3：–

荣成靖海红 3772
RED JINGHAI RONGCHENG
GR036

- 产地（P.P）：山东（Shandong）
- 矿址（Q.L）：山东荣成市（Rongcheng City Shandong Province）
- 一般用途（G.U）：–
- 储量（Reserve）：–
- 抗压强度（C.S）：–
- 抗折强度（M.R）：–
- 萧氏硬度（S.H）：–
- 吸水率（W.A）：–
- 岩石密度（B.D）：–
- 化学成分（C.P）：

  SiO_2：–　Al_2O_3：–
  CaO：–　MgO：–
  Na_2O：–　K_2O：–
  烧失量（Ig.loss）：–
  Fe_2O_3：–

荣成海龙红 3773
RED HAILONG RONGCHENG
GR037

- 产地（P.P）：山东（Shandong）
- 矿址（Q.L）：山东荣成市靖海镇（Jinghai Town Rongcheng City Shandong Province）
- 一般用途（G.U）：–
- 储量（Reserve）：–
- 抗压强度（C.S）：–
- 抗折强度（M.R）：–
- 萧氏硬度（S.H）：–
- 吸水率（W.A）：–
- 岩石密度（B.D）：–
- 化学成分（C.P）：

  SiO_2：–　Al_2O_3：–
  CaO：–　MgO：–
  Na_2O：–　K_2O：–
  烧失量（Ig.loss）：–
  Fe_2O_3：–

荣成人和红 3775
RENHE RED RONGCHENG
GR038

- 产地（P.P）：山东（Shandong）
- 矿址（Q.L）：山东荣成市（Rongcheng City Shandong Province）
- 一般用途（G.U）：–
- 储量（Reserve）：–
- 抗压强度（C.S）：–
- 抗折强度（M.R）：–
- 萧氏硬度（S.H）：–
- 吸水率（W.A）：–
- 岩石密度（B.D）：–
- 化学成分（C.P）：

  SiO_2：–　Al_2O_3：–
  CaO：–　MgO：–
  Na_2O：–　K_2O：–
  烧失量（Ig.loss）：–
  Fe_2O_3：–

蒙山花 3776
MENGSHAN FLOWER
GR039

- 产地（P.P）：山东（Shandong）
- 矿址（Q.L）：山东蒙阴县桃曲（Taoqu Mengyin County Shandong Province）
- 一般用途（G.U）：–
- 储量（Reserve）：$6 \times 10^5 m^3$
- 抗压强度（C.S）：–
- 抗折强度（M.R）：–
- 萧氏硬度（S.H）：–
- 吸水率（W.A）：–
- 岩石密度（B.D）：–
- 化学成分（C.P）：

  SiO_2：–　Al_2O_3：–
  CaO：–　MgO：–
  Na_2O：–　K_2O：–
  烧失量（Ig.loss）：–
  Fe_2O_3：–

蒙阴粉红花 3778
PINK FLOWER MENGYIN
GR040

- 产地（P.P）：山东（Shandong）
- 一般用途（G.U）：–
- 储量（Reserve）：7.9 × $10^5$$m^3$
- 抗压强度（C.S）：–
- 抗折强度（M.R）：–
- 萧氏硬度（S.H）：–
- 吸水率（W.A）：–
- 岩石密度（B.D）：–
- 化学成分（C.P）：

SiO_2：–　Al_2O_3：–
CaO：–　MgO：–
Na_2O：–　K_2O：–
烧失量（Ig.loss）：–
Fe_2O_3：–

招远珍珠花 3783
PEARL GRAIN ZHAO YUAN
GR041

- 产地（P.P）：山东（Shandong）
- 一般用途（G.U）：–
- 储量（Reserve）：7.9 × $10^5$$m^3$
- 抗压强度（C.S）：–
- 抗折强度（M.R）：–
- 萧氏硬度（S.H）：–
- 吸水率（W.A）：–
- 岩石密度（B.D）：–
- 化学成分（C.P）：

SiO_2：–　Al_2O_3：–
CaO：–　MgO：–
Na_2O：–　K_2O：–
烧失量（Ig.loss）：–
Fe_2O_3：–

荣成京润红 3784 -A
JINGRUN RED RONGCHENG
GR042

- 产地（P.P）：山东（Shandong）
- 矿址（Q.L）：山东荣成市人和镇（Renhe Town Rongcheng City Shandong Province）
- 一般用途（G.U）：–
- 储量（Reserve）：$5 \times 10^8 m^3$
- 抗压强度（C.S）：–
- 抗折强度（M.R）：–
- 萧氏硬度（S.H）：–
- 吸水率（W.A）：–
- 岩石密度（B.D）：–
- 化学成分（C.P）：

  SiO_2：–　Al_2O_3：–
  CaO：–　MgO：–
  Na_2O：–　K_2O：–
  烧失量（Ig.loss）：–
  Fe_2O_3：–

荣成京润红 3784 -B
JINGRUN RED RONGCHENG
GR043

- 产地（P.P）：山东（Shandong）
- 一般用途（G.U）：–
- 储量（Reserve）：–
- 抗压强度（C.S）：–
- 抗折强度（M.R）：–
- 萧氏硬度（S.H）：–
- 吸水率（W.A）：–
- 岩石密度（B.D）：–
- 化学成分（C.P）：

  SiO_2：–　Al_2O_3：–
  CaO：–　MgO：–
  Na_2O：–　K_2O：–
  烧失量（Ig.loss）：–
  Fe_2O_3：–

石岛红 3786 （7#）
STONE ISLAND RED
GR044

- 产地（P.P）：山东（Shandong）
- 矿址（Q.L）：山东省荣成市人和镇与靖海镇（Jinghai Town & Renhe Town Rongcheng City Shandong Province）
- 一般用途（G.U）：适用于大面积装饰（Suit for large area decoration）
- 储量（Reserve）：2.4 × $10^7 m^3$
- 抗压强度（C.S）：234.38 MPa
- 抗折强度（M.R）：–
- 萧氏硬度（S.H）：109.60
- 吸水率（W.A）：–
- 岩石密度（B.D）：–
- 化学成分（C.P）：

  SiO_2：66.29 Al_2O_3：17.50
  CaO：1.46 MgO：0.65
  Na_2O：5.32 K_2O：6.74
  烧失量（Ig.loss）：–
  Fe_2O_3：2.63

石岛红 3786 （8#）
STONE ISLAND RED
GR045

- 产地（P.P）：山东（Shandong）
- 矿址（Q.L）：山东省荣成市人和镇与靖海镇（Jinghai Town & Renhe Town Rongcheng City Shandong Province）
- 一般用途（G.U）：适用于大面积装饰（Suit for large area decoration）
- 储量（Reserve）：2.4 × $10^7 m^3$
- 抗压强度（C.S）：234.38 MPa
- 抗折强度（M.R）：–
- 萧氏硬度（S.H）：109.60
- 吸水率（W.A）：–
- 岩石密度（B.D）：–
- 化学成分（C.P）：

  SiO_2：66.29 Al_2O_3：17.50
  CaO：1.46 MgO：0.65
  Na_2O：5.32 K_2O：6.74
  烧失量（Ig.loss）：–
  Fe_2O_3：2.63

龙须红 3787
BEARD RED
GR046

- 产地（P.P）：山东（Shandong）
- 一般用途（G.U）：–
- 储量（Reserve）：–
- 抗压强度（C.S）：–
- 抗折强度（M.R）：–
- 萧氏硬度（S.H）：–
- 吸水率（W.A）：–
- 岩石密度（B.D）：–
- 化学成分（C.P）：

  SiO_2：–　Al_2O_3：–
  CaO：–　MgO：–
  Na_2O：–　K_2O：–
  烧失量（Ig.loss）：–
  Fe_2O_3：–

西陵红 4256
XILING RED
GR047

- 产地（P.P）：湖北（Hubei）
- 矿址（Q.L）：湖北省宜昌邓村（Deng Village Yichang County Hubei Province）
- 一般用途（G.U）：–
- 储量（Reserve）：–
- 抗压强度（C.S）：129.40 MPa
- 抗折强度（M.R）：15 MPa
- 萧氏硬度（S.H）：91/104
- 吸水率（W.A）：–
- 岩石密度（B.D）：–
- 化学成分（C.P）：

  SiO_2：–　Al_2O_3：–
  CaO：–　MgO：–
  Na_2O：–　K_2O：–
  烧失量（Ig.loss）：–
  Fe_2O_3：–

三峡红（金帅红）4251 -A
THREE-GORGE RED
GR048

- 产地（P.P）：湖北（Hubei）
- 矿址（Q.L）：湖北兴山县（Xingshan County Hubei Province）
- 一般用途（G.U）：-
- 储量（Reserve）：1.63 × $10^6 m^3$
- 抗压强度（C.S）：154 MPa
- 抗折强度（M.R）：16.92 MPa
- 萧氏硬度（S.H）：102.80
- 吸水率（W.A）：-
- 耐磨率（F.W）：0.41 g/cm^3
- 岩石密度（B.D）：2.59 g/cm^3
- 化学成分（C.P）：
  SiO_2：74.18/76.60
  Al_2O_3：11.38/12.27
  CaO：0.16/0.69
  MgO：0/0.82
  Na_2O：2.35_3.33
  K_2O：4.28_5.23
  烧失量（Ig.loss）：-
  Fe_2O_3：1.98/2.81

三峡红 4251 -B
THREE-GORGE RED
GR049

- 产地（P.P）：湖北（Hubei）
- 一般用途（G.U）：-
- 储量（Reserve）：-
- 抗压强度（C.S）：-
- 抗折强度（M.R）：-
- 萧氏硬度（S.H）：-
- 吸水率（W.A）：-
- 岩石密度（B.D）：-
- 化学成分（C.P）：
  SiO_2：- Al_2O_3：-
  CaO：- MgO：-
  Na_2O：- K_2O：-
  烧失量（Ig.loss）：-
  Fe_2O_3：-

新会红
RED XINHUI
GR050

- 产地(P.P):广东(Guangdong)
- 一般用途(G.U):–
- 储量(Reserve):–
- 抗压强度(C.S):–
- 抗折强度(M.R):–
- 肃氏硬度(S.H):–
- 吸水率(W.A):–
- 岩石密度(B.D):–
- 化学成分(C.P):

  SiO_2:–　Al_2O_3:–
  CaO:–　MgO:–
  Na_2O:–　K_2O:–
  烧失量(Ig.loss):–
  Fe_2O_3:–

岑溪红 4562 –A
RED QINXI
GR051

- 产地(P.P):广西(Guangxi)
- 矿址(Q.L):广西岑溪市马路乡(Malu Town Qinxi City Guangxi Province)
- 一般用途(G.U):–
- 储量(Reserve):1.78 × 10^9m^3
- 抗压强度(C.S):–
- 抗折强度(M.R):–
- 肃氏硬度(S.H):81–94
- 吸水率(W.A):–
- 耐磨率(F.W):0.31–0.51 g/cm^3
- 岩石密度(B.D):–
- 化学成分(C.P):

  SiO_2:–　Al_2O_3:–
  CaO:–　MgO:–
  Na_2O:–　K_2O:–
  烧失量(Ig.loss):–
  Fe_2O_3:–

岑溪红 4562 -B
RED QINXI
GR052

- 产地（P.P）：广西（Guangxi）
- 一般用途（G.U）：–
- 储量（Reserve）：–
- 抗压强度（C.S）：–
- 抗折强度（M.R）：–
- 萧氏硬度（S.H）：–
- 吸水率（W.A）：–
- 岩石密度（B.D）：–
- 化学成分（C.P）：

  SiO_2：–　Al_2O_3：–
  CaO：–　MgO：–
  Na_2O：–　K_2O：–
  烧失量（Ig.loss）：–
  Fe_2O_3：–

岑溪红（枫叶红）4562 -C
MAPLE LEAF RED
GR053

- 产地（P.P）：广西（Guangxi）
- 一般用途（G.U）：–
- 储量（Reserve）：–
- 抗压强度（C.S）：–
- 抗折强度（M.R）：–
- 萧氏硬度（S.H）：–
- 吸水率（W.A）：–
- 岩石密度（B.D）：–
- 化学成分（C.P）：

  SiO_2：–　Al_2O_3：–
  CaO：–　MgO：–
  Na_2O：–　K_2O：–
  烧失量（Ig.loss）：–
  Fe_2O_3：–

三堡红 4563 -A
RED SANBAO
GR054

- 产地（P.P）：广西（Guangxi）
- 矿址（Q.L）：广西岑溪县三堡镇（Sanbao Town Qinxi County Guangxi Province）
- 一般用途（G.U）：－
- 储量（Reserve）：－
- 抗压强度（C.S）：－
- 抗折强度（M.R）：－
- 萧氏硬度（S.H）：－
- 吸水率（W.A）：－
- 岩石密度（B.D）：－
- 化学成分（C.P）：

  SiO_2：－ Al_2O_3：－
  CaO：－ MgO：－
  Na_2O：－ K_2O：－
  烧失量（Ig.loss）：－
  Fe_2O_3：－

三堡红 4563 -B
RED SANBAO
GR055

- 产地（P.P）：广西（Guangxi）
- 一般用途（G.U）：－
- 储量（Reserve）：－
- 抗压强度（C.S）：－
- 抗折强度（M.R）：－
- 萧氏硬度（S.H）：－
- 吸水率（W.A）：－
- 岩石密度（B.D）：－
- 化学成分（C.P）：

  SiO_2：－ Al_2O_3：－
  CaO：－ MgO：－
  Na_2O：－ K_2O：－
  烧失量（Ig.loss）：－
  Fe_2O_3：－

桂林红（大红）4572
RED GUILIN（COARSE）
GR056

- 产地（P.P）：广西（Guangxi）
- 一般用途（G.U）：–
- 储量（Reserve）：–
- 抗压强度（C.S）：–
- 抗折强度（M.R）：–
- 萧氏硬度（S.H）：–
- 吸水率（W.A）：–
- 岩石密度（B.D）：–
- 化学成分（C.P）：
  SiO_2：–　Al_2O_3：–
  CaO：–　MgO：–
  Na_2O：–　K_2O：–
  烧失量（Ig.loss）：–
  Fe_2O_3：–

桂林红[（中红）天甲红] 4572
GUILIN RED（MEDIUM）
GR057

- 产地（P.P）：广西（Guangxi）
- 矿址（Q.L）：广西平乐县（Pingle County Guangxi Province）
- 一般用途（G.U）：适用于门面、厅、堂及外墙装修和大面积地面铺设（Suit for gate&hall&lobby & exterior decoration & floor）
- 储量（Reserve）：$1 \times 10^9 m^3$
- 抗压强度（C.S）：163.20 MPa
- 抗折强度（M.R）：13.40 MPa
- 萧氏硬度（S.H）：88
- 吸水率（W.A）：0.26 %
- 岩石密度（B.D）：2.71 g/cm³
- 化学成分（C.P）：
  SiO_2：72.18　Al_2O_3：13.31
  CaO：1.48　MgO：0.33
  Na_2O：3.33　K_2O：4.80
  烧失量（Ig.loss）：–
  Fe_2O_3：0.85

桂林浅红 4573
GUILIN LIGHT RED
GR058

- 产地（P.P）：广西（Guangxi）
- 矿址（Q.L）：广西平乐县大冲（Dachong Pingle County Guangxi Province）
- 一般用途（G.U）：–
- 储量（Reserve）：–
- 抗压强度（C.S）：–
- 抗折强度（M.R）：–
- 肃氏硬度（S.H）：–
- 吸水率（W.A）：–
- 岩石密度（B.D）：–
- 化学成分（C.P）：

  SiO_2：–　Al_2O_3：–
  CaO：–　MgO：–
  Na_2O：–　K_2O：–
  烧失量（Ig.loss）：–
  Fe_2O_3：–

天山红 6520
TIANSHAN RED
GR059

- 产地（P.P）：新疆（Xinjiang）
- 一般用途（G.U）：–
- 储量（Reserve）：–
- 抗压强度（C.S）：–
- 抗折强度（M.R）：–
- 肃氏硬度（S.H）：–
- 吸水率（W.A）：–
- 岩石密度（B.D）：–
- 化学成分（C.P）：

  SiO_2：–　Al_2O_3：–
  CaO：–　MgO：–
  Na_2O：–　K_2O：–
  烧失量（Ig.loss）：–
  Fe_2O_3：–

三合红 5103 -A
RED SANHE
GR060

- 产地（P.P）：四川（Sichuan）
- 矿址（Q.L）：四川荥经县三合乡（Sanhe Town Yingjing County Sichuan Province）
- 一般用途（G.U）：–
- 储量（Reserve）：9.06 × $10^5 m^3$
- 抗压强度（C.S）：–
- 抗折强度（M.R）：–
- 萧氏硬度（S.H）：–
- 吸水率（W.A）：–
- 岩石密度（B.D）：–
- 化学成分（C.P）：

  SiO_2：–　Al_2O_3：–
  CaO：–　MgO：–
  Na_2O：–　K_2O：–
  烧失量（Ig.loss）：–
  Fe_2O_3：–

三合红 5103 -B
RED SANHE
GR061

- 产地（P.P）：四川（Sichuan）
- 一般用途（G.U）：–
- 储量（Reserve）：–
- 抗压强度（C.S）：–
- 抗折强度（M.R）：–
- 萧氏硬度（S.H）：–
- 吸水率（W.A）：–
- 岩石密度（B.D）：–
- 化学成分（C.P）：

  SiO_2：–　Al_2O_3：–
  CaO：–　MgO：–
  Na_2O：–　K_2O：–
  烧失量（Ig.loss）：–
  Fe_2O_3：–

芦山忠华红 5102
ZHONGHUA RED LUSHAN
GR062

- 产地（P.P）：四川（Sichuan）
- 矿址（Q.L）：四川芦山县大川镇马桑坝（Masang Dam Dachuan Town Lushan County Sichuan Province）
- 一般用途（G.U）：–
- 储量（Reserve）：$2.94 \times 10^6 m^3$
- 抗压强度（C.S）：–
- 抗折强度（M.R）：–
- 萧氏硬度（S.H）：–
- 吸水率（W.A）：–
- 岩石密度（B.D）：–
- 化学成分（C.P）：
  SiO_2：– Al_2O_3：–
  CaO：– MgO：–
  Na_2O：– K_2O：–
  烧失量（Ig.loss）：–
  Fe_2O_3：–

芦山红 5101
RED LUSHAN
GR063

- 产地（P.P）：四川（Sichuan）
- 矿址（Q.L）：四川芦山县太平镇大河（Big River Taiping Town Lushan County Sichuan Province）
- 一般用途（G.U）：–
- 储量（Reserve）：$2.13 \times 10^6 m^3$
- 一般用途（G.U）：–
- 储量（Reserve）：–
- 抗压强度（C.S）：–
- 抗折强度（M.R）：–
- 萧氏硬度（S.H）：–
- 吸水率（W.A）：–
- 岩石密度（B.D）：–
- 化学成分（C.P）：
  SiO_2：– Al_2O_3：–
  CaO：– MgO：–
  Na_2O：– K_2O：–
  烧失量（Ig.loss）：–
  Fe_2O_3：–

天全玫瑰红 5106
ROSE RED TIANQUAN
GR064

- 产地（P.P）：四川（Sichuan）
- 矿址（Q.L）：四川天全县小河乡黄小河（Huangxiao River Xiaohe Town Tianquan County Sichuan Province）
- 一般用途（G.U）：–
- 储量（Reserve）：2.89 × $10^6 m^3$
- 抗压强度（C.S）：–
- 抗折强度（M.R）：–
- 萧氏硬度（S.H）：–
- 吸水率（W.A）：–
- 岩石密度（B.D）：–
- 化学成分（C.P）：
  SiO_2：–　Al_2O_3：–
  CaO：–　MgO：–
  Na_2O：–　K_2O：–
  烧失量（Ig.loss）：–
  Fe_2O_3：–

汉源巨星红 5107
GIANT STAR RED HANYUAN
GR065

- 产地（P.P）：四川（Sichuan）
- 矿址（Q.L）：四川汉源县青富乡脚基坪（Jiaojiping Qingfu Town Hanyuan County Sichuan Province）
- 一般用途（G.U）：–
- 储量（Reserve）：4.41 × $10^6 m^3$
- 抗压强度（C.S）：–
- 抗折强度（M.R）：–
- 萧氏硬度（S.H）：–
- 吸水率（W.A）：–
- 岩石密度（B.D）：–
- 化学成分（C.P）：
  SiO_2：–　Al_2O_3：–
  CaO：–　MgO：–
  Na_2O：–　K_2O：–
  烧失量（Ig.loss）：–
  Fe_2O_3：–

芦山樱花红 5108 -A
CHERRY RED LUSHAN
GR066

- 产地（P.P）：四川（Sichuan）
- 一般用途（G.U）：–
- 储量（Reserve）：–
- 抗压强度（C.S）：–
- 抗折强度（M.R）：–
- 萧氏硬度（S.H）：–
- 吸水率（W.A）：–
- 岩石密度（B.D）：–
- 化学成分（C.P）：

SiO_2：–　Al_2O_3：–
CaO：–　MgO：–
Na_2O：–　K_2O：–
烧失量（Ig.loss）：–
Fe_2O_3：–

芦山樱花红 5108 -B
CHERRY RED LUSHAN
GR067

- 产地（P.P）：四川（Sichuan）
- 一般用途（G.U）：–
- 储量（Reserve）：–
- 抗压强度（C.S）：–
- 抗折强度（M.R）：–
- 萧氏硬度（S.H）：–
- 吸水率（W.A）：–
- 岩石密度（B.D）：–
- 化学成分（C.P）：

SiO_2：–　Al_2O_3：–
CaO：–　MgO：–
Na_2O：–　K_2O：–
烧失量（Ig.loss）：–
Fe_2O_3：–

四川红 5113 -A
RED SICHUAN
GR068

- 产地（P.P）：四川（Sichuan）
- 一般用途（G.U）：-
- 储量（Reserve）：-
- 抗压强度（C.S）：-
- 抗折强度（M.R）：-
- 萧氏硬度（S.H）：-
- 吸水率（W.A）：-
- 岩石密度（B.D）：-
- 化学成分（C.P）：

  SiO_2：- Al_2O_3：-
  CaO：- MgO：-
  Na_2O：- K_2O：-
  烧失量（Ig.loss）：-
  Fe_2O_3：-

四川红 5113 -B
RED SICHUAN
GR069

- 产地（P.P）：四川（Sichuan）
- 矿址（Q.L）：四川汉源县小堡乡白虎岩（Baihuyan Xiaobao Town Hanyuan County Sichuan Province）
- 一般用途（G.U）：-
- 储量（Reserve）：$3.46 \times 10^6 m^3$
- 抗压强度（C.S）：-
- 抗折强度（M.R）：-
- 萧氏硬度（S.H）：-
- 吸水率（W.A）：-
- 岩石密度（B.D）：-
- 化学成分（C.P）：

  SiO_2：- Al_2O_3：-
  CaO：- MgO：-
  Na_2O：- K_2O：-
  烧失量（Ig.loss）：-
  Fe_2O_3：-

四川红 5113 -C
RED SICHUAN
GR070

- 产地（P.P）：四川（Sichuan）
- 一般用途（G.U）：–
- 储量（Reserve）：–
- 抗压强度（C.S）：–
- 抗折强度（M.R）：–
- 萧氏硬度（S.H）：–
- 吸水率（W.A）：–
- 岩石密度（B.D）：–
- 化学成分（C.P）：
  SiO_2：– Al_2O_3：–
  CaO：– MgO：–
  Na_2O：– K_2O：–
  烧失量（Ig.loss）：–
  Fe_2O_3：–

二郎山冰花红 5114
ICE-FLOWER RED ERLANGSHAN
GR071

- 产地（P.P）：四川（Sichuan）
- 矿址（Q.L）：四川天全县铜厂乡、紫石乡、鱼泉乡（Yuquan Town & Zishi Town & Tongchang Town Tianquan County Sichuan Province）
- 一般用途（G.U）：–
- 储量（Reserve）：3.57 × 10^7m^3
- 抗压强度（C.S）：–
- 抗折强度（M.R）：–
- 萧氏硬度（S.H）：–
- 吸水率（W.A）：–
- 岩石密度（B.D）：–
- 化学成分（C.P）：
  SiO_2：– Al_2O_3：–
  CaO：– MgO：–
  Na_2O：– K_2O：–
  烧失量（Ig.loss）：–
  Fe_2O_3：–

二郎山雪花红 5115
SNOW FLAKE RED ERLANGSHAN
GR072

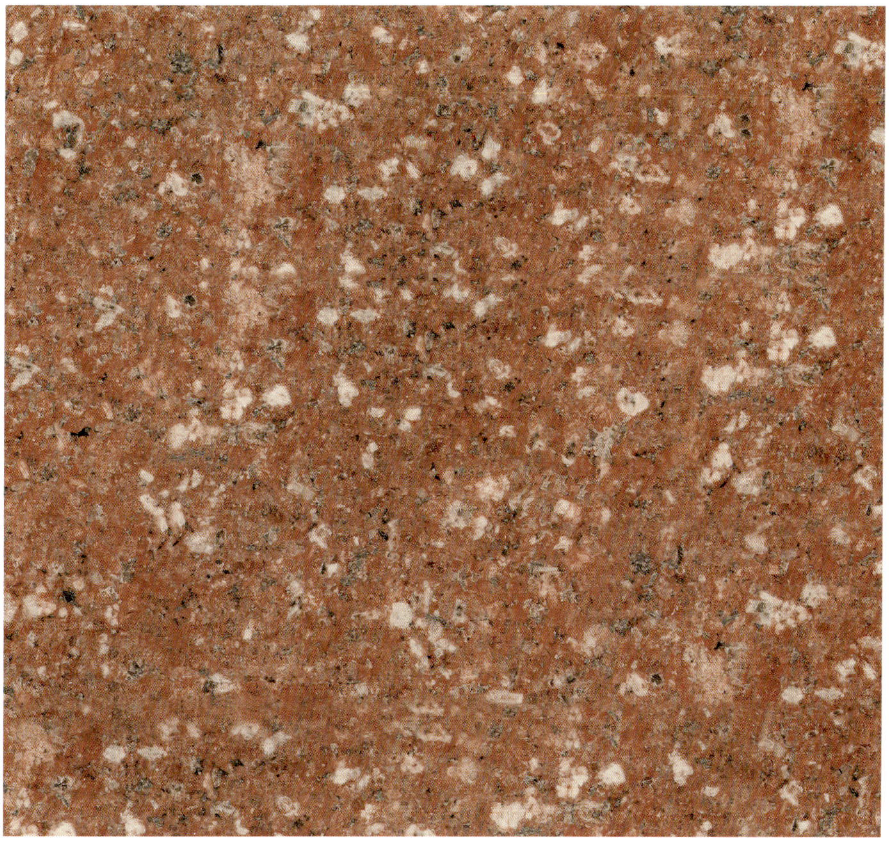

- 产地（P.P）：四川（Sichuan）
- 矿址（Q.L）：四川天全县紫石乡、大河乡高宝顶和鱼泉乡（Yuquan Town & Zishi Town & Gaobaoding Dahe Town Tianquan County Sichuan Province）
- 一般用途（G.U）：–
- 储量（Reserve）：$1.13 \times 10^7 m^3$
- 抗压强度（C.S）：–
- 抗折强度（M.R）：–
- 萧氏硬度（S.H）：–
- 吸水率（W.A）：–
- 岩石密度（B.D）：–
- 化学成分（C.P）：
  SiO_2：–　Al_2O_3：–
  CaO：–　MgO：–
  Na_2O：–　K_2O：–
  烧失量（Ig.loss）：–
  Fe_2O_3：–

雅州红 5118
YAZHOU RED
GR073

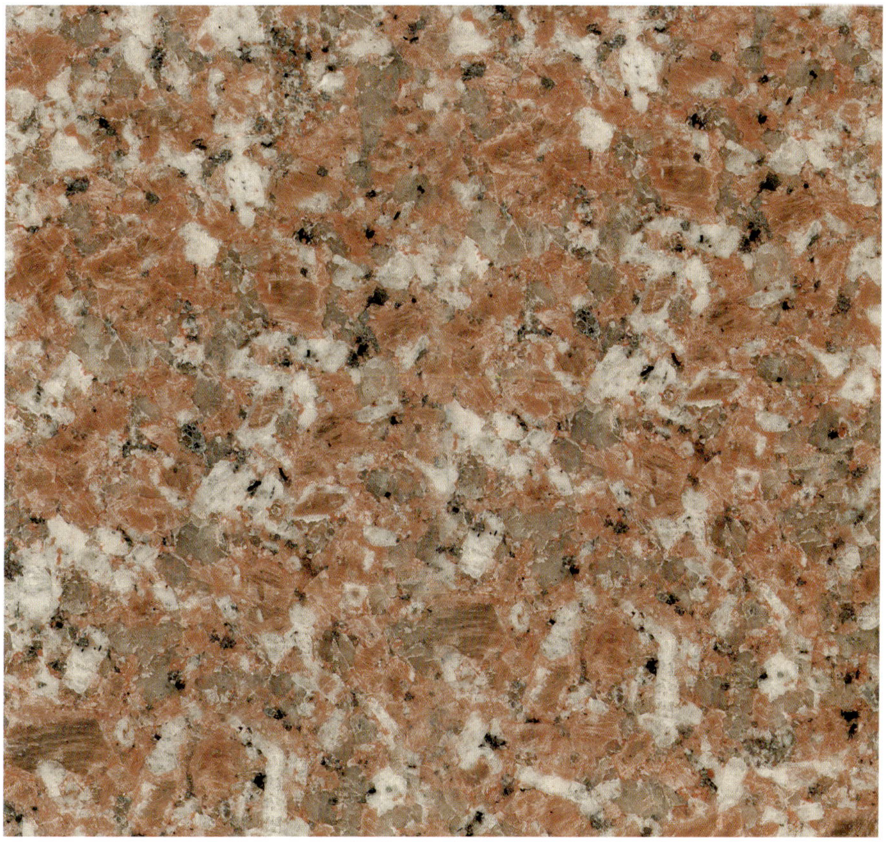

- 产地（P.P）：四川（Sichuan）
- 矿址（Q.L）：四川天全县铜厂乡汤家沟（Tangjia Gully Tongchang Town Tianquan County Sichuan Province）
- 一般用途（G.U）：–
- 储量（Reserve）：$5.93 \times 10^6 m^3$
- 抗压强度（C.S）：–
- 抗折强度（M.R）：–
- 萧氏硬度（S.H）：–
- 吸水率（W.A）：–
- 岩石密度（B.D）：–
- 化学成分（C.P）：
  SiO_2：–　Al_2O_3：–
  CaO：–　MgO：–
  Na_2O：–　K_2O：–
  烧失量（Ig.loss）：–
  Fe_2O_3：–

黎州冰花红 5120
ICE-FLOWER RED LIZHOU
GR074

- 产地（P.P）：四川（Sichuan）
- 矿址（Q.L）：四川汉源县大河头（Dahetou Hanyuan County Sichuan Province）
- 一般用途（G.U）：－
- 储量（Reserve）：2.12 × 10^6m^3
- 抗压强度（C.S）：－
- 抗折强度（M.R）：－
- 萧氏硬度（S.H）：－
- 吸水率（W.A）：－
- 岩石密度（B.D）：－
- 化学成分（C.P）：
  SiO_2：－　Al_2O_3：－
  CaO：－　MgO：－
  Na_2O：－　K_2O：－
  烧失量（Ig.loss）：－
  Fe_2O_3：－

汉源三星红 5121
THREE STAR RED HANYUAN
GR075

- 产地（P.P）：四川（Sichuan）
- 矿址（Q.L）：四川汉源县三交乡永和村（Yonghe Village Sanjiao Town Hanyuan County Sichuan Province）
- 一般用途（G.U）：－
- 储量（Reserve）：1.84 × 10^6m^3
- 抗压强度（C.S）：－
- 抗折强度（M.R）：－
- 萧氏硬度（S.H）：－
- 吸水率（W.A）：－
- 岩石密度（B.D）：－
- 化学成分（C.P）：
  SiO_2：－　Al_2O_3：－
  CaO：－　MgO：－
  Na_2O：－　K_2O：－
  烧失量（Ig.loss）：－
  Fe_2O_3：－

石棉樱花红 5122
CHERRY BLOSSOM RED SHIMIAN
GR076

- 产地(P.P)：四川（Sichuan）
- 矿址（Q.L）：四川石棉县（Shimian County Sichuan Province）
- 一般用途（G.U）：–
- 储量（Reserve）：2.8 × 10^5m^3
- 抗压强度（C.S）：–
- 抗折强度（M.R）：–
- 萧氏硬度（S.H）：–
- 吸水率（W.A）：–
- 岩石密度（B.D）：–
- 化学成分（C.P）：
  SiO_2：–　Al_2O_3：–
  CaO：–　MgO：–
  Na_2O：–　K_2O：–
  烧失量（Ig.loss）：–
  Fe_2O_3：–

芦山樱桃红 5125
CHERRY BLOSSOM RED LUSHAN
GR077

- 产地(P.P)：四川（Sichuan）
- 矿址（Q.L）：四川芦山县（Lushan County Sichuan Province）
- 一般用途（G.U）：–
- 储量（Reserve）：1 × 10^6m^3
- 抗压强度（C.S）：–
- 抗折强度（M.R）：–
- 萧氏硬度（S.H）：–
- 吸水率（W.A）：–
- 岩石密度（B.D）：–
- 化学成分（C.P）：
  SiO_2：–　Al_2O_3：–
  CaO：–　MgO：–
  Na_2O：–　K_2O：–
  烧失量（Ig.loss）：–
  Fe_2O_3：–

喜德玫瑰红 5139
ROSE RED XIDE
GR078

- 产地（P.P）：四川（Sichuan）
- 矿址（Q.L）：四川喜德县深沟乡(Shenggou Town Xide County Sichuan Province)
- 一般用途（G.U）：–
- 储量（Reserve）：3.68 × 10^6m^3
- 抗压强度（C.S）：–
- 抗折强度（M.R）：–
- 肃氏硬度（S.H）：–
- 吸水率（W.A）：–
- 岩石密度（B.D）：–
- 化学成分（C.P）：

  SiO_2：–　Al_2O_3：–
  CaO：–　MgO：–
  Na_2O：–　K_2O：–
  烧失量（Ig.loss）：–
  Fe_2O_3：–

夹金花 5146
JIAJIN FLOWER
GR079

- 产地（P.P）：四川（Sichuan）
- 矿址（Q.L）:四川小金县崇德乡沟尾（Gouwei Chongde Town Xiaojin County Sichuan Province）
- 一般用途（G.U）：–
- 储量（Reserve）：1 × 10^7m^3
- 抗压强度（C.S）：–
- 抗折强度（M.R）：–
- 肃氏硬度（S.H）：–
- 吸水率（W.A）：–
- 岩石密度（B.D）：–
- 化学成分（C.P）：

  SiO_2：–　Al_2O_3：–
  CaO：–　MgO：–
  Na_2O：–　K_2O：–
  烧失量（Ig.loss）：–
  Fe_2O_3：–

罗兰红
RED LUOLAN
GR080

- 产地（P.P）：新疆（Xinjiang）
- 一般用途（G.U）：–
- 储量（Reserve）：–
- 抗压强度（C.S）：–
- 抗折强度（M.R）：–
- 萧氏硬度（S.H）：–
- 吸水率（W.A）：–
- 岩石密度（B.D）：–
- 化学成分（C.P）：

SiO_2：– Al_2O_3：–
CaO：– MgO：–
Na_2O：– K_2O：–
烧失量（Ig.loss）：–
Fe_2O_3：–

昭君红
ZHAOJUN RED
GR081

- 产地（P.P）：湖北（Hubei）
- 一般用途（G.U）：–
- 储量（Reserve）：–
- 抗压强度（C.S）：–
- 抗折强度（M.R）：–
- 萧氏硬度（S.H）：–
- 吸水率（W.A）：–
- 岩石密度（B.D）：–
- 化学成分（C.P）：

SiO_2：– Al_2O_3：–
CaO：– MgO：–
Na_2O：– K_2O：–
烧失量（Ig.loss）：–
Fe_2O_3：–

泸定红 5153

RED LUDING

GR082

- 产地（P.P）：四川（Sichuan）
- 矿址（Q.L）：四川省芦定县兴隆镇（Xinglong Town Luding County Sichuan Province）
- 一般用途（G.U）：–
- 储量（Reserve）：2.1 × 10^7m^3
- 抗压强度（C.S）：–
- 抗折强度（M.R）：–
- 萧氏硬度（S.H）：–
- 吸水率（W.A）：–
- 岩石密度（B.D）：–
- 化学成分（C.P）：

  SiO_2：–　Al_2O_3：–

  CaO：–　MgO：–

  Na_2O：–　K_2O：–

  烧失量（Ig.loss）：–

  Fe_2O_3：–

泸定长征红 5154

LANG MARCH RED LUDING

GR083

- 产地（P.P）：四川（Sichuan）
- 矿址（Q.L）：四川芦定县兴隆镇（Xinglong Town Luding County Sichuan Province）
- 一般用途（G.U）：–
- 储量（Reserve）：2.1 × 10^7m^3
- 抗压强度（C.S）：–
- 抗折强度（M.R）：–
- 萧氏硬度（S.H）：–
- 吸水率（W.A）：–
- 岩石密度（B.D）：–
- 化学成分（C.P）：

  SiO_2：–　Al_2O_3：–

  CaO：–　MgO：–

  Na_2O：–　K_2O：–

  烧失量（Ig.loss）：–

  Fe_2O_3：–

泸定五彩石 5156
MULTICOLOUR STONE LUDING
GR084

- 产地（P.P）：四川（Sichuan）
- 矿址（Q.L）：四川省泸定县（Luding County Sichuan Province）
- 一般用途（G.U）：–
- 储量（Reserve）：–
- 抗压强度（C.S）：–
- 抗折强度（M.R）：–
- 萧氏硬度（S.H）：–
- 吸水率（W.A）：–
- 岩石密度（B.D）：–
- 化学成分（C.P）：

  SiO_2：–　Al_2O_3：–
  CaO：–　MgO：–
  Na_2O：–　K_2O：–
  烧失量（Ig.loss）：–
  Fe_2O_3：–

双井红 6508
SHUANGJING RED
GR085

- 产地（P.P）：新疆（Xinjiang）
- 矿址（Q.L）：新疆哈密市坡子泉（Pozi Spring Hami City Xinjiang）
- 一般用途（G.U）：–
- 储量（Reserve）：$5 \times 10^6 m^3$
- 抗压强度（C.S）：–
- 抗折强度（M.R）：–
- 萧氏硬度（S.H）：–
- 吸水率（W.A）：0.69 %
- 耐酸率（Ac.R）：99.85 %
- 耐碱率（Al.R）：99.95 %
- 岩石密度（B.D）：2.59 g/cm^3
- 化学成分（C.P）：

  SiO_2：74　Al_2O_3：12.50
  CaO：–　MgO：0.35
  Na_2O：4.40　K_2O：4.30
  烧失量（Ig.loss）：–
  Fe_2O_3：0.50

Domestic Granite

双井花 6513
SHUANGJING FLOWER
GR086

- 产地（P.P）：新疆（Xinjiang）
- 矿址（Q.L）：新疆哈密市坡子泉（Pozi Spring Hami City Xinjiang ）
- 一般用途（G.U）：–
- 储量（Reserve）：5 × 10^6m^3
- 抗压强度（C.S）：–
- 抗折强度（M.R）：–
- 肃氏硬度（S.H）：–
- 吸水率（W.A）：0.35 %
- 岩石密度（B.D）：2.62 g/cm^3
- 化学成分（C.P）：
  SiO_2：74　Al_2O_3：12.50
  CaO：–　MgO：0.35
  Na_2O：4.40　K_2O：–
  烧失量（Ig.loss）：–
  Fe_2O_3：0.50

光泽珍珠红 3589
PEARL RED GUANGZE
GR087

- 产地（P.P）：福建（Fujian）
- 矿址（Q.L）：福建省光泽县寨里乡高家（Gaojia Zhaili Town Guangze County Fujian Province）
- 一般用途（G.U）：适合于加工高档饰面石材板材（Slab suit for luxury decoration）
- 储量（Reserve）：9 × 10^5m^3
- 抗压强度（C.S）：186 MPa
- 抗折强度（M.R）：18.80 MPa
- 肃氏硬度（S.H）：–
- 吸水率（W.A）：0.35 %
- 岩石密度（B.D）：2.64 g/cm^3
- 化学成分（C.P）：
  SiO_2：–　Al_2O_3：–
  CaO：–　MgO：–
  Na_2O：–　K_2O：–
  烧失量（Ig.loss）：–
  Fe_2O_3：–

国产花岗石

托里红（新疆红）6524
RED TUOLI
GR088

- 产地（P.P）：新疆（Xinjiang）
- 矿址（Q.L）：新疆托里（Tuoli County Xinjiang）
- 一般用途（G.U）：–
- 储量（Reserve）：8.17 × $10^6 m^3$
- 抗压强度（C.S）：–
- 抗折强度（M.R）：–
- 萧氏硬度（S.H）：–
- 吸水率（W.A）：0.27 %
- 岩石密度（B.D）：2.61 g/cm^3
- 化学成分（C.P）：
  SiO_2：–　Al_2O_3：–
  CaO：–　MgO：–
  Na_2O：–　K_2O：–
  烧失量（Ig.loss）：–
  Fe_2O_3：–

和硕红 G530
RED HESHUO
GR089

- 产地（P.P）：新疆（Xinjiang）
- 矿址（Q.L）：新疆和硕（Heshuo County Xinjiang）
- 一般用途（G.U）：–
- 储量（Reserve）：–
- 抗压强度（C.S）：–
- 抗折强度（M.R）：–
- 萧氏硬度（S.H）：–
- 吸水率（W.A）：–
- 岩石密度（B.D）：–
- 化学成分（C.P）：
  SiO_2：–　Al_2O_3：–
  CaO：–　MgO：–
  Na_2O：–　K_2O：–
  烧失量（Ig.loss）：–
  Fe_2O_3：–

Domestic Granite

鄯善红 6540 –A
RED SHANSHAN
GR090

- 产地（P.P）：新疆（Xinjiang）
- 矿址（Q.L）:新疆鄯善县南 180 公里（180 kilometre away form south of Shanshan County Xinjiang）
- 一般用途（G.U）：–
- 储量（Reserve）：3 × 10^6m^3
- 抗压强度（C.S）：–
- 抗折强度（M.R）：–
- 萧氏硬度（S.H）：–
- 吸水率（W.A）：0.30 %
- 岩石密度（B.D）：2.60 g/cm^3
- 化学成分（C.P）：

  SiO_2：–　Al_2O_3：–
  CaO：–　MgO：–
  Na_2O：–　K_2O：–
  烧失量（Ig.loss）：–
  Fe_2O_3：–

鄯善红 6540 –B
RED SHANSHAN
GR091

- 产地（P.P）：新疆（Xinjiang）
- 一般用途（G.U）：–
- 储量（Reserve）：–
- 抗压强度（C.S）：–
- 抗折强度（M.R）：–
- 萧氏硬度（S.H）：–
- 吸水率（W.A）：–
- 岩石密度（B.D）：–
- 化学成分（C.P）：

  SiO_2：–　Al_2O_3：–
  CaO：–　MgO：–
  Na_2O：–　K_2O：–
  烧失量（Ig.loss）：–
  Fe_2O_3：–

鄯善红 6540 -C
RED SHANSHAN
GR092

- 产地（P.P）：新疆（Xinjiang）
- 一般用途（G.U）：–
- 储量（Reserve）：–
- 抗压强度（C.S）：–
- 抗折强度（M.R）：–
- 萧氏硬度（S.H）：–
- 吸水率（W.A）：–
- 岩石密度（B.D）：–
- 化学成分（C.P）：

  SiO_2：– Al_2O_3：–
  CaO：– MgO：–
  Na_2O：– K_2O：–
  烧失量（Ig.loss）：–
  Fe_2O_3：–

幻彩麻
MULTICOLOUR GRAINS
GR093

- 产地（P.P）：山东（Shandong）
- 一般用途（G.U）：–
- 储量（Reserve）：–
- 抗压强度（C.S）：–
- 抗折强度（M.R）：–
- 萧氏硬度（S.H）：–
- 吸水率（W.A）：–
- 岩石密度（B.D）：–
- 化学成分（C.P）：

  SiO_2：– Al_2O_3：–
  CaO：– MgO：–
  Na_2O：– K_2O：–
  烧失量（Ig.loss）：–
  Fe_2O_3：–

罗源樱花红 3563
CHERRY BLOSSOM RED LUOYUAN
GR094

- 产地（P.P）：福建（Fujian）
- 矿址（Q.L）：福建罗源县岐余（Qiyu Luoyuan County Fujian Province）
- 一般用途（G.U）：–
- 储量（Reserve）：–
- 抗压强度（C.S）：–
- 抗折强度（M.R）：–
- 萧氏硬度（S.H）：–
- 吸水率（W.A）：–
- 岩石密度（B.D）：–
- 化学成分（C.P）：

SiO_2：– Al_2O_3：–
CaO：– MgO：–
Na_2O：– K_2O：–
烧失量（Ig.loss）：–
Fe_2O_3：–

广宁红（宁广红）
GUANGNING RED
GR095

- 产地（P.P）：广东（Guangdong）
- 一般用途（G.U）：–
- 储量（Reserve）：–
- 抗压强度（C.S）：–
- 抗折强度（M.R）：–
- 萧氏硬度（S.H）：–
- 吸水率（W.A）：–
- 岩石密度（B.D）：–
- 化学成分（C.P）：

SiO_2：– Al_2O_3：–
CaO：– MgO：–
Na_2O：– K_2O：–
烧失量（Ig.loss）：–
Fe_2O_3：–

莱州樱花红 3767 -A
CHERRY BLOSSOM RED LAIZHOU
GR096

- 产地（P.P）：山东（Shandong）
- 矿址（Q.L）：山东莱州市柞村乡口子一海北庄一带（Near Haibei Village& Kouzi Zuochun Town Laizhou City Shandong Province）
- 一般用途（G.U）：适宜大面积装饰（Suit for large area decoration）
- 储量（Reserve）：2.5 × 10^7m^3
- 吸水率（W.A）：0.56 %
- 岩石密度 (B.D)：2.58 g/cm^3
- 化学成分（C.P）：

  SiO_2：–　Al_2O_3：–
  CaO：–　MgO：–
  Na_2O：–　K_2O：–
  烧失量（Ig.loss）：–
  Fe_2O_3：–

莱州樱花红 3767 -B
CHERRY BLOSSOM RED LAIZHOU
GR097

- 产地（P.P）：山东（Shandong）
- 一般用途（G.U）：–
- 储量（Reserve）：–
- 抗压强度（C.S）：–
- 抗折强度（M.R）：–
- 萧氏硬度（S.H）：–
- 吸水率（W.A）：–
- 岩石密度（B.D）：–
- 化学成分（C.P）：

  SiO_2：–　Al_2O_3：–
  CaO：–　MgO：–
  Na_2O：–　K_2O：–
  烧失量（Ig.loss）：–
  Fe_2O_3：–

657 #

GR098

- 产地（P.P）：福建（Fujian）
- 一般用途（G.U）：–
- 储量（Reserve）：–
- 抗压强度（C.S）：196.5 MPa
- 抗折强度（M.R）：23.1 MPa
- 萧氏硬度（S.H）：99.1
- 吸水率（W.A）：0.31 %
- 岩石密度（B.D）：2.6 g/cm^3
- 化学成分（C.P）：

  SiO_2：–　Al_2O_3：–
  CaO：–　MgO：–
  Na_2O：–　K_2O：–
  烧失量（Ig.loss）：–
  Fe_2O_3：–

香灰红
XIANGHUI RED
GR099

- 产地（P.P）：河北（Hebei）
- 一般用途（G.U）：–
- 储量（Reserve）：–
- 抗压强度（C.S）：–
- 抗折强度（M.R）：–
- 萧氏硬度（S.H）：–
- 吸水率（W.A）：–
- 岩石密度（B.D）：–
- 化学成分（C.P）：

  SiO_2：–　Al_2O_3：–
  CaO：–　MgO：–
  Na_2O：–　K_2O：–
  烧失量（Ig.loss）：–
  Fe_2O_3：–

罗源红 3565 -A
RED LUOYUAN
GП100

- 产地（P.P）：福建（Fujian）
- 一般用途（G.U）：-
- 储量（Reserve）：-
- 抗压强度（C.S）：141.0 MPa
- 抗折强度（M.R）：15 MPa
- 萧氏硬度（S.H）：-
- 吸水率（W.A）：0.31 %
- 岩石密度（B.D）：2.59 g/cm^3
- 化学成分（C.P）：

  SiO_2：- Al_2O_3：-
  CaO：- MgO：-
  Na_2O：- K_2O：-
  烧失量（Ig.loss）：-
  Fe_2O_3：-

罗源红 3565 -B
RED LUOYUAN
GR101

- 产地（P.P）：福建（Fujian）
- 一般用途（G.U）：-
- 储量（Reserve）：-
- 抗压强度（C.S）：141.0 MPa
- 抗折强度（M.R）：15 MPa
- 萧氏硬度（S.H）：-
- 吸水率（W.A）：0.31 %
- 岩石密度（B.D）：2.59 g/cm^3
- 化学成分（C.P）：

  SiO_2：- Al_2O_3：-
  CaO：- MgO：-
  Na_2O：- K_2O：-
  烧失量（Ig.loss）：-
  Fe_2O_3：-

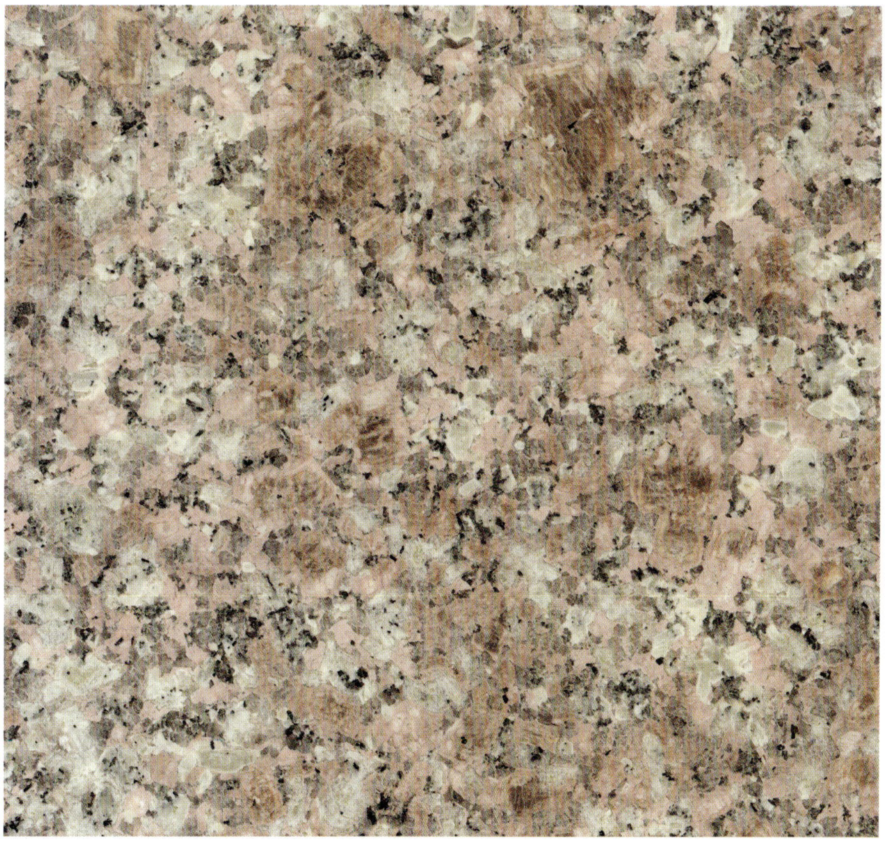

斑马红（森林红）
ZEBRA RED
GR102

- 产地（P.P）：河南（He'nan）
- 一般用途（G.U）：–
- 储量（Reserve）：–
- 抗压强度（C.S）：–
- 抗折强度（M.R）：–
- 萧氏硬度（S.H）：–
- 吸水率（W.A）：–
- 岩石密度（B.D）：–
- 化学成分（C.P）：

SiO_2：–　Al_2O_3：–
CaO：–　MgO：–
Na_2O：–　K_2O：–
烧失量（Ig.loss）：–
Fe_2O_3：–

幻彩红（塔纳米红）
MULTICOLOUR RED
GR103

- 产地（P.P）：湖北（Hubei）
- 一般用途（G.U）：–
- 储量（Reserve）：–
- 抗压强度（C.S）：–
- 抗折强度（M.R）：–
- 萧氏硬度（S.H）：–
- 吸水率（W.A）：–
- 岩石密度（B.D）：–
- 化学成分（C.P）：

SiO_2：–　Al_2O_3：–
CaO：–　MgO：–
Na_2O：–　K_2O：–
烧失量（Ig.loss）：–
Fe_2O_3：–

金湖红
GOLD LAKE RED
GR104

- 产地（P.P）：福建（Fujian）
- 一般用途（G.U）：–
- 储量（Reserve）：–
- 抗压强度（C.S）：–
- 抗折强度（M.R）：–
- 萧氏硬度（S.H）：–
- 吸水率（W.A）：–
- 岩石密度（B.D）：–
- 化学成分（C.P）：

  SiO_2：–　Al_2O_3：–
  CaO：–　MgO：–
  Na_2O：–　K_2O：–
  烧失量（Ig.loss）：–
  Fe_2O_3：–

天麻红
TIANMA RED
GR105

- 产地（P.P）：山东（Shandong）
- 一般用途（G.U）：–
- 储量（Reserve）：–
- 抗压强度（C.S）：–
- 抗折强度（M.R）：–
- 萧氏硬度（S.H）：–
- 吸水率（W.A）：–
- 岩石密度（B.D）：–
- 化学成分（C.P）：

  SiO_2：–　Al_2O_3：–
  CaO：–　MgO：–
  Na_2O：–　K_2O：–
  烧失量（Ig.loss）：–
  Fe_2O_3：–

梅花玉
PLUM JADE
GR106

- 产地（P.P）：云南（Yunnan）
- 一般用途（G.U）：–
- 储量（Reserve）：–
- 抗压强度（C.S）：–
- 抗折强度（M.R）：–
- 萧氏硬度（S.H）：–
- 吸水率（W.A）：–
- 岩石密度（B.D）：–
- 化学成分（C.P）：

  SiO_2：–　Al_2O_3：–
  CaO：–　MgO：–
  Na_2O：–　K_2O：–
  烧失量（Ig.loss）：–
  Fe_2O_3：–

万山红（紫玉麻）
WANSHAN RED
GR107

- 产地（P.P）：山东（Shandong）
- 一般用途（G.U）：–
- 储量（Reserve）：–
- 抗压强度（C.S）：–
- 抗折强度（M.R）：–
- 萧氏硬度（S.H）：–
- 吸水率（W.A）：–
- 岩石密度（B.D）：–
- 化学成分（C.P）：

  SiO_2：–　Al_2O_3：–
  CaO：–　MgO：–
  Na_2O：–　K_2O：–
  烧失量（Ig.loss）：–
  Fe_2O_3：–

紫彩红（幻彩紫）
MULTICOLOUR PURPLE
GR108

- 产地（P.P）：四川（Sichuan）
- 一般用途（G.U）：–
- 储量（Reserve）：–
- 抗压强度（C.S）：–
- 抗折强度（M.R）：–
- 萧氏硬度（S.H）：–
- 吸水率（W.A）：–
- 岩石密度（B.D）：–
- 化学成分（C.P）：

SiO_2：–　Al_2O_3：–
CaO：–　MgO：–
Na_2O：–　K_2O：–
烧失量（Ig.loss）：–
Fe_2O_3：–

红点白麻
RED SPOT GRAIN
GR109

- 产地（P.P）：福建（Fujian）
- 一般用途（G.U）：–
- 储量（Reserve）：–
- 抗压强度（C.S）：–
- 抗折强度（M.R）：–
- 萧氏硬度（S.H）：–
- 吸水率（W.A）：–
- 岩石密度（B.D）：–
- 化学成分（C.P）：

SiO_2：–　Al_2O_3：–
CaO：–　MgO：–
Na_2O：–　K_2O：–
烧失量（Ig.loss）：–
Fe_2O_3：–

揭阳红（戈壁麻）
RED JIEYANG
GR110

- 产地（P.P）：广东（Guangdong）
- 一般用途（G.U）：－
- 储量（Reserve）：－
- 抗压强度（C.S）：－
- 抗折强度（M.R）：－
- 萧氏硬度（S.H）：－
- 吸水率（W.A）：－
- 岩石密度（B.D）：－
- 化学成分（C.P）：

SiO_2：－ Al_2O_3：－
CaO：－ MgO：－
Na_2O：－ K_2O：－
烧失量（Ig.loss）：－
Fe_2O_3：－

霞红（阿加尼亚红）
ROSY CLOUD
GR111

- 产地（P.P）：福建（Fujian）
- 一般用途（G.U）：－
- 储量（Reserve）：－
- 抗压强度（C.S）：－
- 抗折强度（M.R）：－
- 萧氏硬度（S.H）：－
- 吸水率（W.A）：－
- 岩石密度（B.D）：－
- 化学成分（C.P）：

SiO_2：－ Al_2O_3：－
CaO：－ MgO：－
Na_2O：－ K_2O：－
烧失量（Ig.loss）：－
Fe_2O_3：－

虎贝红
HUBEI RED
GR112

- 产地（P.P）：福建（Fujian）
- 一般用途（G.U）：–
- 储量（Reserve）：–
- 抗压强度（C.S）：–
- 抗折强度（M.R）：–
- 萧氏硬度（S.H）：–
- 吸水率（W.A）：–
- 岩石密度（B.D）：–
- 化学成分（C.P）：

SiO_2：–　Al_2O_3：–
CaO：–　MgO：–
Na_2O：–　K_2O：–
烧失量（Ig.loss）：–
Fe_2O_3：–

房山樱红
CHERRY RED FANGSHAN
GR113

- 产地（P.P）：北京（Beijing）
- 一般用途（G.U）：–
- 储量（Reserve）：–
- 抗压强度（C.S）：–
- 抗折强度（M.R）：–
- 萧氏硬度（S.H）：–
- 吸水率（W.A）：–
- 岩石密度（B.D）：–
- 化学成分（C.P）：

SiO_2：–　Al_2O_3：–
CaO：–　MgO：–
Na_2O：–　K_2O：–
烧失量（Ig.loss）：–
Fe_2O_3：–

小三花
THREE FINE GRAIN
GR114

- 产地（P.P）：河北（Hebei）
- 一般用途（G.U）：–
- 储量（Reserve）：–
- 抗压强度（C.S）：–
- 抗折强度（M.R）：–
- 萧氏硬度（S.H）：–
- 吸水率（W.A）：–
- 岩石密度（B.D）：–
- 化学成分（C.P）：

  SiO_2：–　Al_2O_3：–
  CaO：–　MgO：–
  Na_2O：–　K_2O：–
  烧失量（Ig.loss）：–
  Fe_2O_3：–

大三花
THREE COARSE GRAIN
GR115

- 产地（P.P）：河北（Hebei）
- 一般用途（G.U）：–
- 储量（Reserve）：–
- 抗压强度（C.S）：–
- 抗折强度（M.R）：–
- 萧氏硬度（S.H）：–
- 吸水率（W.A）：–
- 岩石密度（B.D）：–
- 化学成分（C.P）：

  SiO_2：–　Al_2O_3：–
  CaO：–　MgO：–
  Na_2O：–　K_2O：–
  烧失量（Ig.loss）：–
  Fe_2O_3：–

阳江红 -A
RED YANGJIANG
GR116

- 产地（P.P）：广东（Guangdong）
- 一般用途（G.U）：–
- 储量（Reserve）：–
- 抗压强度（C.S）：–
- 抗折强度（M.R）：–
- 萧氏硬度（S.H）：–
- 吸水率（W.A）：–
- 岩石密度（B.D）：–
- 化学成分（C.P）：

  SiO_2：– Al_2O_3：–
  CaO：– MgO：–
  Na_2O：– K_2O：–
  烧失量（Ig.loss）：–
  Fe_2O_3：–

阳江红 -B
RED YANGJIANG
GR117

- 产地（P.P）：广东（Guangdong）
- 一般用途（G.U）：–
- 储量（Reserve）：–
- 抗压强度（C.S）：–
- 抗折强度（M.R）：–
- 萧氏硬度（S.H）：–
- 吸水率（W.A）：–
- 岩石密度（B.D）：–
- 化学成分（C.P）：

  SiO_2：– Al_2O_3：–
  CaO：– MgO：–
  Na_2O：– K_2O：–
  烧失量（Ig.loss）：–
  Fe_2O_3：–

五莲红
RED WULIAN
GR118

- 产地（P.P）：山东（Shandong）
- 一般用途（G.U）：–
- 储量（Reserve）：–
- 抗压强度（C.S）：–
- 抗折强度（M.R）：–
- 萧氏硬度（S.H）：–
- 吸水率（W.A）：–
- 岩石密度（B.D）：–
- 化学成分（C.P）：

SiO_2：–　Al_2O_3：–
CaO：–　MgO：–
Na_2O：–　K_2O：–
烧失量（Ig.loss）：–
Fe_2O_3：–

红豹花
RED LEOPARD
GR119

- 产地（P.P）：福建（Fujian）
- 一般用途（G.U）：–
- 储量（Reserve）：–
- 抗压强度（C.S）：–
- 抗折强度（M.R）：–
- 萧氏硬度（S.H）：–
- 吸水率（W.A）：–
- 岩石密度（B.D）：–
- 化学成分（C.P）：

SiO_2：–　Al_2O_3：–
CaO：–　MgO：–
Na_2O：–　K_2O：–
烧失量（Ig.loss）：–
Fe_2O_3：–

珍珠红 -A
PEARL RED
GR120

- 产地（P.P）：山东（Shandong）
- 一般用途（G.U）：–
- 储量（Reserve）：–
- 抗压强度（C.S）：–
- 抗折强度（M.R）：–
- 萧氏硬度（S.H）：–
- 吸水率（W.A）：–
- 岩石密度（B.D）：–
- 化学成分（C.P）：

SiO_2：–　Al_2O_3：–
CaO：–　MgO：–
Na_2O：–　K_2O：–
烧失量（Ig.loss）：–
Fe_2O_3：–

珍珠红 -B
PEARL RED
GR121

- 产地（P.P）：山东（Shandong）
- 一般用途（G.U）：–
- 储量（Reserve）：–
- 抗压强度（C.S）：–
- 抗折强度（M.R）：–
- 萧氏硬度（S.H）：–
- 吸水率（W.A）：–
- 岩石密度（B.D）：–
- 化学成分（C.P）：

SiO_2：–　Al_2O_3：–
CaO：–　MgO：–
Na_2O：–　K_2O：–
烧失量（Ig.loss）：–
Fe_2O_3：–

珍珠红 -C
PEARL RED
GR122

- 产地（P.P）：山东（Shandong）
- 一般用途（G.U）：–
- 储量（Reserve）：–
- 抗压强度（C.S）：–
- 抗折强度（M.R）：–
- 萧氏硬度（S.H）：–
- 吸水率（W.A）：–
- 岩石密度（B.D）：–
- 化学成分（C.P）：

  SiO_2：–　Al_2O_3：–
  CaO：–　MgO：–
  Na_2O：–　K_2O：–
  烧失量（Ig.loss）：–
  Fe_2O_3：–

花都红
RED HUADU
GR123

- 产地（P.P）：广东（Guangdong）
- 一般用途（G.U）：–
- 储量（Reserve）：–
- 抗压强度（C.S）：–
- 抗折强度（M.R）：–
- 萧氏硬度（S.H）：–
- 吸水率（W.A）：–
- 岩石密度（B.D）：–
- 化学成分（C.P）：

  SiO_2：–　Al_2O_3：–
  CaO：–　MgO：–
  Na_2O：–　K_2O：–
  烧失量（Ig.loss）：–
  Fe_2O_3：–

粉彩（粉红晶）-A
PINK CRYSTAL
GR124

- 产地(P.P)：广东(Guangdong)
- 一般用途（G.U）：–
- 储量（Reserve）：–
- 抗压强度（C.S）：–
- 抗折强度（M.R）：–
- 萧氏硬度（S.H）：–
- 吸水率（W.A）：–
- 岩石密度（B.D）：–
- 化学成分（C.P）：

  SiO_2：– Al_2O_3：–
  CaO：– MgO：–
  Na_2O：– K_2O：–
  烧失量（Ig.loss）：–
  Fe_2O_3：–

粉彩（粉红晶）-B
PINK COLOUR
GR125

- 产地(P.P)：广东(Guangdong)
- 一般用途（G.U）：–
- 储量（Reserve）：–
- 抗压强度（C.S）：–
- 抗折强度（M.R）：–
- 萧氏硬度（S.H）：–
- 吸水率（W.A）：–
- 岩石密度（B.D）：–
- 化学成分（C.P）：

  SiO_2：– Al_2O_3：–
  CaO：– MgO：–
  Na_2O：– K_2O：–
  烧失量（Ig.loss）：–
  Fe_2O_3：–

五莲花 -A
WULIAN GRAIN
GR126

- 产地（P.P）：山东（Shandong）
- 一般用途（G.U）：–
- 储量（Reserve）：–
- 抗压强度（C.S）：–
- 抗折强度（M.R）：–
- 肃氏硬度（S.H）：–
- 吸水率（W.A）：–
- 岩石密度（B.D）：–
- 化学成分（C.P）：

  SiO_2：–　Al_2O_3：–
  CaO：–　MgO：–
  Na_2O：–　K_2O：–
  烧失量（Ig.loss）：–
  Fe_2O_3：–

五莲花 -B
WULIAN GRAIN
GR127

- 产地（P.P）：山东（Shandong）
- 一般用途（G.U）：–
- 储量（Reserve）：–
- 抗压强度（C.S）：–
- 抗折强度（M.R）：–
- 肃氏硬度（S.H）：–
- 吸水率（W.A）：–
- 岩石密度（B.D）：–
- 化学成分（C.P）：

  SiO_2：–　Al_2O_3：–
  CaO：–　MgO：–
  Na_2O：–　K_2O：–
  烧失量（Ig.loss）：–
  Fe_2O_3：–

西丽红 -A
XILI RED
GR128

- 产地(P.P):广东(Guangdong)
- 一般用途(G.U):–
- 储量(Reserve):–
- 抗压强度(C.S):–
- 抗折强度(M.R):–
- 萧氏硬度(S.H):–
- 吸水率(W.A):–
- 岩石密度(B.D):–
- 化学成分(C.P):

  SiO_2:– Al_2O_3:–
  CaO:– MgO:–
  Na_2O:– K_2O:–
  烧失量(Ig.loss):–
  Fe_2O_3:–

西丽红 -B
XILI RED
GR129

- 产地(P.P):广东(Guangdong)
- 一般用途(G.U):–
- 储量(Reserve):–
- 抗压强度(C.S):–
- 抗折强度(M.R):–
- 萧氏硬度(S.H):–
- 吸水率(W.A):–
- 岩石密度(B.D):–
- 化学成分(C.P):

  SiO_2:– Al_2O_3:–
  CaO:– MgO:–
  Na_2O:– K_2O:–
  烧失量(Ig.loss):–
  Fe_2O_3:–

加士红
JIASHI RED
GR130

- 产地（P.P）：福建（Fujian）
- 一般用途（G.U）：–
- 储量（Reserve）：–
- 抗压强度（C.S）：–
- 抗折强度（M.R）：–
- 萧氏硬度（S.H）：–
- 吸水率（W.A）：–
- 岩石密度（B.D）：–
- 化学成分（C.P）：

  SiO_2：–　Al_2O_3：–
  CaO：–　MgO：–
  Na_2O：–　K_2O：–
  烧失量（Ig.loss）：–
  Fe_2O_3：–

七星红（七彩红）
RAINBOW RED
GR131

- 产地（P.P）：广东（Guangdong）
- 一般用途（G.U）：–
- 储量（Reserve）：–
- 抗压强度（C.S）：–
- 抗折强度（M.R）：–
- 萧氏硬度（S.H）：–
- 吸水率（W.A）：–
- 岩石密度（B.D）：–
- 化学成分（C.P）：

  SiO_2：–　Al_2O_3：–
  CaO：–　MgO：–
  Na_2O：–　K_2O：–
  烧失量（Ig.loss）：–
  Fe_2O_3：–

粉红麻（苏丹红）-A
SUDAN RED
GR132

- 产地(P.P)：广东(Guangdong)
- 一般用途（G.U）：-
- 储量（Reserve）：-
- 抗压强度（C.S）：-
- 抗折强度（M.R）：-
- 萧氏硬度（S.H）：-
- 吸水率（W.A）：-
- 岩石密度（B.D）：-
- 化学成分（C.P）：

  SiO_2：-　Al_2O_3：-
  CaO：-　MgO：-
  Na_2O：-　K_2O：-
  烧失量（Ig.loss）：-
  Fe_2O_3：-

粉红麻 -B
PINK GRAIN
GR133

- 产地(P.P)：广东(Guangdong)
- 一般用途（G.U）：-
- 储量（Reserve）：-
- 抗压强度（C.S）：-
- 抗折强度（M.R）：-
- 萧氏硬度（S.H）：-
- 吸水率（W.A）：-
- 岩石密度（B.D）：-
- 化学成分（C.P）：

  SiO_2：-　Al_2O_3：-
  CaO：-　MgO：-
  Na_2O：-　K_2O：-
  烧失量（Ig.loss）：-
  Fe_2O_3：-

粉红钻（惠东红）
PINK DIAMOND
GR134

- 产地（P.P）：广东（Guangdong）
- 一般用途（G.U）：–
- 储量（Reserve）：–
- 抗压强度（C.S）：–
- 抗折强度（M.R）：–
- 萧氏硬度（S.H）：–
- 吸水率（W.A）：–
- 岩石密度（B.D）：–
- 化学成分（C.P）：
  SiO_2：–　Al_2O_3：–
  CaO：–　MgO：–
  Na_2O：–　K_2O：–
  烧失量（Ig.loss）：–
  Fe_2O_3：–

634 #

GR135

- 产地（P.P）：福建（Fujian）
- 一般用途（G.U）：–
- 储量（Reserve）：–
- 抗压强度（C.S）：–
- 抗折强度（M.R）：–
- 萧氏硬度（S.H）：–
- 吸水率（W.A）：–
- 岩石密度（B.D）：–
- 化学成分（C.P）：
  SiO_2：–　Al_2O_3：–
  CaO：–　MgO：–
  Na_2O：–　K_2O：–
  烧失量（Ig.loss）：–
  Fe_2O_3：–

牡丹花
PONEY FLOWER
GR136

- 产地（P.P）：河南（He'nan）
- 一般用途（G.U）：–
- 储量（Reserve）：–
- 抗压强度（C.S）：–
- 抗折强度（M.R）：–
- 萧氏硬度（S.H）：–
- 吸水率（W.A）：–
- 岩石密度（B.D）：–
- 化学成分（C.P）：

  SiO_2：–　Al_2O_3：–
  CaO：–　MgO：–
  Na_2O：–　K_2O：–
  烧失量（Ig.loss）：–
  Fe_2O_3：–

新双井红
NEW SHUANGJING RED
GR137

- 产地（P.P）：新疆（Xinjiang）
- 一般用途（G.U）：–
- 储量（Reserve）：–
- 抗压强度（C.S）：–
- 抗折强度（M.R）：–
- 萧氏硬度（S.H）：–
- 吸水率（W.A）：–
- 岩石密度（B.D）：–
- 化学成分（C.P）：

  SiO_2：–　Al_2O_3：–
  CaO：–　MgO：–
  Na_2O：–　K_2O：–
  烧失量（Ig.loss）：–
  Fe_2O_3：–

白虎涧粉红 -A
PINK BAIHUJIAN
GR138

- 产地（P.P）：北京（Beijing）
- 一般用途（G.U）：–
- 储量（Reserve）：–
- 抗压强度（C.S）：–
- 抗折强度（M.R）：–
- 肃氏硬度（S.H）：–
- 吸水率（W.A）：–
- 岩石密度（B.D）：–
- 化学成分（C.P）：

  SiO_2：–　Al_2O_3：–
  CaO：–　MgO：–
  Na_2O：–　K_2O：–
  烧失量（Ig.loss）：–
  Fe_2O_3：–

白虎涧粉红 -B
PINK BAIHUJIAN
GR139

- 产地（P.P）：北京（Beijing）
- 一般用途（G.U）：–
- 储量（Reserve）：–
- 抗压强度（C.S）：–
- 抗折强度（M.R）：–
- 肃氏硬度（S.H）：–
- 吸水率（W.A）：–
- 岩石密度（B.D）：–
- 化学成分（C.P）：

  SiO_2：–　Al_2O_3：–
  CaO：–　MgO：–
  Na_2O：–　K_2O：–
  烧失量（Ig.loss）：–
  Fe_2O_3：–

白虎涧红 1151
RED BAIHUJIAN
GR140

- 产地（P.P）：北京（Beijing）
- 矿址（Q.L）：北京昌平县阳坊白虎涧（yangfangbaihujian Changping County Beijing）
- 一般用途（G.U）：–
- 储量（Reserve）：–
- 抗压强度（C.S）：6.4 × 10^8m^3
- 抗折强度（M.R）：9.12 MPa
- 肃氏硬度（S.H）：86
- 吸水率（W.A）：0.62 %
- 岩石密度（B.D）：2.58 g/cm^3
- 化学成分（C.P）：
  SiO_2：72.14 Al_2O_3：13.95
  CaO：0.43 MgO：1.14
  Na_2O：– K_2O：4.8
  烧失量（Ig.loss）：–
  Fe_2O_3：0.52

芦山珍珠红 5126
PEARL RED LUSHAN
GR141

- 产地（P.P）：四川（Sichuan）
- 一般用途（G.U）：–
- 储量（Reserve）：–
- 抗压强度（C.S）：–
- 抗折强度（M.R）：–
- 肃氏硬度（S.H）：–
- 吸水率（W.A）：–
- 岩石密度（B.D）：–
- 化学成分（C.P）：
  SiO_2：– Al_2O_3：–
  CaO：– MgO：–
  Na_2O：– K_2O：–
  烧失量（Ig.loss）：–
  Fe_2O_3：–

长汀红（突诺红）
CHANGTING RED
GR142

- 产地（P.P）：福建（Fujian）
- 一般用途（G.U）：–
- 储量（Reserve）：–
- 抗压强度（C.S）：–
- 抗折强度（M.R）：–
- 萧氏硬度（S.H）：–
- 吸水率（W.A）：–
- 岩石密度（B.D）：–
- 化学成分（C.P）：

  SiO_2：–　Al_2O_3：–
  CaO：–　MgO：–
  Na_2O：–　K_2O：–
  烧失量（Ig.loss）：–
  Fe_2O_3：–

新非红
XINFEI RED
GR143

- 产地（P.P）：新疆（Xinjiang）
- 一般用途（G.U）：–
- 储量（Reserve）：–
- 抗压强度（C.S）：–
- 抗折强度（M.R）：–
- 萧氏硬度（S.H）：–
- 吸水率（W.A）：–
- 岩石密度（B.D）：–
- 化学成分（C.P）：

  SiO_2：–　Al_2O_3：–
  CaO：–　MgO：–
  Na_2O：–　K_2O：–
  烧失量（Ig.loss）：–
  Fe_2O_3：–

五华红（特利红）-A
WUHUA RED
GR144

- 产地（P.P）：广东（Guangdong）
- 一般用途（G.U）：-
- 储量（Reserve）：-
- 抗压强度（C.S）：-
- 抗折强度（M.R）：-
- 萧氏硬度（S.H）：-
- 吸水率（W.A）：-
- 岩石密度（B.D）：-
- 化学成分（C.P）：

SiO_2：- Al_2O_3：-
CaO：- MgO：-
Na_2O：- K_2O：-
烧失量（Ig.loss）：-
Fe_2O_3：-

五华红-B
WUHUA RED
GR145

- 产地（P.P）：广东（Guangdong）
- 一般用途（G.U）：-
- 储量（Reserve）：-
- 抗压强度（C.S）：-
- 抗折强度（M.R）：-
- 萧氏硬度（S.H）：-
- 吸水率（W.A）：-
- 岩石密度（B.D）：-
- 化学成分（C.P）：

SiO_2：- Al_2O_3：-
CaO：- MgO：-
Na_2O：- K_2O：-
烧失量（Ig.loss）：-
Fe_2O_3：-

虎皮红
TIGER-SKIN RED
GR146

- 产地（P.P）：福建（Fujian）
- 一般用途（G.U）：–
- 储量（Reserve）：–
- 抗压强度（C.S）：–
- 抗折强度（M.R）：–
- 萧氏硬度（S.H）：–
- 吸水率（W.A）：–
- 岩石密度（B.D）：–
- 化学成分（C.P）：

  SiO_2：–　Al_2O_3：–
  CaO：–　MgO：–
  Na_2O：–　K_2O：–
  烧失量（Ig.loss）：–
  Fe_2O_3：–

台山红
RED TAISHAN
GR147

- 产地（P.P）：广东（Guangdong）
- 一般用途（G.U）：–
- 储量（Reserve）：–
- 抗压强度（C.S）：–
- 抗折强度（M.R）：–
- 萧氏硬度（S.H）：–
- 吸水率（W.A）：–
- 岩石密度（B.D）：–
- 化学成分（C.P）：

  SiO_2：–　Al_2O_3：–
  CaO：–　MgO：–
  Na_2O：–　K_2O：–
  烧失量（Ig.loss）：–
  Fe_2O_3：–

沙花红
SHAHUA RED
GR148

- 产地（P.P）：河北（Hebei）
- 一般用途（G.U）：–
- 储量（Reserve）：–
- 抗压强度（C.S）：–
- 抗折强度（M.R）：–
- 萧氏硬度（S.H）：–
- 吸水率（W.A）：–
- 岩石密度（B.D）：–
- 化学成分（C.P）：

  SiO_2：–　Al_2O_3：–
  CaO：–　MgO：–
  Na_2O：–　K_2O：–
  烧失量（Ig.loss）：–
  Fe_2O_3：–

宜章莽山红 4399
MANGSHAN RED YIZHANG
GR149

- 产地（P.P）：湖南（Hu'nan）
- 矿址（Q.L）：湖南宜章县（Yizhang County Hu'nan Province）
- 一般用途（G.U）：–
- 储量（Reserve）：–
- 抗压强度（C.S）：–
- 抗折强度（M.R）：–
- 萧氏硬度（S.H）：–
- 吸水率（W.A）：–
- 岩石密度（B.D）：–
- 化学成分（C.P）：

  SiO_2：–　Al_2O_3：–
  CaO：–　MgO：–
  Na_2O：–　K_2O：–
  烧失量（Ig.loss）：–
  Fe_2O_3：–

康保红（华沙红）
KANGBAO RED
GR150

- 产地（P.P）：河北（Hebei）
- 一般用途（G.U）：–
- 储量（Reserve）：–
- 抗压强度（C.S）：–
- 抗折强度（M.R）：–
- 萧氏硬度（S.H）：–
- 吸水率（W.A）：–
- 岩石密度（B.D）：–
- 化学成分（C.P）：

  SiO_2：–　Al_2O_3：–
  CaO：–　MgO：–
  Na_2O：–　K_2O：–
  烧失量（Ig.loss）：–
  Fe_2O_3：–

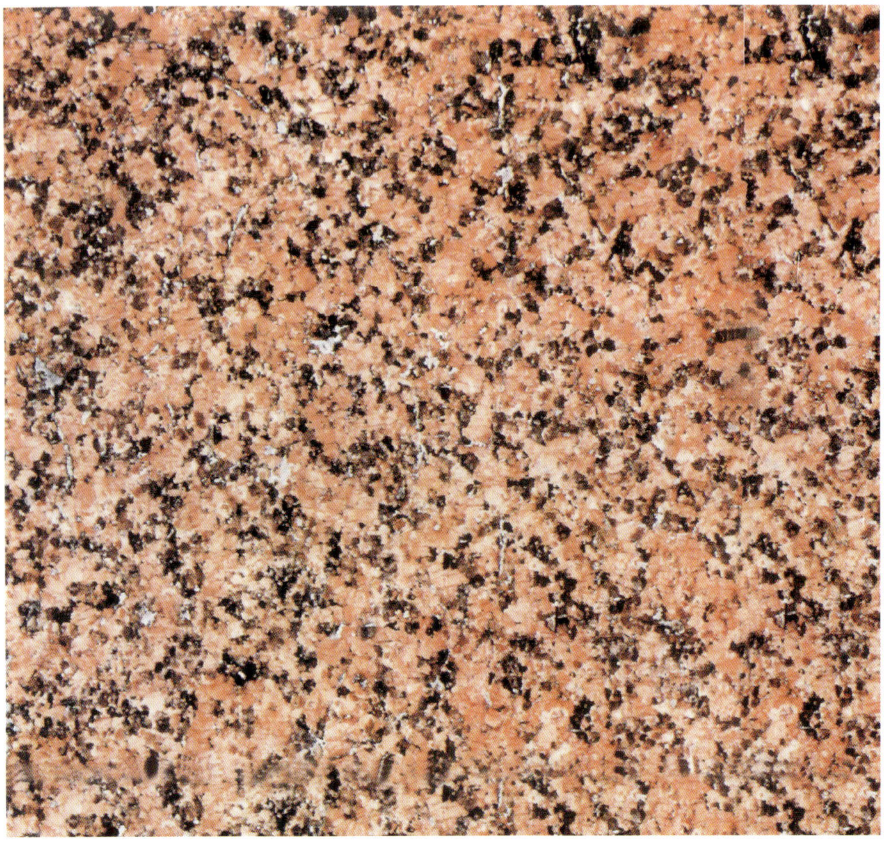

南郑红
NANZHENG RED
GR151

- 产地（P.P）：陕西（Shanxi）
- 一般用途（G.U）：–
- 储量（Reserve）：–
- 抗压强度（C.S）：–
- 抗折强度（M.R）：–
- 萧氏硬度（S.H）：–
- 吸水率（W.A）：–
- 岩石密度（B.D）：–
- 化学成分（C.P）：

  SiO_2：–　Al_2O_3：–
  CaO：–　MgO：–
  Na_2O：–　K_2O：–
  烧失量（Ig.loss）：–
  Fe_2O_3：–

宁城红
NINGCHENG RED
GR152

- 产地（P.P）：辽宁（Liaoning）
- 一般用途（G.U）：–
- 储量（Reserve）：–
- 抗压强度（C.S）：–
- 抗折强度（M.R）：–
- 萧氏硬度（S.H）：–
- 吸水率（W.A）：–
- 岩石密度（B.D）：–
- 化学成分（C.P）：

  SiO_2：–　Al_2O_3：–
  CaO：–　MgO：–
  Na_2O：–　K_2O：–
  烧失量（Ig.loss）：–
  Fe_2O_3：–

荥经红 5111
RED YINGJING
GR153

- 产地（P.P）：四川（Sichuan）
- 矿址（Q.L）：四川荥经县安靖乡偏桥沟（Pianqiao Gully Anjing Town Yingjing County Sichuan Province）
- 一般用途（G.U）：–
- 储量（Reserve）：$2.83 \times 10^6 m^3$
- 抗压强度（C.S）：–
- 抗折强度（M.R）：–
- 萧氏硬度（S.H）：–
- 吸水率（W.A）：–
- 岩石密度（B.D）：
- 化学成分（C.P）：

  SiO_2：–　Al_2O_3：–
  CaO：–　MgO：–
  Na_2O：–　K_2O：–
  烧失量（Ig.loss）：–
  Fe_2O_3：–

玉晶红
CRYSTAL RED
GR154

- 产地（P.P）：山东（Shandong）
- 一般用途（G.U）：–
- 储量（Reserve）：–
- 抗压强度（C.S）：–
- 抗折强度（M.R）：–
- 萧氏硬度（S.H）：–
- 吸水率（W.A）：–
- 岩石密度（B.D）：–
- 化学成分（C.P）：

SiO_2：– Al_2O_3：–
CaO：– MgO：–
Na_2O：– K_2O：–
烧失量（Ig.loss）：–
Fe_2O_3：–

宁德金砂黄 3569
SAND NINGDE
GR155

- 产地（P.P）：福建（Fujian）
- 一般用途（G.U）：–
- 储量（Reserve）：–
- 抗压强度（C.S）：–
- 抗折强度（M.R）：–
- 萧氏硬度（S.H）：–
- 吸水率（W.A）：–
- 岩石密度（B.D）：–
- 化学成分（C.P）：

SiO_2：– Al_2O_3：–
CaO：– MgO：–
Na_2O：– K_2O：–
烧失量（Ig.loss）：–
Fe_2O_3：–

中磊红（新利红）
XINLI RED
GR156

- 产地（P.P）：山东（Shandong）
- 一般用途（G.U）：-
- 储量（Reserve）：-
- 抗压强度（C.S）：-
- 抗折强度（M.R）：-
- 萧氏硬度（S.H）：-
- 吸水率（W.A）：-
- 岩石密度（B.D）：-
- 化学成分（C.P）：

  SiO_2：-　Al_2O_3：-
  CaO：-　MgO：-
  Na_2O：-　K_2O：-
  烧失量（Ig.loss）：-
  Fe_2O_3：-

单井红
SHANJING RED
GR157

- 产地（P.P）：新疆（Xinjiang）
- 一般用途（G.U）：-
- 储量（Reserve）：-
- 抗压强度（C.S）：-
- 抗折强度（M.R）：-
- 萧氏硬度（S.H）：-
- 吸水率（W.A）：-
- 岩石密度（B.D）：-
- 化学成分（C.P）：

  SiO_2：-　Al_2O_3：-
  CaO：-　MgO：-
  Na_2O：-　K_2O：-
  烧失量（Ig.loss）：-
  Fe_2O_3：-

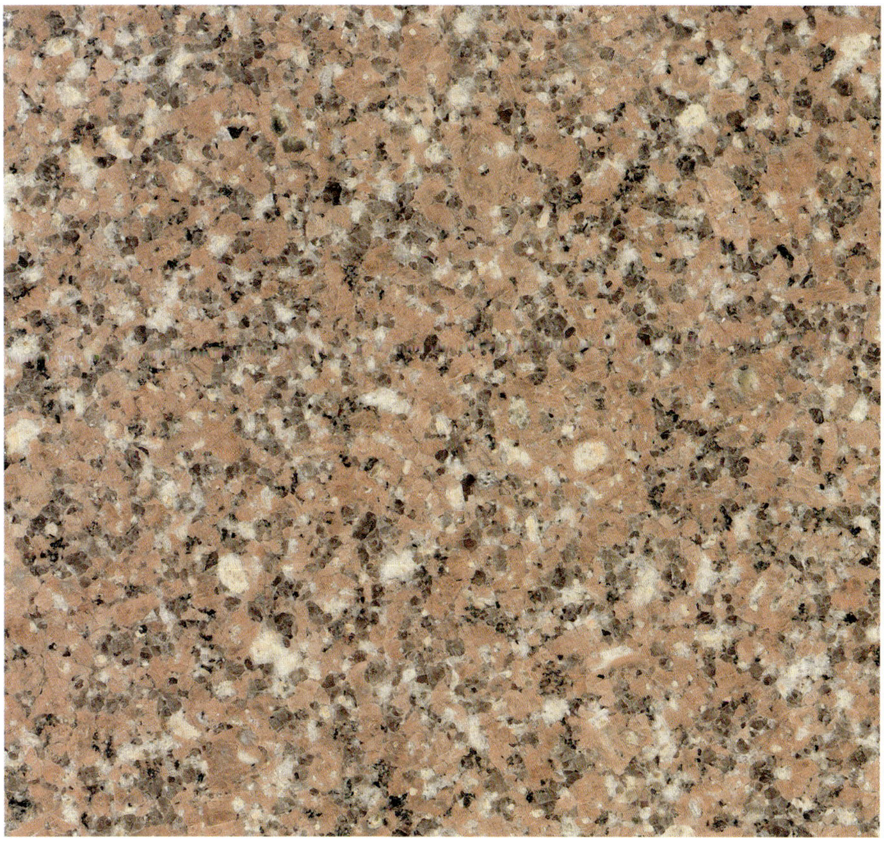

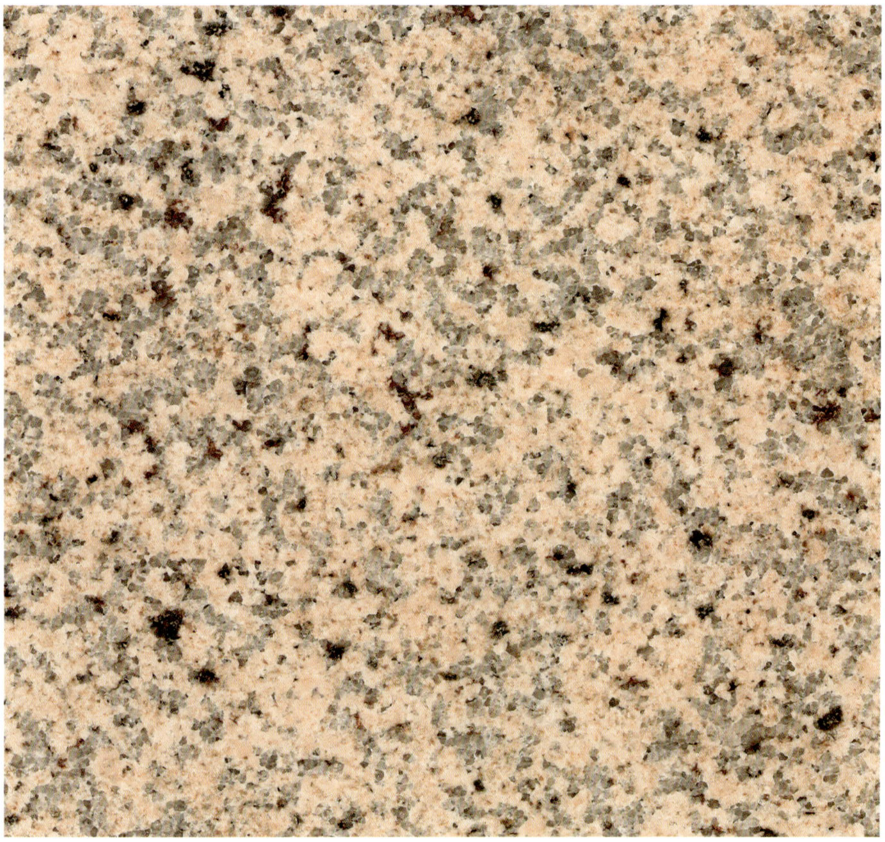

沙利士红（雪沙红）-A
XUESHA RED
GR158

- 产地(P.P)：广东(Guangdong)
- 一般用途（G.U）：–
- 储量（Reserve）：–
- 抗压强度（C.S）：–
- 抗折强度（M.R）：–
- 萧氏硬度（S.H）：–
- 吸水率（W.A）：–
- 岩石密度（B.D）：–
- 化学成分（C.P）：

SiO_2：–　Al_2O_3：–
CaO：–　MgO：–
Na_2O：–　K_2O：–
烧失量（Ig.loss）：–
Fe_2O_3：–

沙利士红（雪沙红）-B
XUESHA RED
GR159

- 产地（P.P）：广东（Guangdong）
- 一般用途（G.U）：–
- 储量（Reserve）：–
- 抗压强度（C.S）：–
- 抗折强度（M.R）：–
- 萧氏硬度（S.H）：–
- 吸水率（W.A）：–
- 岩石密度（B.D）：–
- 化学成分（C.P）：

SiO_2：–　Al_2O_3：–
CaO：–　MgO：–
Na_2O：–　K_2O：–
烧失量（Ig.loss）：–
Fe_2O_3：–

岭南红
RED LINGNAN
GR160

- 产地（P.P）：广东（Guangdong）
- 一般用途（G.U）：–
- 储量（Reserve）：–
- 抗压强度（C.S）：–
- 抗折强度（M.R）：–
- 萧氏硬度（S.H）：–
- 吸水率（W.A）：–
- 岩石密度（B.D）：–
- 化学成分（C.P）：

  SiO_2：–　Al_2O_3：–
  CaO：–　MgO：–
  Na_2O：–　K_2O：–
  烧失量（Ig.loss）：–
  Fe_2O_3：–

元帅红
MARSHAL RED
GR161

- 产地（P.P）：新疆（Xinjiang）
- 一般用途（G.U）：–
- 储量（Reserve）：–
- 抗压强度（C.S）：–
- 抗折强度（M.R）：–
- 萧氏硬度（S.H）：–
- 吸水率（W.A）：–
- 岩石密度（B.D）：–
- 化学成分（C.P）：

  SiO_2：–　Al_2O_3：–
  CaO：–　MgO：–
  Na_2O：–　K_2O：–
  烧失量（Ig.loss）：–
  Fe_2O_3：–

代代红
DAIDAI RED
GR162

- 产地（P.P）：福建（Fujian）
- 一般用途（G.U）：–
- 储量（Reserve）：–
- 抗压强度（C.S）：–
- 抗折强度（M.R）：–
- 萧氏硬度（S.H）：–
- 吸水率（W.A）：–
- 岩石密度（B.D）：–
- 化学成分（C.P）：

SiO_2：–　Al_2O_3：–
CaO：–　MgO：–
Na_2O：–　K_2O：–
烧失量（Ig.loss）：–
Fe_2O_3：–

燕山红
YANSHAN RED
GR163

- 产地（P.P）：河北（Hebei）
- 一般用途（G.U）：–
- 储量（Reserve）：–
- 抗压强度（C.S）：–
- 抗折强度（M.R）：–
- 萧氏硬度（S.H）：–
- 吸水率（W.A）：–
- 岩石密度（B.D）：–
- 化学成分（C.P）：

SiO_2：–　Al_2O_3：–
CaO：–　MgO：–
Na_2O：–　K_2O：–
烧失量（Ig.loss）：–
Fe_2O_3：–

灵山红
RED LINGSHAN
GR164

- 产地（P.P）：江西（Jiangxi）
- 一般用途（G.U）：–
- 储量（Reserve）：–
- 抗压强度（C.S）：–
- 抗折强度（M.R）：–
- 萧氏硬度（S.H）：–
- 吸水率（W.A）：–
- 岩石密度（B.D）：–
- 化学成分（C.P）：

SiO_2：–　Al_2O_3：–
CaO：–　MgO：–
Na_2O：–　K_2O：–
烧失量（Ig.loss）：–
Fe_2O_3：–

金沙红（帝王红）
JINSHA RED
GR165

- 产地(P.P)：广东(Guangdong)
- 一般用途（G.U）：–
- 储量（Reserve）：–
- 抗压强度（C.S）：–
- 抗折强度（M.R）：–
- 萧氏硬度（S.H）：–
- 吸水率（W.A）：–
- 岩石密度（B.D）：–
- 化学成分（C.P）：

SiO_2：–　Al_2O_3：–
CaO：–　MgO：–
Na_2O：–　K_2O：–
烧失量（Ig.loss）：–
Fe_2O_3：–

永福红（维拉红）
YONGFU RED
GR166

- 产地（P.P）：福建（Fujian）
- 一般用途（G.U）：–
- 储量（Reserve）：–
- 抗压强度（C.S）：–
- 抗折强度（M.R）：–
- 萧氏硬度（S.H）：–
- 吸水率（W.A）：–
- 岩石密度（B.D）：–
- 化学成分（C.P）：

SiO_2：– Al_2O_3：–
CaO：– MgO：–
Na_2O：– K_2O：–
烧失量（Ig.loss）：–
Fe_2O_3：–

长城红
GREATWALL RED
GR167

- 产地（P.P）：河北（Hebei）
- 一般用途（G.U）：–
- 储量（Reserve）：–
- 抗压强度（C.S）：–
- 抗折强度（M.R）：–
- 萧氏硬度（S.H）：–
- 吸水率（W.A）：–
- 岩石密度（B.D）：–
- 化学成分（C.P）：

SiO_2：– Al_2O_3：–
CaO：– MgO：–
Na_2O：– K_2O：–
烧失量（Ig.loss）：–
Fe_2O_3：–

映山红
YINGSHAN RED
GR168

- 产地（P.P）：江西（Jiangxi）
- 一般用途（G.U）：–
- 储量（Reserve）：–
- 抗压强度（C.S）：–
- 抗折强度（M.R）：–
- 萧氏硬度（S.H）：–
- 吸水率（W.A）：–
- 岩石密度（B.D）：–
- 化学成分（C.P）：

  SiO_2：–　Al_2O_3：–
  CaO：–　MgO：–
  Na_2O：–　K_2O：–
  烧失量（Ig.loss）：–
  Fe_2O_3：–

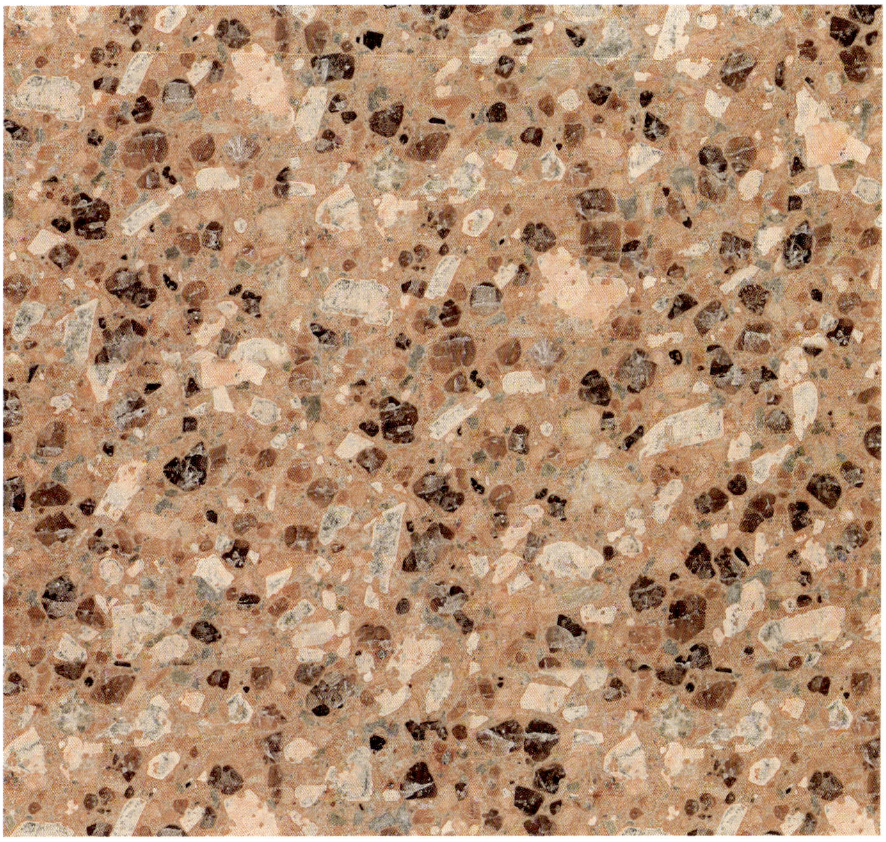

四季红
SEASON RED
GR169

- 产地（P.P）：四川（Sichuan）
- 一般用途（G.U）：–
- 储量（Reserve）：–
- 抗压强度（C.S）：–
- 抗折强度（M.R）：–
- 萧氏硬度（S.H）：–
- 吸水率（W.A）：–
- 岩石密度（B.D）：–
- 化学成分（C.P）：

  SiO_2：–　Al_2O_3：–
  CaO：–　MgO：–
  Na_2O：–　K_2O：–
  烧失量（Ig.loss）：–
  Fe_2O_3：–

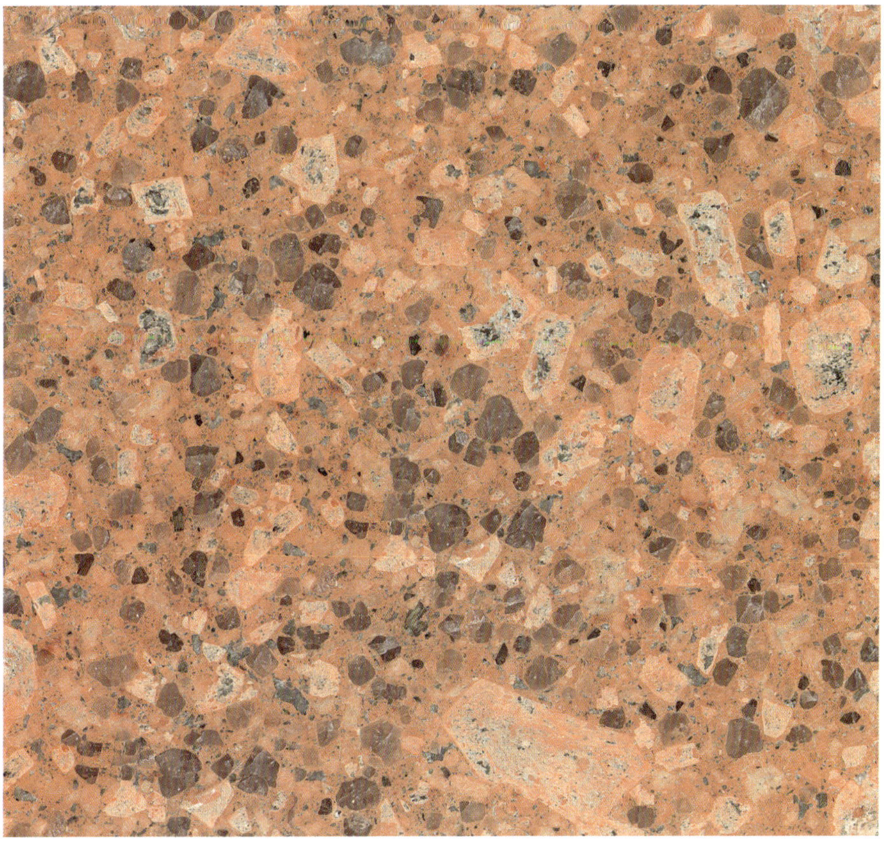

哈密红
RED HAMI
GR170

- 产地（P.P）：新疆（Xinjiang）
- 一般用途（G.U）：–
- 储量（Reserve）：–
- 抗压强度（C.S）：–
- 抗折强度（M.R）：–
- 萧氏硬度（S.H）：–
- 吸水率（W.A）：–
- 岩石密度（B.D）：–
- 化学成分（C.P）：

  SiO_2：–　Al_2O_3：–
  CaO：–　MgO：–
  Na_2O：–　K_2O：–
  烧失量（Ig.loss）：–
  Fe_2O_3：–

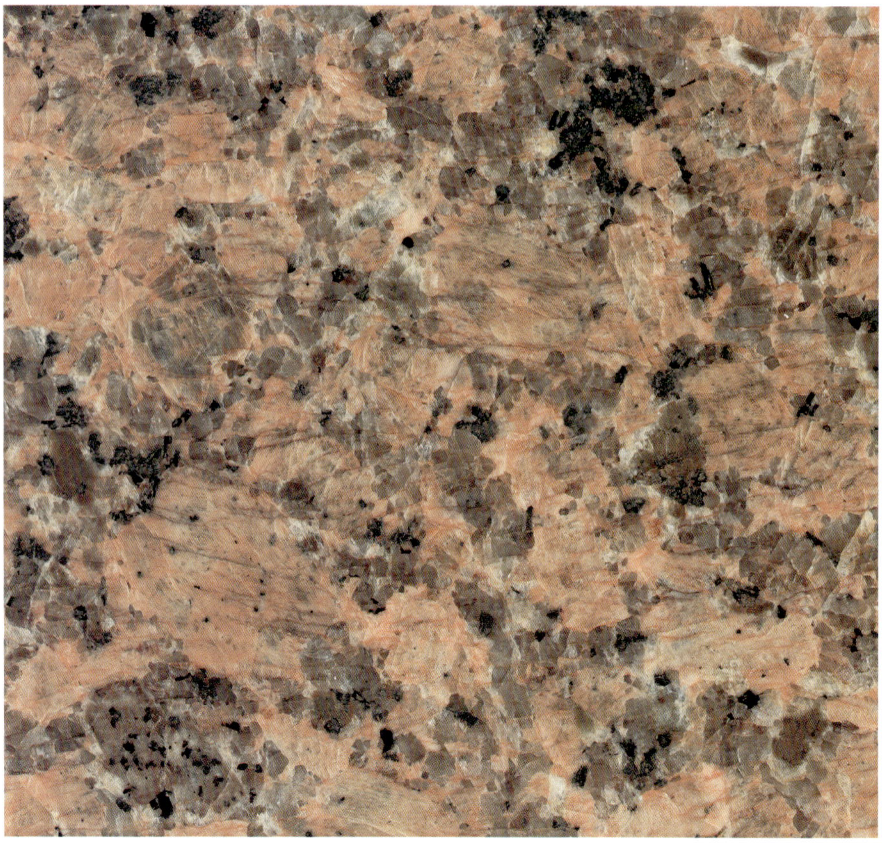

乐河红
LEHE RED
GR171

- 产地（P.P）：湖南（Hu'nan）
- 一般用途（G.U）：–
- 储量（Reserve）：–
- 抗压强度（C.S）：–
- 抗折强度（M.R）：–
- 萧氏硬度（S.H）：–
- 吸水率（W.A）：–
- 岩石密度（B.D）：–
- 化学成分（C.P）：

  SiO_2：–　Al_2O_3：–
  CaO：–　MgO：–
  Na_2O：–　K_2O：–
  烧失量（Ig.loss）：–
  Fe_2O_3：–

石棉红 5104
RED SHIMIAN
GR172

- 产地（P.P）：四川（Sichuan）
- 矿址（Q.L）：四川石棉县丰乐乡狮子口（Shizikou Fengle Town Shimian County Sichuan Province）
- 一般用途（G.U）：–
- 储量（Reserve）：4.89 × 10^6m^3
- 抗压强度（C.S）：–
- 抗折强度（M.R）：–
- 萧氏硬度（S.H）：–
- 吸水率（W.A）：–
- 岩石密度（B.D）：–
- 化学成分（C.P）：

  SiO_2：– Al_2O_3：–
  CaO：– MgO：–
  Na_2O：– K_2O：–
  烧失量（Ig.loss）：–
  Fe_2O_3：–

金鑫红
JINXIN RED
GR173

- 产地（P.P）：福建（Fujian）
- 一般用途（G.U）：–
- 储量（Reserve）：–
- 抗压强度（C.S）：–
- 抗折强度（M.R）：–
- 萧氏硬度（S.H）：–
- 吸水率（W.A）：–
- 岩石密度（B.D）：–
- 化学成分（C.P）：

  SiO_2：– Al_2O_3：–
  CaO：– MgO：–
  Na_2O：– K_2O：–
  烧失量（Ig.loss）：–
  Fe_2O_3：–

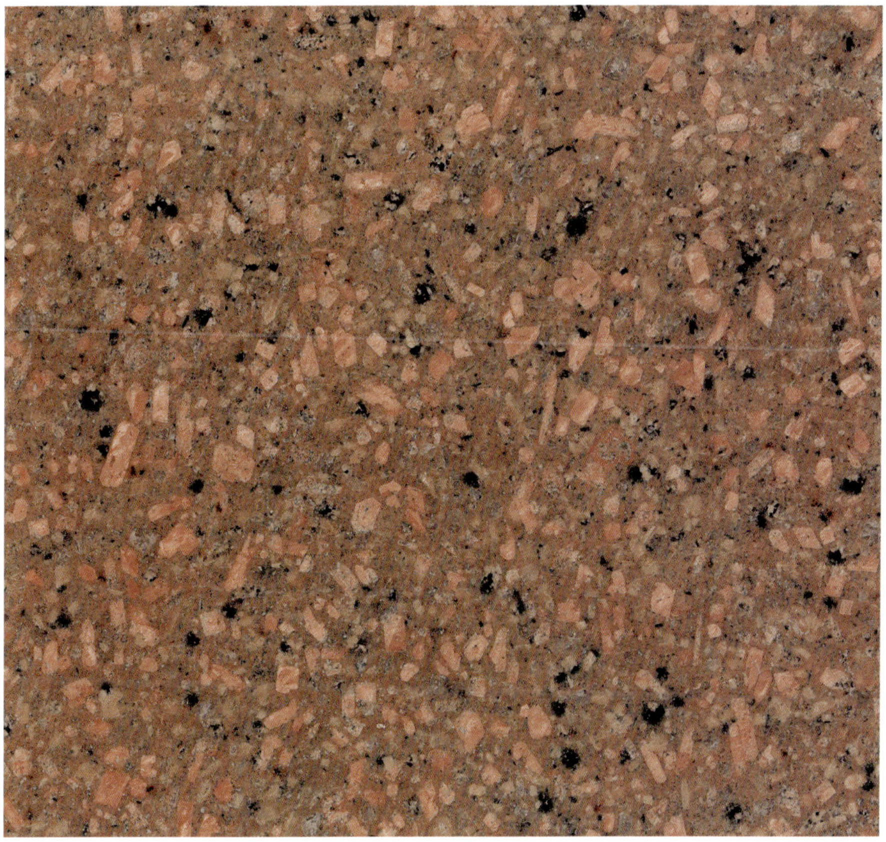

旺苍隆丰红（博尔斯红）5150-A
LONGFENG RED
WANGCANG
GR174

- 产地（P.P）：四川（Sichuan）
- 矿址（Q.L）：四川旺苍县檬子乡、观音乡、水磨乡等（Shuimo Town &Guanyin Town &Mengzi Town Wangcang County Sichuan Province）
- 一般用途（G.U）：–
- 储量（Reserve）：1.52 × $10^7 m^3$
- 抗压强度（C.S）：–
- 抗折强度（M.R）：–
- 萧氏硬度（S.H）：–
- 吸水率（W.A）：–
- 岩石密度（B.D）：–
- 化学成分（C.P）：

  SiO_2：–　Al_2O_3：–
  CaO：–　MgO：–
  Na_2O：–　K_2O：–
  烧失量（Ig.loss）：–
  Fe_2O_3：–

旺苍隆丰红 5150 -B
LONGFENG RED
WANGCANG
GR175

- 产地（P.P）：四川（Sichuan）
- 一般用途（G.U）：–
- 储量（Reserve）：–
- 抗压强度（C.S）：–
- 抗折强度（M.R）：–
- 萧氏硬度（S.H）：–
- 吸水率（W.A）：–
- 岩石密度（B.D）：–
- 化学成分（C.P）：

  SiO_2：–　Al_2O_3：–
  CaO：–　MgO：–
  Na_2O：–　K_2O：–
  烧失量（Ig.loss）：–
  Fe_2O_3：–

阿纳尔红
ANAER RED
GR176

- 产地（P.P）：新疆（Xinjiang）
- 一般用途（G.U）：–
- 储量（Reserve）：–
- 抗压强度（C.S）：–
- 抗折强度（M.R）：–
- 萧氏硬度（S.H）：–
- 吸水率（W.A）：–
- 岩石密度（B.D）：–
- 化学成分（C.P）：

  SiO_2：–　Al_2O_3：–
  CaO：–　MgO：–
  Na_2O：–　K_2O：–
  烧失量（Ig.loss）：–
  Fe_2O_3：–

香山红
MAPLE RED
GR177

- 产地（P.P）：河北（Hebei）
- 一般用途（G.U）：–
- 储量（Reserve）：–
- 抗压强度（C.S）：–
- 抗折强度（M.R）：–
- 萧氏硬度（S.H）：–
- 吸水率（W.A）：–
- 岩石密度（B.D）：–
- 化学成分（C.P）：

  SiO_2：–　Al_2O_3：–
  CaO：–　MgO：–
  Na_2O：–　K_2O：–
  烧失量（Ig.loss）：–
  Fe_2O_3：–

济南通磊红
TONGLEI RED JINAN
GR178

- 产地（P.P）：山东（Shandong）
- 一般用途（G.U）：–
- 储量（Reserve）：–
- 抗压强度（C.S）：–
- 抗折强度（M.R）：–
- 肃氏硬度（S.H）：–
- 吸水率（W.A）：–
- 岩石密度（B.D）：–
- 化学成分（C.P）：

  SiO_2：–　Al_2O_3：–
  CaO：–　MgO：–
  Na_2O：–　K_2O：–
  烧失量（Ig.loss）：–
  Fe_2O_3：–

通磊红
TONGLEI RED
GR179

- 产地（P.P）：
  内蒙古（Inner Mongolia）
- 一般用途（G.U）：–
- 储量（Reserve）：–
- 抗压强度（C.S）：–
- 抗折强度（M.R）：–
- 肃氏硬度（S.H）：–
- 吸水率（W.A）：–
- 岩石密度（B.D）：–
- 化学成分（C.P）：

  SiO_2：–　Al_2O_3：–
  CaO：–　MgO：–
  Na_2O：–　K_2O：–
  烧失量（Ig.loss）：–
  Fe_2O_3：–

柳埠红－A
LIUBU RED
GR180

- 产地（P.P）：山东（Shandong）
- 一般用途（G.U）：–
- 储量（Reserve）：–
- 抗压强度（C.S）：–
- 抗折强度（M.R）：–
- 萧氏硬度（S.H）：–
- 吸水率（W.A）：–
- 岩石密度（B.D）：–
- 化学成分（C.P）：

  SiO_2：–　Al_2O_3：–
  CaO：–　MgO：–
  Na_2O：–　K_2O：–
  烧失量（Ig.loss）：–
  Fe_2O_3：–

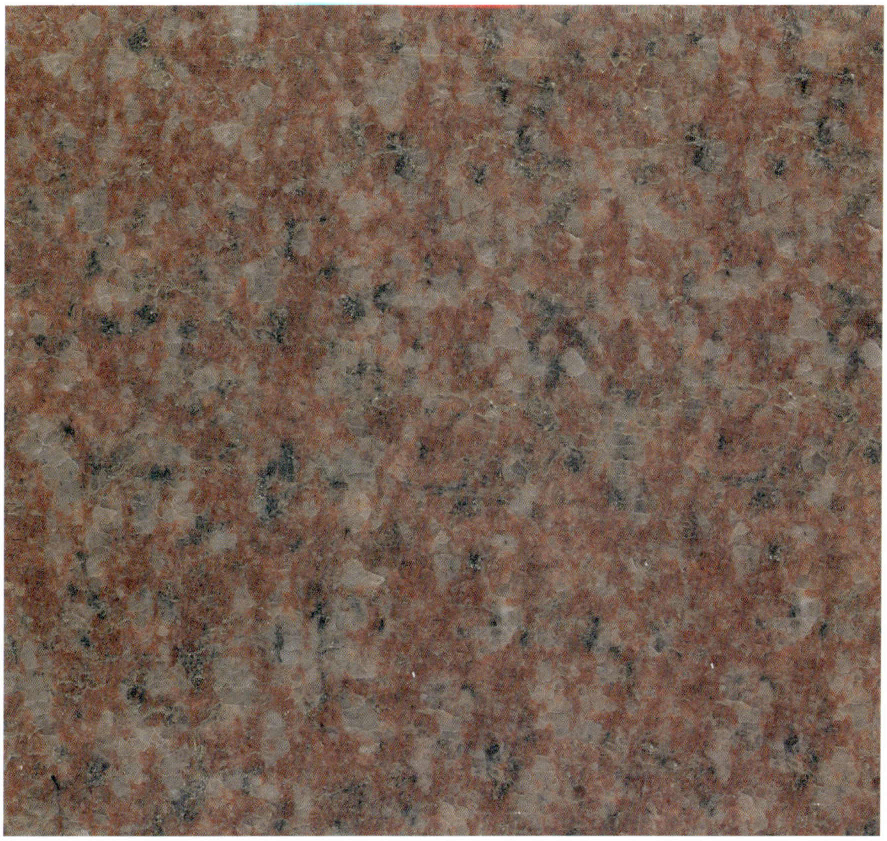

柳埠红－B
LIUBU RED
GR181

- 产地（P.P）：山东（Shandong）
- 一般用途（G.U）：–
- 储量（Reserve）：–
- 抗压强度（C.S）：–
- 抗折强度（M.R）：–
- 萧氏硬度（S.H）：–
- 吸水率（W.A）：–
- 岩石密度（B.D）：–
- 化学成分（C.P）：

  SiO_2：–　Al_2O_3：–
  CaO：–　MgO：–
  Na_2O：–　K_2O：–
  烧失量（Ig.loss）：–
  Fe_2O_3：–

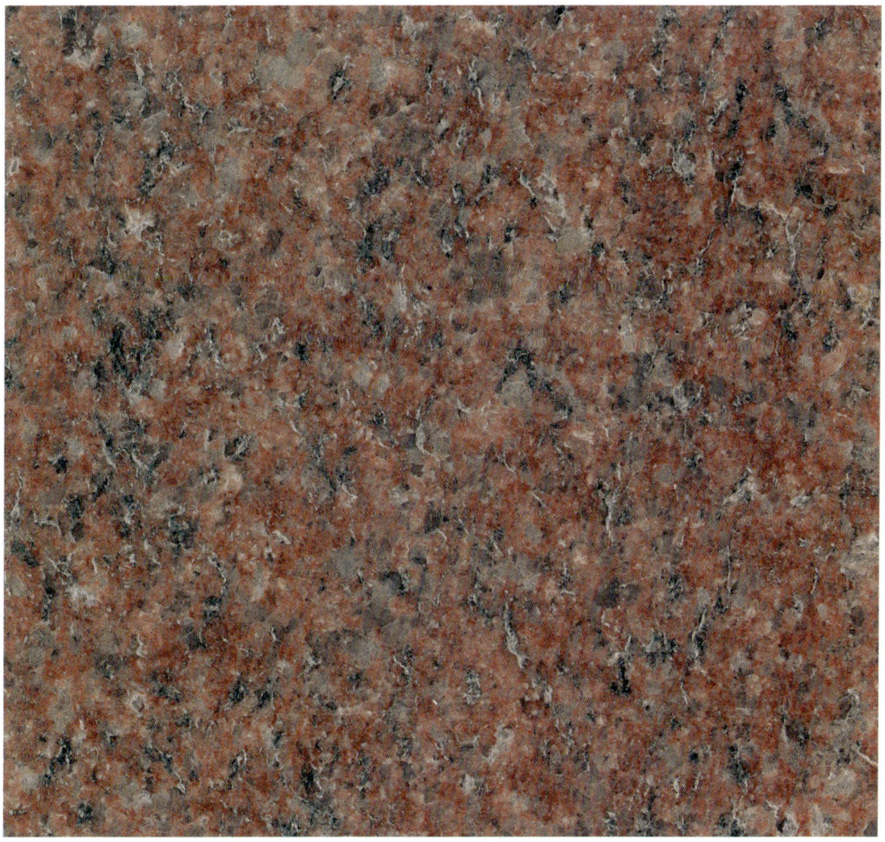

南江玛瑙红（紫玛瑙）5151-A
AGATE RED NANJIANG
GR182

- 产地（P.P）：四川（Sichuan）
- 矿址（Q.L）：四川（Sichuan）
- 一般用途（G.U）：–
- 储量（Reserve）：–
- 抗压强度（C.S）：–
- 抗折强度（M.R）：–
- 肃氏硬度（S.H）：–
- 吸水率（W.A）：–
- 岩石密度（B.D）：–
- 化学成分（C.P）：

SiO_2：– Al_2O_3：–
CaO：– MgO：–
Na_2O：– K_2O：–
烧失量（Ig.loss）：–
Fe_2O_3：–

南江玛瑙红（紫玛瑙）5151-B
AGATE RED NANJIANG
GR183

- 产地（P.P）：四川（Sichuan）
- 矿址（Q.L）：四川（Sichuan）
- 一般用途（G.U）：–
- 储量（Reserve）：–
- 抗压强度（C.S）：–
- 抗折强度（M.R）：–
- 肃氏硬度（S.H）：–
- 吸水率（W.A）：–
- 岩石密度（B.D）：–
- 化学成分（C.P）：

SiO_2：– Al_2O_3：–
CaO：– MgO：–
Na_2O：– K_2O：–
烧失量（Ig.loss）：–
Fe_2O_3：–

川红 5112
CHUAN RED
GR184

- 产地（P.P）：四川（Sichuan）
- 矿址（Q.L）：四川汉源县（Hanyuan County Sichuan Province）
- 一般用途（G.U）：–
- 储量（Reserve）：$1.76 \times 10^6 m^3$
- 抗压强度（C.S）：–
- 抗折强度（M.R）：–
- 肃氏硬度（S.H）：–
- 吸水率（W.A）：–
- 岩石密度（B.D）：–
- 化学成分（C.P）：

  SiO_2：–　Al_2O_3：–
  CaO：–　MgO：–
  Na_2O：–　K_2O：–
  烧失量（Ig.loss）：–
  Fe_2O_3：–

雪花红
SNOW FLAKE RED
GR185

- 产地（P.P）：山东（Shandong）
- 一般用途（G.U）：–
- 储量（Reserve）：–
- 抗压强度（C.S）：–
- 抗折强度（M.R）：–
- 肃氏硬度（S.H）：–
- 吸水率（W.A）：–
- 岩石密度（B.D）：–
- 化学成分（C.P）：

  SiO_2：–　Al_2O_3：–
  CaO：–　MgO：–
  Na_2O：–　K_2O：–
  烧失量（Ig.loss）：–
  Fe_2O_3：–

夕阳红
SUNSET GLOW
GR186

- 产地（P.P）：江西（Jiangxi）
- 一般用途（G.U）：–
- 储量（Reserve）：–
- 抗压强度（C.S）：–
- 抗折强度（M.R）：–
- 肃氏硬度（S.H）：–
- 吸水率（W.A）：–
- 岩石密度（B.D）：–
- 化学成分（C.P）：

  SiO_2：–　Al_2O_3：–
  CaO：–　MgO：–
  Na_2O：–　K_2O：–
  烧失量（Ig.loss）：–
  Fe_2O_3：–

新华红
XINHUA RED
GR187

- 产地（P.P）：四川（Sichuan）
- 一般用途（G.U）：–
- 储量（Reserve）：–
- 抗压强度（C.S）：–
- 抗折强度（M.R）：–
- 肃氏硬度（S.H）：–
- 吸水率（W.A）：–
- 岩石密度（B.D）：–
- 化学成分（C.P）：

  SiO_2：–　Al_2O_3：–
  CaO：–　MgO：–
  Na_2O：–　K_2O：–
  烧失量（Ig.loss）：–
  Fe_2O_3：–

黎州红 5119
RED LIZHOU
GR188

- 产地（P.P）：四川（Sichuan）
- 一般用途（G.U）：-
- 储量（Reserve）：-
- 抗压强度（C.S）：-
- 抗折强度（M.R）：-
- 萧氏硬度（S.H）：-
- 吸水率（W.A）：-
- 岩石密度（B.D）：-
- 化学成分（C.P）：

  SiO_2：- Al_2O_3：-
  CaO：- MgO：-
  Na_2O：- K_2O：-
  烧失量（Ig.loss）：-
  Fe_2O_3：-

泰山红
RED TAISHAN
GR189

- 产地（P.P）：山东（Shandong）
- 一般用途（G.U）：-
- 储量（Reserve）：-
- 抗压强度（C.S）：-
- 抗折强度（M.R）：-
- 萧氏硬度（S.H）：-
- 吸水率（W.A）：-
- 岩石密度（B.D）：-
- 化学成分（C.P）：

  SiO_2：- Al_2O_3：-
  CaO：- MgO：-
  Na_2O：- K_2O：-
  烧失量（Ig.loss）：-
  Fe_2O_3：-

西施红（条红、流沙红）-A
XISHI RED
GR190

- 产地（P.P）：河南（He'nan）
- 一般用途（G.U）：–
- 储量（Reserve）：–
- 抗压强度（C.S）：–
- 抗折强度（M.R）：–
- 萧氏硬度（S.H）：–
- 吸水率（W.A）：–
- 岩石密度（B.D）：–
- 化学成分（C.P）：

  SiO_2：–　Al_2O_3：–
  CaO：–　MgO：–
  Na_2O：–　K_2O：–
  烧失量（Ig.loss）：–
  Fe_2O_3：–

西施红 -B
XISHI RED
GR191

- 产地（P.P）：河南（He'nan）
- 一般用途（G.U）：–
- 储量（Reserve）：–
- 抗压强度（C.S）：–
- 抗折强度（M.R）：–
- 萧氏硬度（S.H）：–
- 吸水率（W.A）：–
- 岩石密度（B.D）：–
- 化学成分（C.P）：

  SiO_2：–　Al_2O_3：–
  CaO：–　MgO：–
  Na_2O：–　K_2O：–
  烧失量（Ig.loss）：–
  Fe_2O_3：–

太行红
RED TAIHANG
GR192

- 产地（P.P）：河南（He'nan）
- 一般用途（G.U）：–
- 储量（Reserve）：–
- 抗压强度（C.S）：–
- 抗折强度（M.R）：–
- 萧氏硬度（S.H）：–
- 吸水率（W.A）：–
- 岩石密度（B.D）：–
- 化学成分（C.P）：

  SiO_2：–　Al_2O_3：–
  CaO：–　MgO：–
  Na_2O：–　K_2O：–
  烧失量（Ig.loss）：–
  Fe_2O_3：–

芝麻红
SESAME RED
GR193

- 产地（P.P）：河南（He'nan）
- 一般用途（G.U）：–
- 储量（Reserve）：–
- 抗压强度（C.S）：–
- 抗折强度（M.R）：–
- 萧氏硬度（S.H）：–
- 吸水率（W.A）：–
- 岩石密度（B.D）：–
- 化学成分（C.P）：

  SiO_2：–　Al_2O_3：–
  CaO：–　MgO：–
  Na_2O：–　K_2O：–
  烧失量（Ig.loss）：–
  Fe_2O_3：–

豫红

RED HE'NAN

GR194

- 产地（P.P）：河南（He'nan）
- 一般用途（G.U）：–
- 储量（Reserve）：–
- 抗压强度（C.S）：–
- 抗折强度（M.R）：–
- 萧氏硬度（S.H）：–
- 吸水率（W.A）：–
- 岩石密度（B.D）：–
- 化学成分（C.P）：

SiO_2：–　Al_2O_3：–

CaO：–　MgO：–

Na_2O：–　K_2O：–

烧失量（Ig.loss）：–

Fe_2O_3：–

康熙红

KANGXI RED

GR195

- 产地（P.P）：内蒙古（Inner Mongolia）
- 一般用途（G.U）：–
- 储量（Reserve）：–
- 抗压强度（C.S）：–
- 抗折强度（M.R）：–
- 萧氏硬度（S.H）：–
- 吸水率（W.A）：–
- 岩石密度（B.D）：–
- 化学成分（C.P）：

SiO_2：–　Al_2O_3：–

CaO：–　MgO：–

Na_2O：–　K_2O：–

烧失量（Ig.loss）：–

Fe_2O_3：–

紫晶（山楂红）-A
SHANZHA RED
GR196

- 产地（P.P）：山东（Shandong）
- 一般用途（G.U）：–
- 储量（Reserve）：–
- 抗压强度（C.S）：–
- 抗折强度（M.R）：–
- 萧氏硬度（S.H）：–
- 吸水率（W.A）：–
- 岩石密度（B.D）：–
- 化学成分（C.P）：

  SiO_2：–　Al_2O_3：–
  CaO：–　MgO：–
  Na_2O：–　K_2O：–
  烧失量（Ig.loss）：–
  Fe_2O_3：–

紫晶（紫珠麻）- B
PURPLE CRYSTAL
GR197

- 产地（P.P）：山东（Shandong）
- 一般用途（G.U）：–
- 储量（Reserve）：–
- 抗压强度（C.S）：–
- 抗折强度（M.R）：–
- 萧氏硬度（S.H）：–
- 吸水率（W.A）：–
- 岩石密度（B.D）：–
- 化学成分（C.P）：

  SiO_2：–　Al_2O_3：–
  CaO：–　MgO：–
  Na_2O：–　K_2O：–
  烧失量（Ig.loss）：–
  Fe_2O_3：–

流星红
GALAXY RED
GR198

- 产地（P.P）：河南（He'nan）
- 一般用途（G.U）：–
- 储量（Reserve）：–
- 抗压强度（C.S）：–
- 抗折强度（M.R）：–
- 萧氏硬度（S.H）：–
- 吸水率（W.A）：–
- 岩石密度（B.D）：–
- 化学成分（C.P）：

  SiO_2：–　Al_2O_3：–
  CaO：–　MgO：–
  Na_2O：–　K_2O：–
  烧失量（Ig.loss）：–
  Fe_2O_3：–

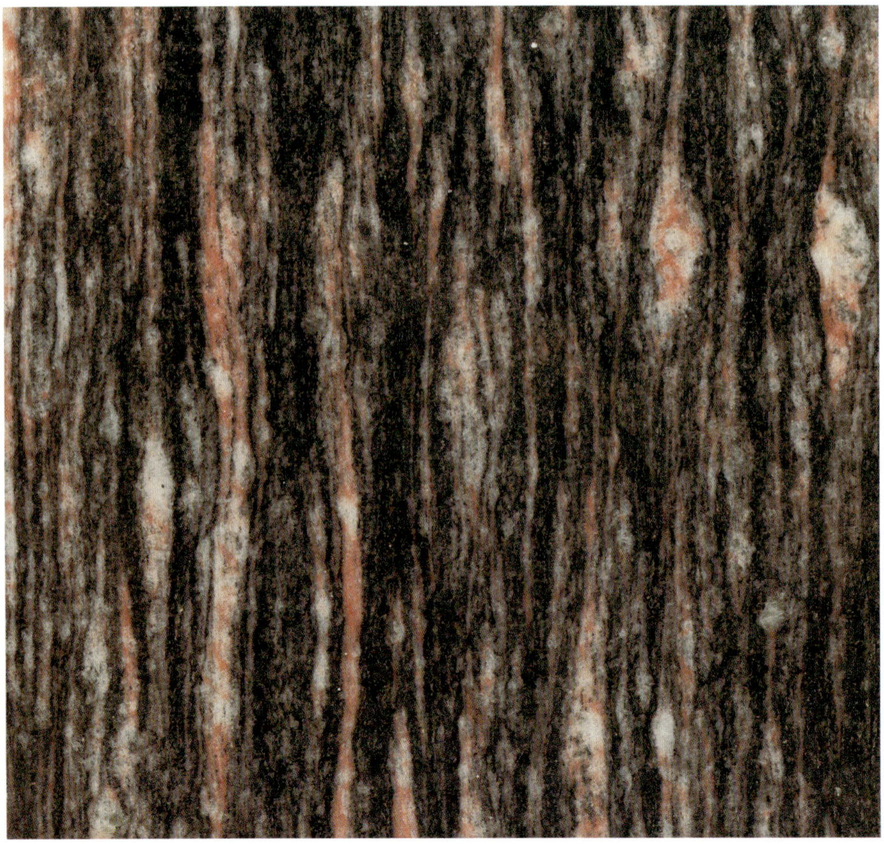

西点红
XIDIAN RED
GR199

- 产地（P.P）：河南（He'nan）
- 一般用途（G.U）：–
- 储量（Reserve）：–
- 抗压强度（C.S）：–
- 抗折强度（M.R）：–
- 萧氏硬度（S.H）：–
- 吸水率（W.A）：–
- 岩石密度（B.D）：–
- 化学成分（C.P）：

  SiO_2：–　Al_2O_3：–
  CaO：–　MgO：–
  Na_2O：–　K_2O：–
  烧失量（Ig.loss）：–
  Fe_2O_3：–

石榴红（凤尾红）- A
PHOENIX TAIL RED
GR200

- 产地（P.P）：河南（He'nan）
- 一般用途（G.U）：-
- 储量（Reserve）：-
- 抗压强度（C.S）：-
- 抗折强度（M.R）：-
- 肃氏硬度（S.H）：-
- 吸水率（W.A）：-
- 岩石密度（B.D）：-
- 化学成分（C.P）：

  SiO_2：-　Al_2O_3：-
  CaO：-　MgO：-
  Na_2O：-　K_2O：-
  烧失量（Ig.loss）：-
  Fe_2O_3：-

石榴红 - B
POMEGRANATE RED
GR201

- 产地（P.P）：河南（He'nan）
- 一般用途（G.U）：-
- 储量（Reserve）：-
- 抗压强度（C.S）：-
- 抗折强度（M.R）：-
- 肃氏硬度（S.H）：-
- 吸水率（W.A）：-
- 岩石密度（B.D）：-
- 化学成分（C.P）：

  SiO_2：-　Al_2O_3：-
  CaO：-　MgO：-
  Na_2O：-　K_2O：-
  烧失量（Ig.loss）：-
  Fe_2O_3：-

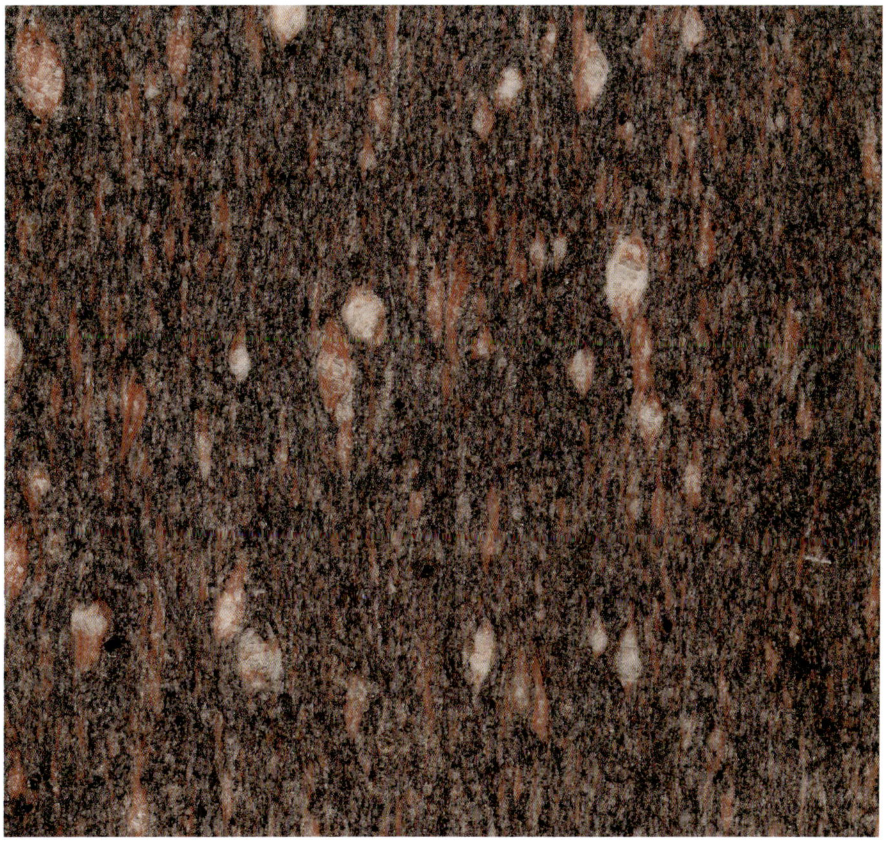

凤城杜鹃红（金杜鹃）2101
CUCKOO RED FENGCHENG
GR202

- 产地（P.P）：辽宁（Liaoning）
- 矿址（Q.L）：辽宁凤城市东北110Km的赛马镇以东的照山一带（near zhaoshan Mountain east of Saima Town&110-Kilometre away from northeast of Fengcheng City Liaoning Province）
- 一般用途（G.U）：用作高档装饰材料（For High Class Decoration）
- 抗压强度（C.S）：163.40 MPa
- 抗折强度（M.R）：17.40 MPa
- 吸水率（W.A）：0.10 %
- 岩石密度（B.D）：2.54 g/cm^3
- 化学成分（C.P）：
  SiO_2：–　Al_2O_3：–
  CaO：–　MgO：–
  Na_2O：–　K_2O：–
  烧失量（Ig.loss）：–
  Fe_2O_3：–

红宝珠
RED PEARL
GR203

- 产地（P.P）：四川（Sichuan）
- 一般用途（G.U）：–
- 储量（Reserve）：–
- 抗压强度（C.S）：–
- 抗折强度（M.R）：–
- 肃氏硬度（S.H）：–
- 吸水率（W.A）：–
- 岩石密度（B.D）：–
- 化学成分（C.P）：
  SiO_2：–　Al_2O_3：–
  CaO：–　MgO：–
  Na_2O：–　K_2O：–
  烧失量（Ig.loss）：–
  Fe_2O_3：–

樱桃红
CHERRY RED
GR204

- 产地（P.P）：河南（He'nan）
- 一般用途（G.U）：–
- 储量（Reserve）：–
- 抗压强度（C.S）：–
- 抗折强度（M.R）：–
- 萧氏硬度（S.H）：–
- 吸水率（W.A）：–
- 岩石密度（B.D）：–
- 化学成分（C.P）：

  SiO_2：–　Al_2O_3：–
  CaO：–　MgO：–
  Na_2O：–　K_2O：–
  烧失量（Ig.loss）：–
  Fe_2O_3：–

桃花红
PEACH BLOSSOM RED
GG001

- 产地（P.P）：山东（Shandong）
- 一般用途（G.U）：–
- 储量（Reserve）：–
- 抗压强度（C.S）：–
- 抗折强度（M.R）：–
- 萧氏硬度（S.H）：–
- 吸水率（W.A）：–
- 岩石密度（B.D）：–
- 化学成分（C.P）：

  SiO_2：–　Al_2O_3：–
  CaO：–　MgO：–
  Na_2O：–　K_2O：–
  烧失量（Ig.loss）：–
  Fe_2O_3：–

华容出水芙蓉 4392
LOTUS HUARONG
GG002

- 产地（P.P）：湖南（Hu'nan）
- 矿址（Q.L）：湖南华容县弹子山(Danzi Mountain Huarong County Hu'nan Province)
- 储量（Reserve）：1.39 × $10^7 m^3$
- 抗压强度（C.S）：167.17 MPa
- 肃氏硬度（S.H）：88.20
- 吸水率（W.A）：0.24 %
- 耐酸率（Ac.R）：100 %
- 耐碱率（Al.R）：99.97 %
- 岩石密度（B.D）：2.60 g/cm^3
- 化学成分（C.P）：

  SiO_2：68.38 Al_2O_3：14.55
  CaO：2.84 MgO：0.94
  Na_2O：3.15 K_2O：3.95
  烧失量（Ig.loss）：0.60
  Fe_2O_3：3.25

华安九龙壁 3576
DRAGON PAINTING
GG003

- 产地（P.P）：福建（Fujian）
- 一般用途（G.U）：用作高档装饰材料（For High Class Decoration）
- 抗压强度（C.S）：203.6 MPa
- 抗折强度（M.R）：35.5 MPa
- 吸水率（W.A）：0.05 %
- 岩石密度（B.D）：2.87 g/cm^3
- 化学成分（C.P）：

  SiO_2：－ Al_2O_3：－
  CaO：－ MgO：－
  Na_2O：－ K_2O：－
  烧失量（Ig.loss）：－
  Fe_2O_3：－

绿麻
GREEN GRAIN
GG004

- 产地（P.P）：河南（He'nan）
- 一般用途（G.U）：–
- 储量（Reserve）：–
- 抗压强度（C.S）：–
- 抗折强度（M.R）：–
- 萧氏硬度（S.H）：–
- 吸水率（W.A）：–
- 岩石密度（B.D）：–
- 化学成分（C.P）：

  SiO_2：– Al_2O_3：–
  CaO：– MgO：–
  Na_2O：– K_2O：–
  烧失量（Ig.loss）：–
  Fe_2O_3：–

梅花绿
PLUM GREEN
GG005

- 产地（P.P）：河南（He'nan)
- 一般用途（G.U）：–
- 储量（Reserve）：–
- 抗压强度（C.S）：–
- 抗折强度（M.R）：–
- 萧氏硬度（S.H）：–
- 吸水率（W.A）：–
- 岩石密度（B.D）：–
- 化学成分（C.P）：

  SiO_2：– Al_2O_3：–
  CaO：– MgO：–
  Na_2O：– K_2O：–
  烧失量（Ig.loss）：–
  Fe_2O_3：–

庐山绿

GREEN LUSHAN

GG006

- 产地（P.P）：江西（Jiangxi）
- 一般用途（G.U）：－
- 储量（Reserve）：－
- 抗压强度（C.S）：－
- 抗折强度（M.R）：－
- 萧氏硬度（S.H）：－
- 吸水率（W.A）：－
- 岩石密度（B.D）：－
- 化学成分（C.P）：

  SiO_2：－ Al_2O_3：－

  CaO：－ MgO：－

  Na_2O：－ K_2O：－

  烧失量（Ig.loss）：－

  Fe_2O_3：－

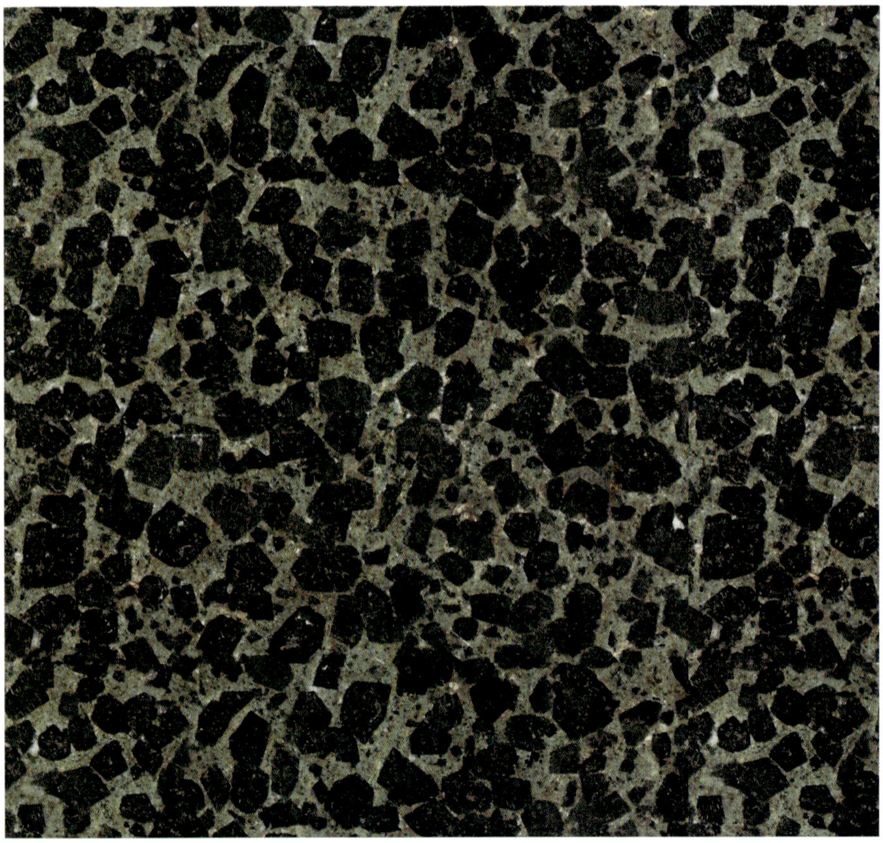

绿钻

DIAMOND GREEN

GG007

- 产地（P.P）：新疆（Xinjiang）
- 一般用途（G.U）：－
- 储量（Reserve）：－
- 抗压强度（C.S）：－
- 抗折强度（M.R）：－
- 萧氏硬度（S.H）：－
- 吸水率（W.A）：－
- 岩石密度（B.D）：－
- 化学成分（C.P）：

  SiO_2：－ Al_2O_3：－

  CaO：－ MgO：－

  Na_2O：－ K_2O：－

  烧失量（Ig.loss）：－

  Fe_2O_3：－

平山绿 1302
GREEN PINGSHAN
GG008

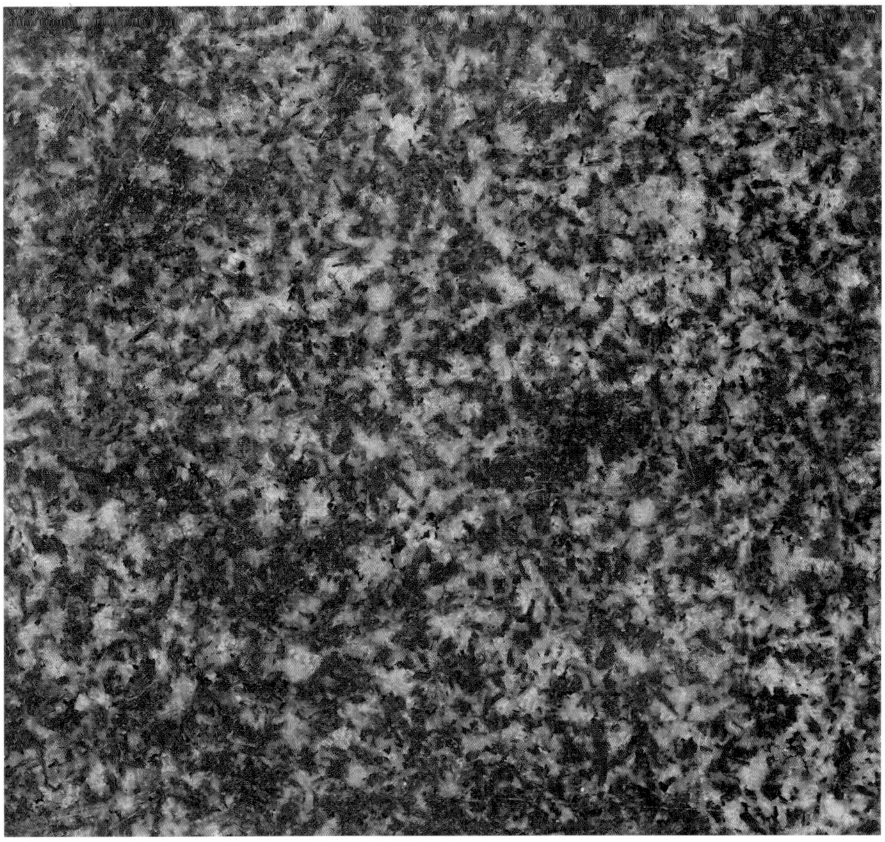

- 产地（P.P）：河北（Hebei）
- 矿址（Q.L）：河北平山县（Pingshan County Hebei Province）
- 一般用途（G.U）：–
- 储量（Reserve）：–
- 抗压强度（C.S）：–
- 抗折强度（M.R）：–
- 萧氏硬度（S.H）：–
- 吸水率（W.A）：–
- 岩石密度（B.D）：–
- 化学成分（C.P）：
  SiO_2：–　Al_2O_3：–
  CaO：–　MgO：–
  Na_2O：–　K_2O：–
  烧失量（Ig.loss）：–
  Fe_2O_3：–

岳西绿豹 3402
GREEN LEOPARD YUEXI
GG009

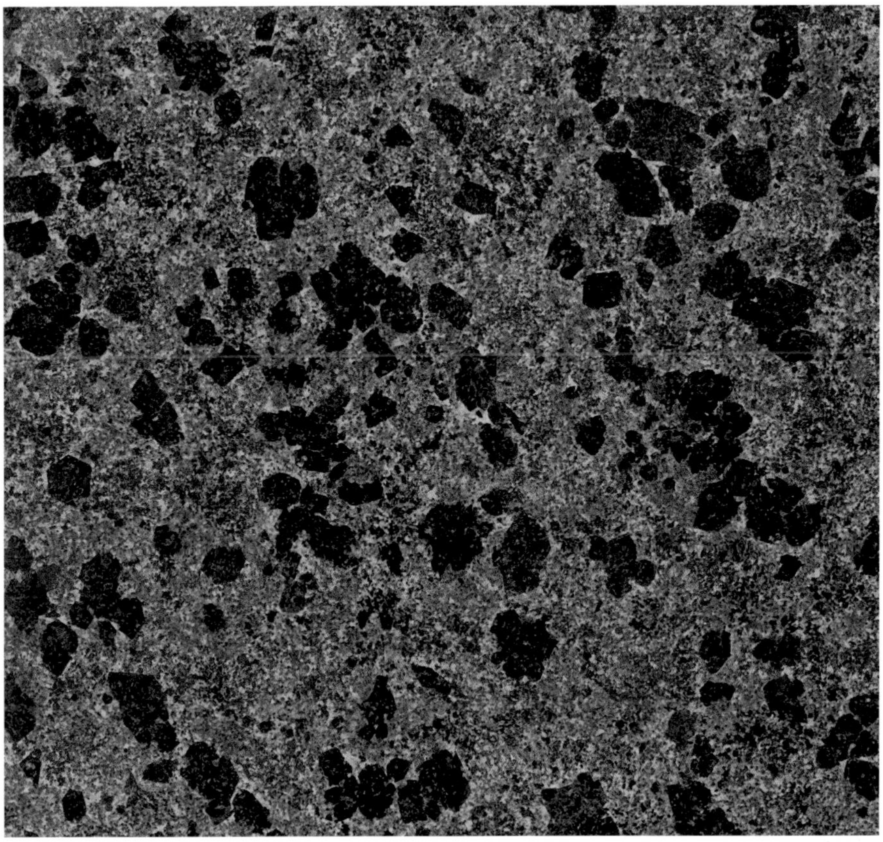

- 产地（P.P）：安徽（Anhui）
- 矿址（Q.L）：安徽岳西县中关乡（Zhongguan Town Yuexi County Anhui Province）
- 一般用途（G.U）：–
- 储量（Reserve）：$3 \times 10^5 m^3$
- 抗压强度（C.S）：–
- 抗折强度（M.R）：–
- 萧氏硬度（S.H）：81.40
- 吸水率（W.A）：0.27 %
- 岩石密度（B.D）：3.03 g/cm^3
- 化学成分（C.P）：
  SiO_2：–　Al_2O_3：–
  CaO：–　MgO：–
  Na_2O：–　K_2O：–
  烧失量（Ig.loss）：–
  Fe_2O_3：–

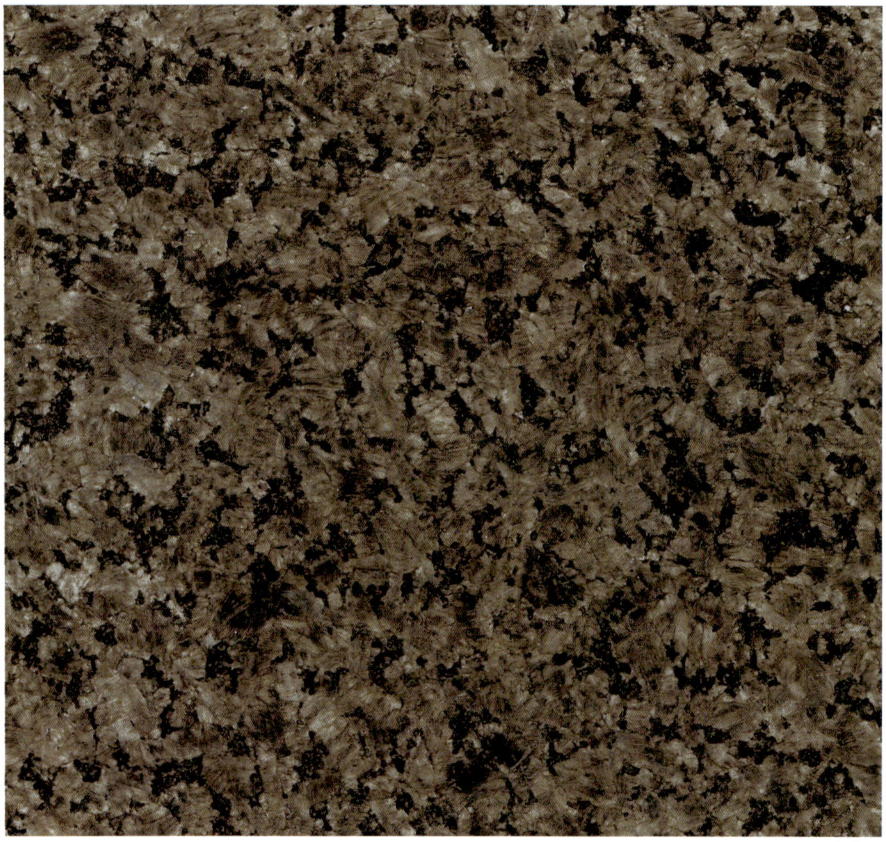

承德燕山绿（绿星钻）1306 – A
YANSHAN GREEN
CHENGDE
GG010

- 产地（P.P）：河北（Hebei）
- 矿址（Q.L）:河北承德县甲山（Jia Mountain Chengde County Hebei Province）
- 一般用途（G.U）：装饰（Decoration）
- 储量（Reserve）：1.66 × $10^9 m^3$
- 抗压强度（C.S）：90.60 MPa
- 萧氏硬度（S.H）：90
- 吸水率（W.A）：062 %
- 耐酸率（Ac.R）：99.85 %
- 耐碱率（Al.R）：100 %
- 岩石密度（B.D）：2.66 g/cm^3
- 化学成分(C.P)：

  SiO_2：62.22 Al_2O_3：14.94
  CaO：1.49 MgO：0.35
  Na_2O：4.85 K_2O：4.98
  烧失量（Ig.loss）：–
  Fe_2O_3：1.32–2.03

承德燕山绿（绿星钻）1306 – B
YANSHAN GREEN
CHENGDE
GG011

- 产地（P.P）：河北（Hebei）
- 一般用途（G.U）：–
- 储量（Reserve）：–
- 抗压强度（C.S）：–
- 抗折强度（M.R）：–
- 萧氏硬度（S.H）：–
- 吸水率（W.A）：–
- 岩石密度（B.D）：–
- 化学成分（C.P）：

  SiO_2：– Al_2O_3：–
  CaO：– MgO：–
  Na_2O：– K_2O：–
  烧失量（Ig.loss）：–
  Fe_2O_3：–

招远珍珠绿 3783
PEARL GREEN ZHAOYUAN
GG012

- 产地（P.P）：山东（Shandong）
  矿址(Q.L)：山东招远市宋家镇（Songjia Town Zhaoyuan City Shandong Province）
- 一般用途（G.U）：–
- 储量（Reserve）：–
- 抗压强度（C.S）：–
- 抗折强度（M.R）：–
- 萧氏硬度（S.H）：–
- 吸水率（W.A）：–
- 岩石密度（B.D）：–
- 化学成分（C.P）：
  SiO_2：– Al_2O_3：–
  CaO：– MgO：–
  Na_2O：– K_2O：–
  烧失量（Ig.loss）：–
  Fe_2O_3：–

平邑孔雀绿 3791
PEACOCK GREEN PINGYI
GG013

- 产地（P.P）：山东（Shandong）
- 矿址(Q.L)：山东平邑县郑城乡（Zhengcheng Town Pingyi County Shandong Province）
- 一般用途（G.U）：–
- 储量（Reserve）：–
- 抗压强度（C.S）：–
- 抗折强度（M.R）：–
- 萧氏硬度（S.H）：–
- 吸水率（W.A）：0.14 %
- 岩石密度（B.D）：2.76 g/cm^3
- 化学成分（C.P）
  SiO_2：69.45 Al_2O_3：15.64
  CaO：5.24 MgO：1.84
  Na_2O：4.36 K_2O：3.63
  烧失量（Ig.loss）：–
  Fe_2O_3：1.45

淇县森林绿（小翠绿）4101 – A
FOREST GREEN QIXIAN
GG014

- 产地（P.P）：河南（He'nan）
- 矿址（Q.L）：河南省淇县（Qi County He'nan Province）
- 一般用途（G.U）：–
- 储量（Reserve）：–
- 抗压强度（C.S）：–
- 抗折强度（M.R）：–
- 萧氏硬度（S.H）：–
- 吸水率（W.A）：–
- 岩石密度（B.D）：–
- 化学成分（C.P）：

  SiO_2：–　Al_2O_3：–
  CaO：–　MgO：–
  Na_2O：–　K_2O：–
  烧失量（Ig.loss）：–
  Fe_2O_3：–

淇县森林绿 4101 – B
FOREST GREEN QIXIAN
GG015

- 产地（P.P）：河南（He'nan）
- 一般用途（G.U）：–
- 储量（Reserve）：–
- 抗压强度（C.S）：–
- 抗折强度（M.R）：–
- 萧氏硬度（S.H）：–
- 吸水率（W.A）：–
- 岩石密度（B.D）：–
- 化学成分（C.P）：

  SiO_2：–　Al_2O_3：–
  CaO：–　MgO：–
  Na_2O：–　K_2O：–
  烧失量（Ig.loss）：–
  Fe_2O_3：–

三峡绿 4252 – A
THREE GORGE GREEN
GG016

- 产地（P.P）：湖北（Hubei）
- 矿址（Q.L）：湖北宜昌县晓峰乡、下堡坪乡和雾渡河镇（Wuduhe Town & Xiabaoping Town & Xiaofeng Town Yichang County Hubei Province）
- 一般用途（G.U）：用作大面积外装饰（Suit for large area decoration）
- 储量（Reserve）：1.88 × $10^6 m^3$
- 抗压强度（C.S）：170.13 MPa
- 抗折强度（M.R）：16.94 MPa
- 耐磨率（F.W）：0.56 g/cm^3
- 岩石密度（B.D）：2.68 g/cm^3
- 化学成分（C.P）：
  SiO_2：71.45 Al_2O_3：14.69
  CaO：2.59 MgO：0.67
  Na_2O：4.03 K_2O：2.16
  烧失量（Ig.loss）：–
  Fe_2O_3：2.69

三峡绿 4252 –B
THREE GORGE GREEN
GG017

- 产地（P.P）：湖北（Hubei）
- 一般用途（G.U）：–
- 储量（Reserve）：–
- 抗压强度（C.S）：–
- 抗折强度（M.R）：–
- 萧氏硬度（S.H）：–
- 吸水率（W.A）：–
- 岩石密度（B.D）：–
- 化学成分（C.P）：
  SiO_2：– Al_2O_3：–
  CaO：– MgO：–
  Na_2O：– K_2O：–
  烧失量（Ig.loss）：–
  Fe_2O_3：–

宝兴翡翠绿 5127
JADE GREEN BAOXING
GG018

- 产地（P.P）：四川（Sichuan）
- 矿址（Q.L）：四川宝兴县民治乡大池沟（Dachi Gully Minzhi Town Baoxing County Sichuan Province）
- 一般用途（G.U）：–
- 储量（Reserve）：$9.46 \times 10^5 m^3$
- 抗压强度（C.S）：–
- 抗折强度（M.R）：–
- 肃氏硬度（S.H）：–
- 吸水率（W.A）：–
- 岩石密度（B.D）：–
- 化学成分（C.P）：
  SiO_2：–　Al_2O_3：–
  CaO：–　MgO：–
  Na_2O：–　K_2O：–
  烧失量（Ig.loss）：–
  Fe_2O_3：–

二郎山菊花绿 5130
CHRYSANTHEMUM FLOWER GREEN ERLANGSHAN
GG019

- 产地（P.P）：四川（Sichuan）
- 矿址（Q.L）：四川天全县紫石乡（Zishi Town Tianquan County Sichuan Province）
- 一般用途（G.U）：–
- 储量（Reserve）：$3 \times 10^5 m^3$
- 抗压强度（C.S）：–
- 抗折强度（M.R）：–
- 肃氏硬度（S.H）：–
- 吸水率（W.A）：–
- 岩石密度（B.D）：–
- 化学成分（C.P）：
  SiO_2：–　Al_2O_3：–
  CaO：–　MgO：–
  Na_2O：–　K_2O：–
  烧失量（Ig.loss）：–
  Fe_2O_3：–

米易绿 5157 – A
GREEN MIYI
GG020

- 产地（P.P）：四川（Sichuan）
- 矿址（Q.L）：四川米易县黄草乡、草场乡（Caochang Town & Huangcao Town Mi-yi County Sichuan Province）
- 一般用途（G.U）：–
- 储量（Reserve）：5 × $10^6 m^3$
- 抗压强度（C.S）：–
- 抗折强度（M.R）：–
- 萧氏硬度（S.H）：–
- 吸水率（W.A）：–
- 岩石密度（B.D）：–
- 化学成分（C.P）：

  SiO_2：–　Al_2O_3：–
  CaO：–　MgO：–
  Na_2O：–　K_2O：–
  烧失量（Ig.loss）：–
  Fe_2O_3：–

米易绿 5157 – B
GREEN MIYI
GG021

- 产地（P.P）：四川（SiChuan）
- 一般用途（G.U）：–
- 储量（Reserve）：–
- 抗压强度（C.S）：–
- 抗折强度（M.R）：–
- 萧氏硬度（S.H）：–
- 吸水率（W.A）：–
- 岩石密度（B.D）：–
- 化学成分（C.P）：

  SiO_2：–　Al_2O_3：–
  CaO：–　MgO：–
  Na_2O：–　K_2O：–
  烧失量（Ig.loss）：–
  Fe_2O_3：–

天山绿 6507
TIANSHAN GREEN
GG022

- 产地（P.P）：新疆（Xinjiang）
- 矿址（Q.L）：新疆哈密市（Hami City Xinjiang）
- 一般用途（G.U）：–
- 储量（Reserve）：–
- 抗压强度（C.S）：–
- 抗折强度（M.R）：–
- 肃氏硬度（S.H）：–
- 吸水率（W.A）：–
- 岩石密度（B.D）：–
- 化学成分（C.P）：
  SiO_2：–　Al_2O_3：–
  CaO：–　MgO：–
  Na_2O：–　K_2O：–
  烧失量（Ig.loss）：–
  Fe_2O_3：–

草原绿
STEEPE GREEN
GG023

- 产地（P.P）：
  内蒙古（Inner Mongolia）
- 一般用途（G.U）：–
- 储量（Reserve）：–
- 抗压强度（C.S）：–
- 抗折强度（M.R）：–
- 肃氏硬度（S.H）：–
- 吸水率（W.A）：–
- 岩石密度（B.D）：–
- 化学成分（C.P）：
  SiO_2：–　Al_2O_3：–
  CaO：–　MgO：–
  Na_2O：–　K_2O：–
  烧失量（Ig.loss）：–
  Fe_2O_3：–

海底乌
SEABED BLACK
GG024

- 产地(P.P)：广东(Guangdong)
- 一般用途（G.U）：–
- 储量（Reserve）：–
- 抗压强度（C.S）：–
- 抗折强度（M.R）：–
- 萧氏硬度（S.H）：–
- 吸水率（W.A）：–
- 岩石密度（B.D）：–
- 化学成分（C.P）：
  SiO_2：–　Al_2O_3：–
  CaO：–　MgO：–
  Na_2O：–　K_2O：–
  烧失量（Ig.loss）：–
  Fe_2O_3：–

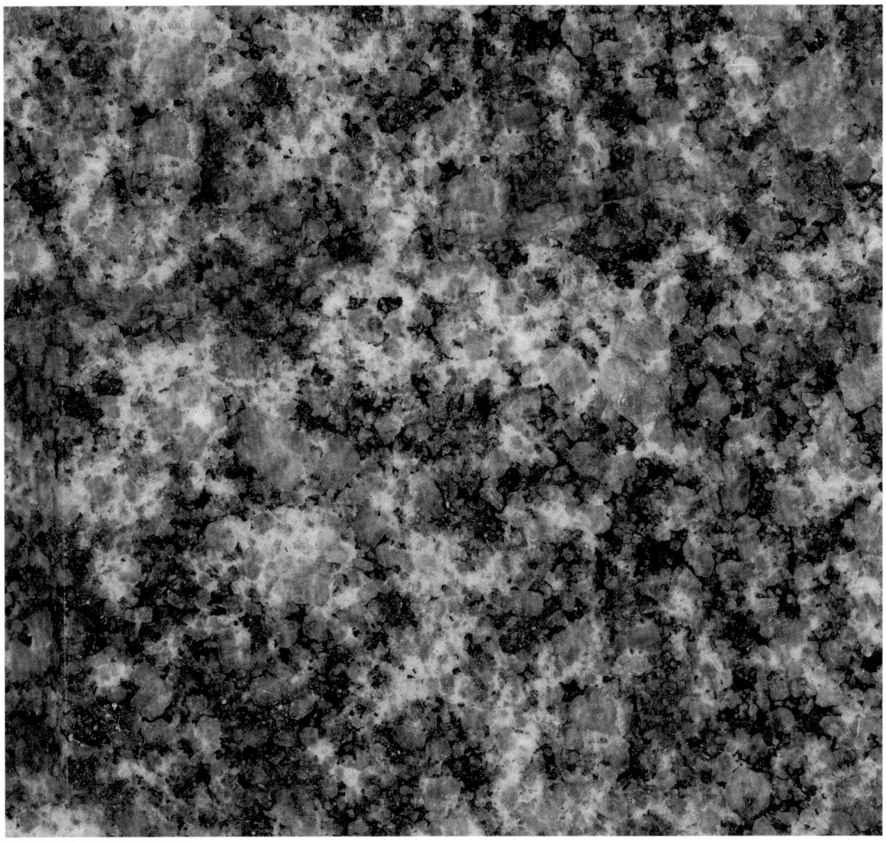

天泉绿
TIANQUAN GREEN
GG025

- 产地（P.P）：
  内蒙古（Inner Mongolia）
- 一般用途（G.U）：–
- 储量（Reserve）：–
- 抗压强度（C.S）：–
- 抗折强度（M.R）：–
- 萧氏硬度（S.H）：–
- 吸水率（W.A）：–
- 岩石密度（B.D）：–
- 化学成分（C.P）：
  SiO_2：–　Al_2O_3：–
  CaO：–　MgO：–
  Na_2O：–　K_2O：–
  烧失量（Ig.loss）：–
  Fe_2O_3：–

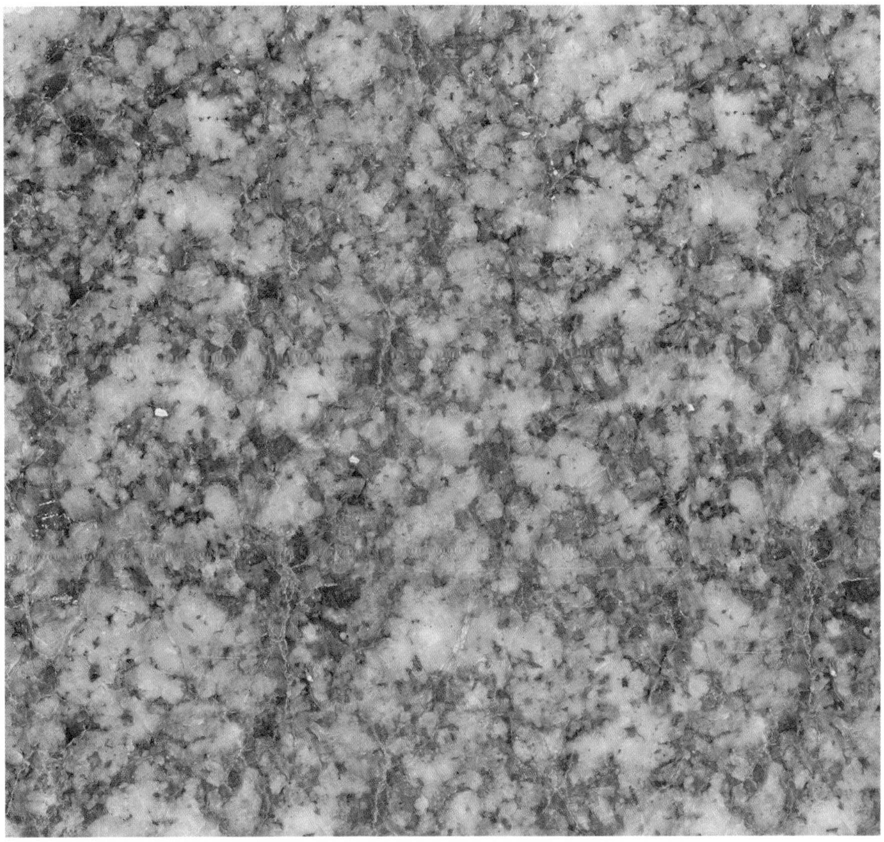

缅甸绿（昆仑绿）
BURMA GREEN
GG026

- 产地（P.P）：海南（Hainan）
- 一般用途（G.U）：–
- 储量（Reserve）：–
- 抗压强度（C.S）：–
- 抗折强度（M.R）：–
- 萧氏硬度（S.H）：–
- 吸水率（W.A）：–
- 岩石密度（B.D）：–
- 化学成分（C.P）：

  SiO_2：–　Al_2O_3：–
  CaO：–　MgO：–
  Na_2O：–　K_2O：–
  烧失量（Ig.loss）：–
  Fe_2O_3：–

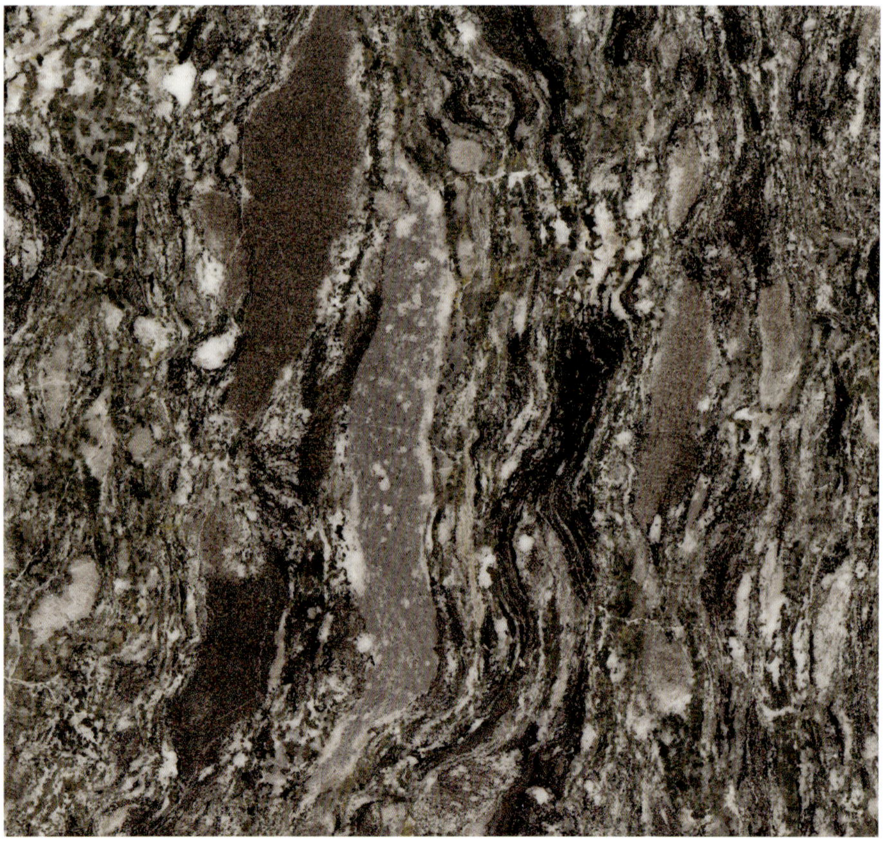

富贵绿（西施绿）
FUGUI GREEN
GG027

- 产地（P.P）：云南（Yunnan）
- 一般用途（G.U）：–
- 储量（Reserve）：–
- 抗压强度（C.S）：–
- 抗折强度（M.R）：–
- 萧氏硬度（S.H）：–
- 吸水率（W.A）：–
- 岩石密度（B.D）：–
- 化学成分（C.P）：

  SiO_2：–　Al_2O_3：–
  CaO：–　MgO：–
  Na_2O：–　K_2O：–
  烧失量（Ig.loss）：–
  Fe_2O_3：–

荷塘月色（彩云绿）
RAINBOW GREEN
GG028

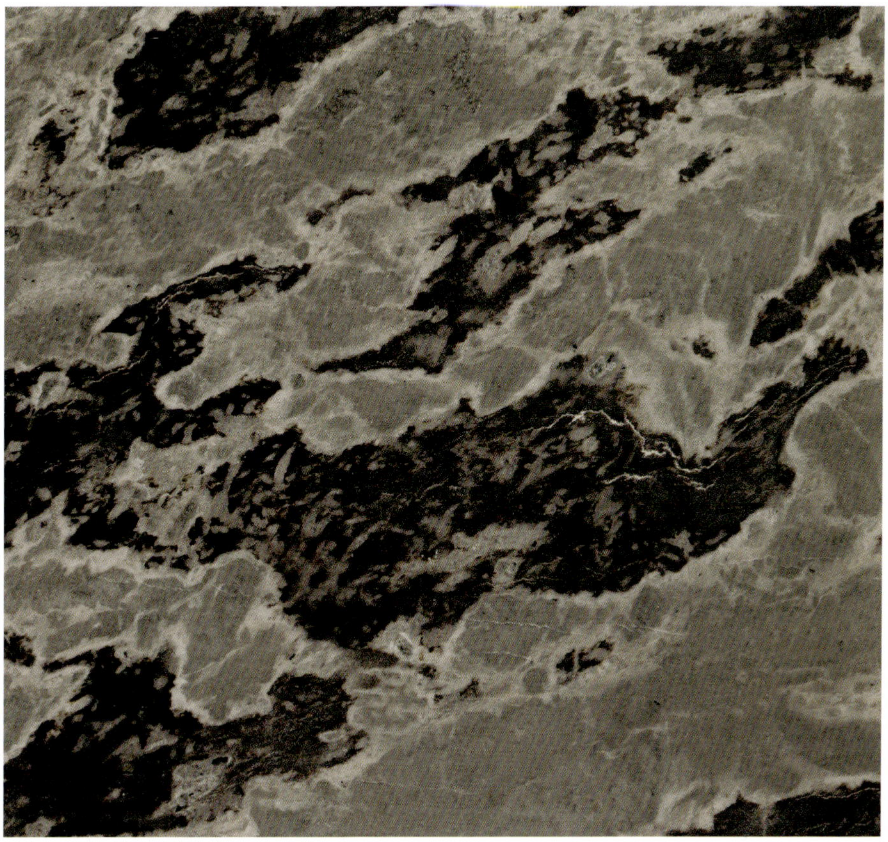

- 产地(P.P)：广东(Guangdong)
- 一般用途（G.U）：–
- 储量（Reserve）：–
- 抗压强度（C.S）：–
- 抗折强度（M.R）：–
- 萧氏硬度（S.H）：–
- 吸水率（W.A）：–
- 岩石密度（B.D）：–
- 化学成分（C.P）：

  SiO_2：– Al_2O_3：–
  CaO：– MgO：–
  Na_2O：– K_2O：–
  烧失量（Ig.loss）：–
  Fe_2O_3：–

大叶绿
LEAF GREEN
GG029

- 产地（P.P）：广东（Guangdong）
- 一般用途（G.U）：–
- 储量（Reserve）：–
- 抗压强度（C.S）：–
- 抗折强度（M.R）：–
- 萧氏硬度（S.H）：–
- 吸水率（W.A）：–
- 岩石密度（B.D）：–
- 化学成分（C.P）：

  SiO_2：– Al_2O_3：–
  CaO：– MgO：–
  Na_2O：– K_2O：–
  烧失量（Ig.loss）：–
  Fe_2O_3：–

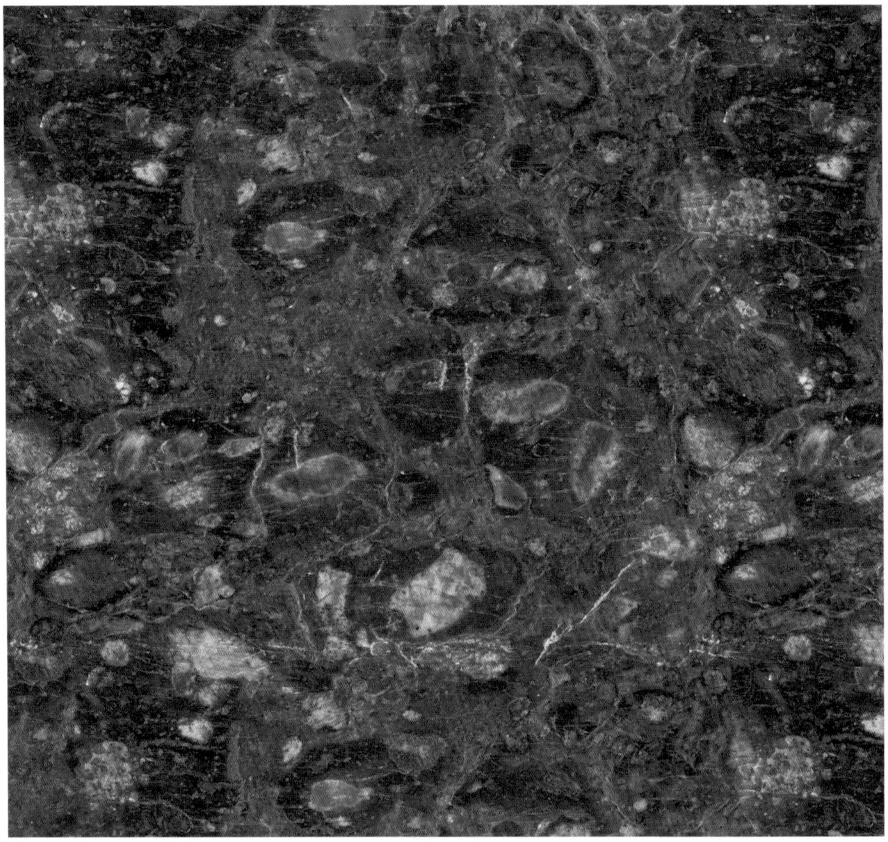

康熙绿
KANGXI GREEN
GG030

- 产地（P.P）：
  内蒙古（Inner Mongolia）
- 一般用途（G.U）：–
- 储量（Reserve）：–
- 抗压强度（C.S）：–
- 抗折强度（M.R）：–
- 肃氏硬度（S.H）：–
- 吸水率（W.A）：–
- 岩石密度（B.D）：–
- 化学成分（C.P）：
  SiO_2：–　Al_2O_3：–
  CaO：–　MgO：–
  Na_2O：–　K_2O：–
  烧失量（Ig.loss）：–
  Fe_2O_3：–

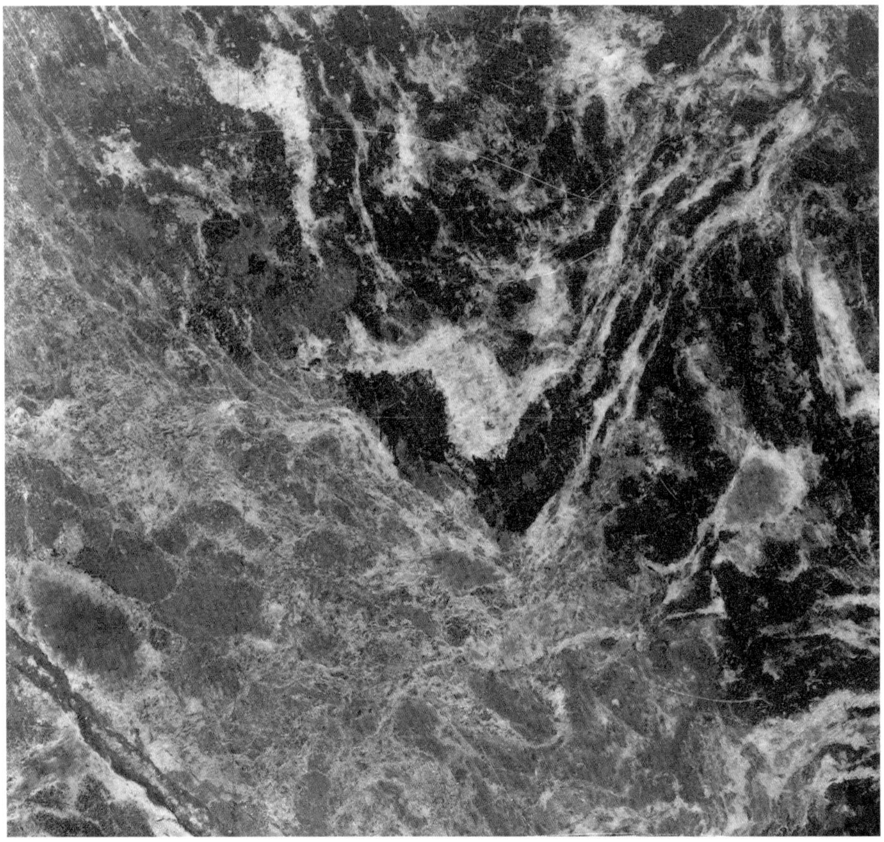

幻彩云
RAIN BOW
GG031

- 产地（P.P）：江西（Jiangxi）
- 一般用途（G.U）：–
- 储量（Reserve）：–
- 抗压强度（C.S）：–
- 抗折强度（M.R）：–
- 肃氏硬度（S.H）：–
- 吸水率（W.A）：–
- 岩石密度（B.D）：–
- 化学成分（C.P）：
  SiO_2：–　Al_2O_3：–
  CaO：–　MgO：–
  Na_2O：–　K_2O：–
  烧失量（Ig.loss）：–
  Fe_2O_3：–

菊花绿
CHRYSANTHEMUM GREEN
GG032

- 产地（P.P）：河南（He'nan）
- 一般用途（G.U）：–
- 储量（Reserve）：–
- 抗压强度（C.S）：–
- 抗折强度（M.R）：–
- 萧氏硬度（S.H）：–
- 吸水率（W.A）：–
- 岩石密度（B.D）：–
- 化学成分（C.P）：
  SiO_2：– Al_2O_3：–
  CaO：– MgO：–
  Na_2O：– K_2O：–
  烧失量（Ig.loss）：–
  Fe_2O_3：–

茶花绿
TEA GREEN
GG033

- 产地（P.P）：辽宁（Liaoning）
- 一般用途（G.U）：–
- 储量（Reserve）：–
- 抗压强度（C.S）：–
- 抗折强度（M.R）：–
- 萧氏硬度（S.H）：–
- 吸水率（W.A）：–
- 岩石密度（B.D）：–
- 化学成分（C.P）：
  SiO_2：– Al_2O_3：–
  CaO：– MgO：–
  Na_2O：– K_2O：–
  烧失量（Ig.loss）：–
  Fe_2O_3：–

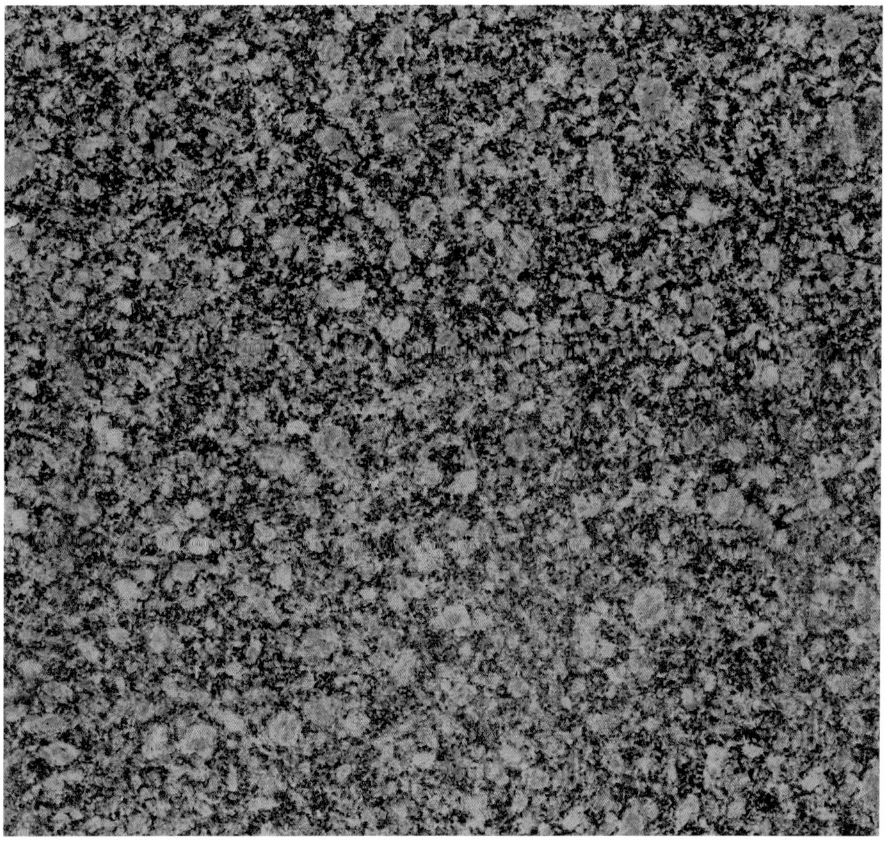

湄海绿
MEIHAI GREEN
GG034

- 产地（P.P）：广西（Guangxi）
- 一般用途（G.U）：–
- 储量（Reserve）：–
- 抗压强度（C.S）：–
- 抗折强度（M.R）：–
- 萧氏硬度（S.H）：–
- 吸水率（W.A）：–
- 岩石密度（B.D）：–
- 化学成分（C.P）：

SiO_2：–　Al_2O_3：–
CaO：–　MgO：–
Na_2O：–　K_2O：–
烧失量（Ig.loss）：–
Fe_2O_3：–

绿冰花
GREEN ICE FLOWER
GG035

- 产地（P.P）：四川（Sichuan）
- 一般用途（G.U）：–
- 储量（Reserve）：–
- 抗压强度（C.S）：–
- 抗折强度（M.R）：–
- 萧氏硬度（S.H）：–
- 吸水率（W.A）：–
- 岩石密度（B.D）：–
- 化学成分（C.P）：

SiO_2：–　Al_2O_3：–
CaO：–　MgO：–
Na_2O：–　K_2O：–
烧失量（Ig.loss）：–
Fe_2O_3：–

燕山蓝钻
BLUE DIAMOND YANSHAN
GG036

- 产地（P.P）：河北（Hebei）
- 矿址（Q.L）：河北承德甲山镇（Jiashan Town Chengde City Hebei Province）
- 一般用途（G.U）：–
- 储量（Reserve）：1.55 × $10^6 m^3$
- 抗压强度（C.S）：–
- 抗折强度（M.R）：–
- 肃氏硬度（S.H）：–
- 吸水率（W.A）：–
- 岩石密度（B.D）：–
- 化学成分（C.P）：

SiO_2：–　Al_2O_3：–
CaO：–　MgO：–
Na_2O：–　K_2O：–
烧失量（Ig.loss）：–
Fe_2O_3：–

青城绿
GREEN QINGCHENG
GG037

- 产地（P.P）：四川（Sichuan）
- 一般用途（G.U）：–
- 储量（Reserve）：–
- 抗压强度（C.S）：–
- 抗折强度（M.R）：–
- 肃氏硬度（S.H）：–
- 吸水率（W.A）：–
- 岩石密度（B.D）：–
- 化学成分（C.P）：

SiO_2：–　Al_2O_3：–
CaO：–　MgO：–
Na_2O：–　K_2O：–
烧失量（Ig.loss）：–
Fe_2O_3：–

乳山青 3770
BLACK RUSHAN
GG038

- 产地（P.P）：山东（Shandong）
- 矿址（Q.L）：乳山县城南东22公里处的宫家村北（north to Gongjia Village 22 Kilometre away from the southeast of Rushan County ）
- 储量（Reserve）：3.5 × 10^6m^3
- 抗压强度(C.S) ：144.40 MPa
- 抗折强度(M.R) ：24.70 MPa
- 萧氏硬度（S.H）：78.20
- 吸水率（W.A）：0.28 %
- 耐磨率（F.W）：0.93 g/cm^3
- 耐酸率（Ac.R）：94.10 %
- 耐碱率（Al.R）：94.49 %
- 岩石密度 （B.D）：2.81 g/cm^3
- 化学成分（C.P）：
  SiO_2：51.98　Al_2O_3：17.36
  CaO：–　MgO：–
  Na_2O：–　K_2O：–
  烧失量（Ig.loss）：–
  Fe_2O_3：8.75

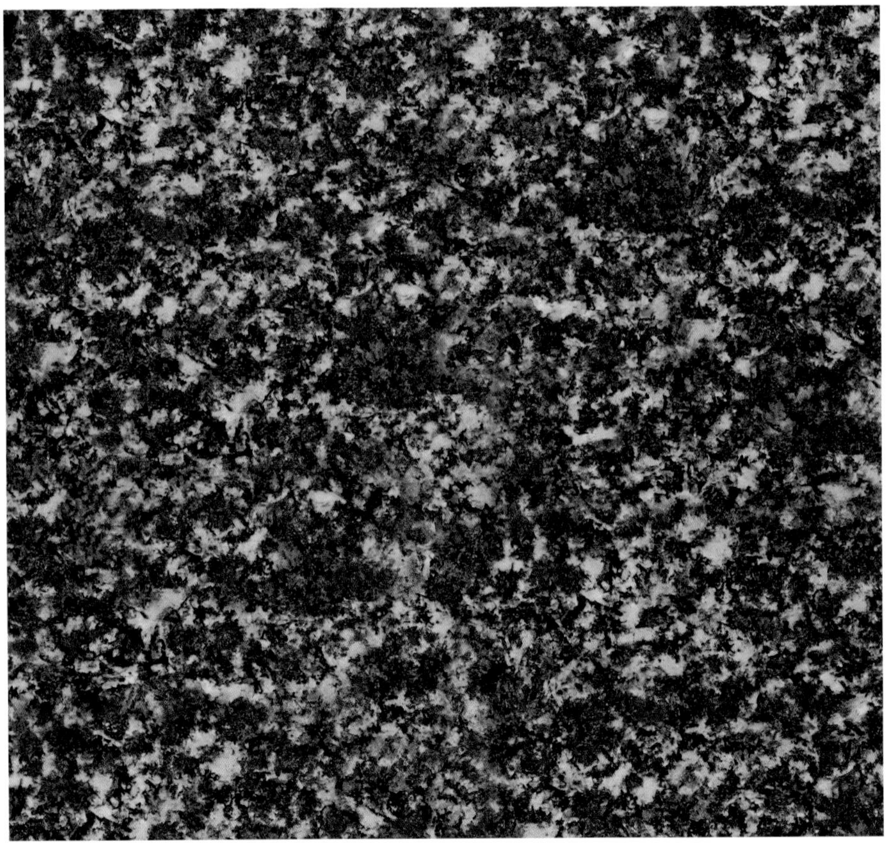

阜平绿
GREEN FUPING
GG039

- 产地（P.P）：河北（Hebei）
- 一般用途（G.U）：–
- 储量（Reserve）：–
- 抗压强度（C.S）：–
- 抗折强度（M.R）：–
- 萧氏硬度（S.H）：–
- 吸水率（W.A）：–
- 岩石密度（B.D）：–
- 化学成分（C.P）：
  SiO_2：–　Al_2O_3：–
  CaO：–　MgO：–
  Na_2O：–　K_2O：–
  烧失量（Ig.loss）：–
  Fe_2O_3：–

雾渡蓝星
BLUE STAR WUDU
GG040

- 产地（P.P）：湖北（Hubei）
- 一般用途（G.U）：–
- 储量（Reserve）：–
- 抗压强度（C.S）：–
- 抗折强度（M.R）：–
- 萧氏硬度（S.H）：–
- 吸水率（W.A）：–
- 岩石密度（B.D）：–
- 化学成分（C.P）：

  SiO_2：– Al_2O_3：–
  CaO：– MgO：–
  Na_2O：– K_2O：–
  烧失量（Ig.loss）：–
  Fe_2O_3：–

康美黑 3511
BLACK KANGMEI
GG041

- 产地（P.P）：福建（Fujian）
- 矿址（Q.L）：福建省南安市康美镇（Kangmei Town Nanan City Fujian Province）
- 一般用途（G.U）：用于墓碑石等材料（Suit for gravestone etc）
- 储量（Reserve）：$1 \times 10^6 m^3$
- 抗压强度（C.S）：171.20 MPa
- 抗折强度（M.R）：500 MPa
- 萧氏硬度（S.H）：–
- 吸水率（W.A）：0.15 %
- 岩石密度（B.D）：2.80 g/cm^3
- 化学成分（C.P）：

  SiO_2：– Al_2O_3：–
  CaO：– MgO：–
  Na_2O：– K_2O：–
  烧失量（Ig.loss）：–
  Fe_2O_3：–

Domestic Granite

辉绿岩
HUILVYAN
GG042

- 产地（P.P）：广西（Guangxi）
- 一般用途（G.U）：–
- 储量（Reserve）：–
- 抗压强度（C.S）：–
- 抗折强度（M.R）：–
- 萧氏硬度（S.H）：–
- 吸水率（W.A）：–
- 岩石密度（B.D）：–
- 化学成分（C.P）：

  SiO_2：–　Al_2O_3：–
  CaO：–　MgO：–
  Na_2O：–　K_2O：–
  烧失量（Ig.loss）：–
  Fe_2O_3：–

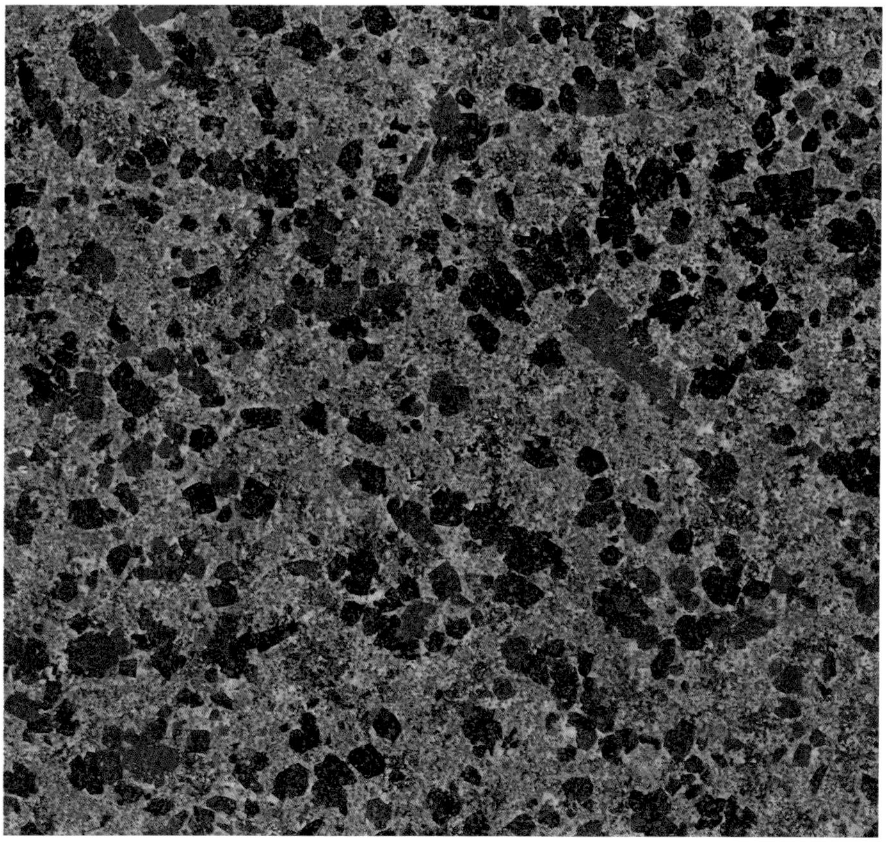

绿宝石
GREEN GEM
GG043

- 产地（P.P）：山西（Shanxi）
- 一般用途（G.U）：–
- 储量（Reserve）：–
- 抗压强度（C.S）：–
- 抗折强度（M.R）：–
- 萧氏硬度（S.H）：–
- 吸水率（W.A）：–
- 岩石密度（B.D）：–
- 化学成分（C.P）：

  SiO_2：–　Al_2O_3：–
  CaO：–　MgO：–
  Na_2O：–　K_2O：–
  烧失量（Ig.loss）：–
  Fe_2O_3：–

宝石绿（勒那绿）-A
GEM GREEN
GG044

- 产地（P.P）：河北（Hebei）
- 一般用途（G.U）：-
- 储量（Reserve）：-
- 抗压强度（C.S）：-
- 抗折强度（M.R）：-
- 萧氏硬度（S.H）：-
- 吸水率（W.A）：-
- 岩石密度（B.D）：-
- 化学成分（C.P）：

  SiO_2：- Al_2O_3：-
  CaO：- MgO：-
  Na_2O：- K_2O：-
  烧失量（Ig.loss）：-
  Fe_2O_3：-

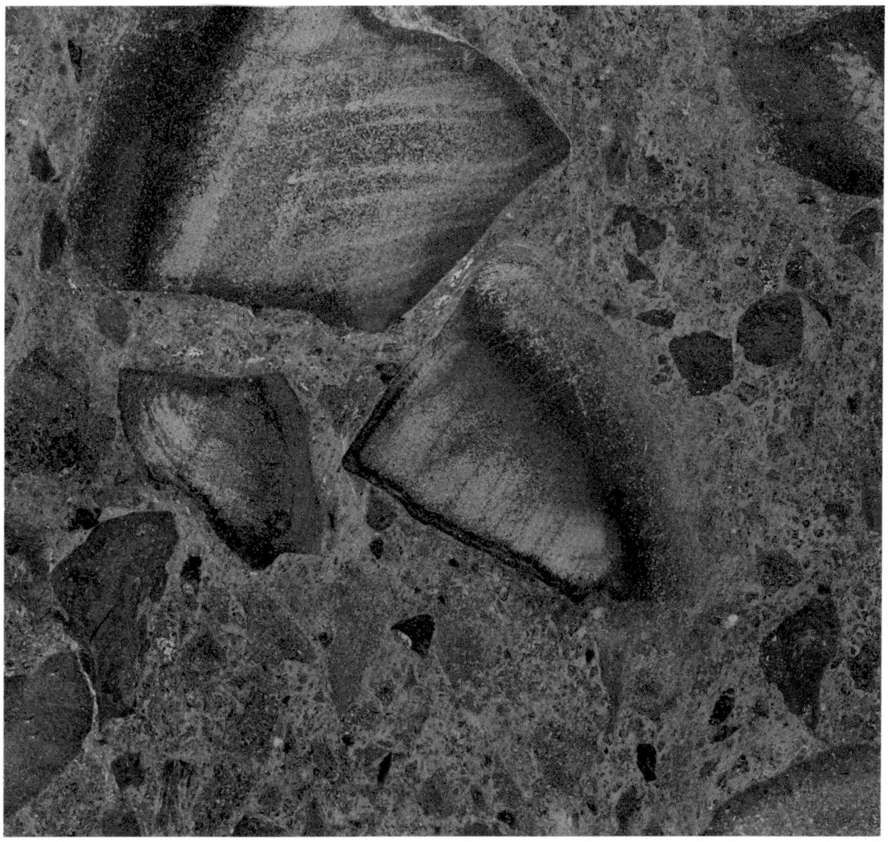

宝石绿 -B
GEM GREEN
GG045

- 产地（P.P）：河北（Hebei）
- 一般用途（G.U）：-
- 储量（Reserve）：-
- 抗压强度（C.S）：-
- 抗折强度（M.R）：-
- 萧氏硬度（S.H）：-
- 吸水率（W.A）：-
- 岩石密度（B.D）：-
- 化学成分（C.P）：

  SiO_2：- Al_2O_3：-
  CaO：- MgO：-
  Na_2O：- K_2O：-
  烧失量（Ig.loss）：-
  Fe_2O_3：-

恒山青 1403
BLACK HENGSHAN
GC001

- 产地（P.P）：山西（Shanxi）
- 矿址（Q.L）：山西恒山（Hengshan Mountain Shanxi Province）；
- 一般用途（G.U）：–
- 储量（Reserve）：–
- 抗压强度（C.S）：–
- 抗折强度（M.R）：–
- 萧氏硬度（S.H）：–
- 吸水率（W.A）：–
- 岩石密度（B.D）：–
- 化学成分（C.P）：

  SiO_2：–　Al_2O_3：–
  CaO：–　MgO：–
  Na_2O：–　K_2O：–
  烧失量（Ig.loss）：–
  Fe_2O_3：–

灵丘太白青 1405
TAIBAI BLACK LINGQIU
GC002

- 产地（P.P）：山西（Shanxi）
- 矿址（Q.L）：山西灵丘县（Lingqiu County Shanxi Province）
- 一般用途（G.U）：–
- 储量（Reserve）：–
- 抗压强度（C.S）：–
- 抗折强度（M.R）：–
- 萧氏硬度（S.H）：–
- 吸水率（W.A）：–
- 岩石密度（B.D）：–
- 化学成分（C.P）：

  SiO_2：–　Al_2O_3：–
  CaO：–　MgO：–
  Na_2O：–　K_2O：–
  烧失量（Ig.loss）：–
  Fe_2O_3：–

仕阳青 3316
BLACK SHIYANG
GC003

- 产地（P.P）：浙江（Zhejiang）
- 矿址（Q.L）：浙江泰顺县仕阳镇（Shiyang Town Taishun County Zhejiang Province）
- 一般用途（G.U）：–
- 储量（Reserve）：$1.5 \times 10^6 m^3$
- 抗压强度（C.S）：–
- 抗折强度（M.R）：–
- 萧氏硬度（S.H）：–
- 吸水率（W.A）：0.22 %
- 岩石密度（B.D）：2.83 g/cm^3
- 化学成分（C.P）：

  SiO_2：–　Al_2O_3：–
  CaO：–　MgO：–
  Na_2O：–　K_2O：–
  烧失量（Ig.loss）：–
  Fe_2O_3：–

济南青 3701
BLACK JINAN
GC004

- 产地（P.P）：山东（Shandong）
- 矿址（Q.L）：山东济南市东北的华山镇（Huashan Town, Northeast to Jinan City Shandong Province）
- 一般用途（G.U）：用于高档建筑装饰和墓碑（Suit for luxury decoration and gravestone）
- 储量（Reserve）：$1.22 \times 10^7 m^3$
- 抗压强度（C.S）：121.30 MPa
- 抗折强度（M.R）：13.50 MPa
- 萧氏硬度（S.H）：79.50
- 吸水率（W.A）：0.014 %
- 耐酸率（Ac.R）：99.76 %
- 耐碱率（Al.R）：99.96 %
- 岩石密度（B.D）：3.04 g/cm^3
- 化学成分（C.P）：

  SiO_2：48.80　Al_2O_3：12.54
  CaO：8.80　MgO：11.42
  Na_2O：1.20　K_2O：0.49
  烧失量（Ig.loss）：0.65
  Fe_2O_3：1.39

670 #

GC005

- 产地（P.P）：福建（Fujian）
- 一般用途（G.U）：–
- 储量（Reserve）：–
- 抗压强度（C.S）：–
- 抗折强度（M.R）：–
- 萧氏硬度（S.H）：–
- 吸水率（W.A）：–
- 岩石密度（B.D）：–
- 化学成分（C.P）：

SiO_2：–　Al_2O_3：–
CaO：–　MgO：–
Na_2O：–　K_2O：–
烧失量（Ig.loss）：–
Fe_2O_3：–

满天星
STARRY GREY
GC006

- 产地（P.P）：福建（Fujian）
- 一般用途（G.U）：–
- 储量（Reserve）：–
- 抗压强度（C.S）：–
- 抗折强度（M.R）：–
- 萧氏硬度（S.H）：–
- 吸水率（W.A）：–
- 岩石密度（B.D）：–
- 化学成分（C.P）：

SiO_2：–　Al_2O_3：–
CaO：–　MgO：–
Na_2O：–　K_2O：–
烧失量（Ig.loss）：–
Fe_2O_3：–

金穗灰麻（佛岗青）– A
JINSUI GREY GRAIN
GC007

- 产地(P.P)：广东(Guangdong)
- 一般用途（G.U）：–
- 储量（Reserve）：–
- 抗压强度（C.S）：–
- 抗折强度（M.R）：–
- 萧氏硬度（S.H）：–
- 吸水率（W.A）：–
- 岩石密度（B.D）：–
- 化学成分（C.P）：

SiO_2：–　Al_2O_3：–
CaO：–　MgO：–
Na_2O：–　K_2O：–
烧失量（Ig.loss）：–
Fe_2O_3：–

金穗灰麻 – B
JINSUI GREY GRAIN
GC008

- 产地（P.P）：广东（Guangdong）
- 一般用途（G.U）：–
- 储量（Reserve）：–
- 抗压强度（C.S）：–
- 抗折强度（M.R）：–
- 萧氏硬度（S.H）：–
- 吸水率（W.A）：–
- 岩石密度（B.D）：–
- 化学成分（C.P）：

SiO_2：–　Al_2O_3：–
CaO：–　MgO：–
Na_2O：–　K_2O：–
烧失量（Ig.loss）：–
Fe_2O_3：–

青竹林
BAMBOO GROWS
GC009

- 产地（P.P）：四川（Sichuan）
- 一般用途（G.U）：–
- 储量（Reserve）：–
- 抗压强度（C.S）：–
- 抗折强度（M.R）：–
- 萧氏硬度（S.H）：–
- 吸水率（W.A）：–
- 岩石密度（B.D）：–
- 化学成分（C.P）：

  SiO_2：–　Al_2O_3：–
  CaO：–　MgO：–
  Na_2O：–　K_2O：–
  烧失量（Ig.loss）：–
  Fe_2O_3：–

竹叶青
BAMBOO LEAF BLACK
GC010

- 产地（P.P）：四川（Sichuan）
- 一般用途（G.U）：–
- 储量（Reserve）：–
- 抗压强度（C.S）：–
- 抗折强度（M.R）：–
- 萧氏硬度（S.H）：–
- 吸水率（W.A）：–
- 岩石密度（B.D）：–
- 化学成分（C.P）：

  SiO_2：–　Al_2O_3：–
  CaO：–　MgO：–
  Na_2O：–　K_2O：–
  烧失量（Ig.loss）：–
  Fe_2O_3：–

万年青（小花）
FOREVER GREEN （FINE）
GC011

- 产地（P.P）：河北（Hebei）
- 一般用途（G.U）：–
- 储量（Reserve）：–
- 抗压强度（C.S）：–
- 抗折强度（M.R）：–
- 萧氏硬度（S.H）：–
- 吸水率（W.A）：–
- 岩石密度（B.D）：–
- 化学成分（C.P）：

  SiO_2：–　Al_2O_3：–
  CaO：–　MgO：–
  Na_2O：–　K_2O：–
  烧失量（Ig.loss）：–
  Fe_2O_3：–

万年青（中花）
FOREVER GREEN（MEDIUM）
GC012

- 产地（P.P）：河北（Hebei）
- 一般用途（G.U）：–
- 储量（Reserve）：–
- 抗压强度（C.S）：–
- 抗折强度（M.R）：–
- 萧氏硬度（S.H）：–
- 吸水率（W.A）：–
- 岩石密度（B.D）：–
- 化学成分（C.P）：

  SiO_2：–　Al_2O_3：–
  CaO：–　MgO：–
  Na_2O：–　K_2O：–
  烧失量（Ig.loss）：–
  Fe_2O_3：–

南山青
NANSHAN BLACK
GC013

- 产地（P.P）：福建（Fujian）
- 一般用途（G.U）：–
- 储量（Reserve）：–
- 抗压强度（C.S）：–
- 抗折强度（M.R）：–
- 萧氏硬度（S.H）：–
- 吸水率（W.A）：–
- 岩石密度（B.D）：–
- 化学成分（C.P）：

SiO_2：– Al_2O_3：–
CaO：– MgO：–
Na_2O：– K_2O：–
烧失量（Ig.loss）：–
Fe_2O_3：–

银河流星
GALAXY STAR
GC014

- 产地（P.P）：福建（Fujian）
- 一般用途（G.U）：–
- 储量（Reserve）：–
- 抗压强度（C.S）：–
- 抗折强度（M.R）：–
- 萧氏硬度（S.H）：–
- 吸水率（W.A）：–
- 岩石密度（B.D）：–
- 化学成分（C.P）：

SiO_2：– Al_2O_3：–
CaO：– MgO：–
Na_2O：– K_2O：–
烧失量（Ig.loss）：–
Fe_2O_3：–

沂蒙青
YIMONG BLACK
GC015

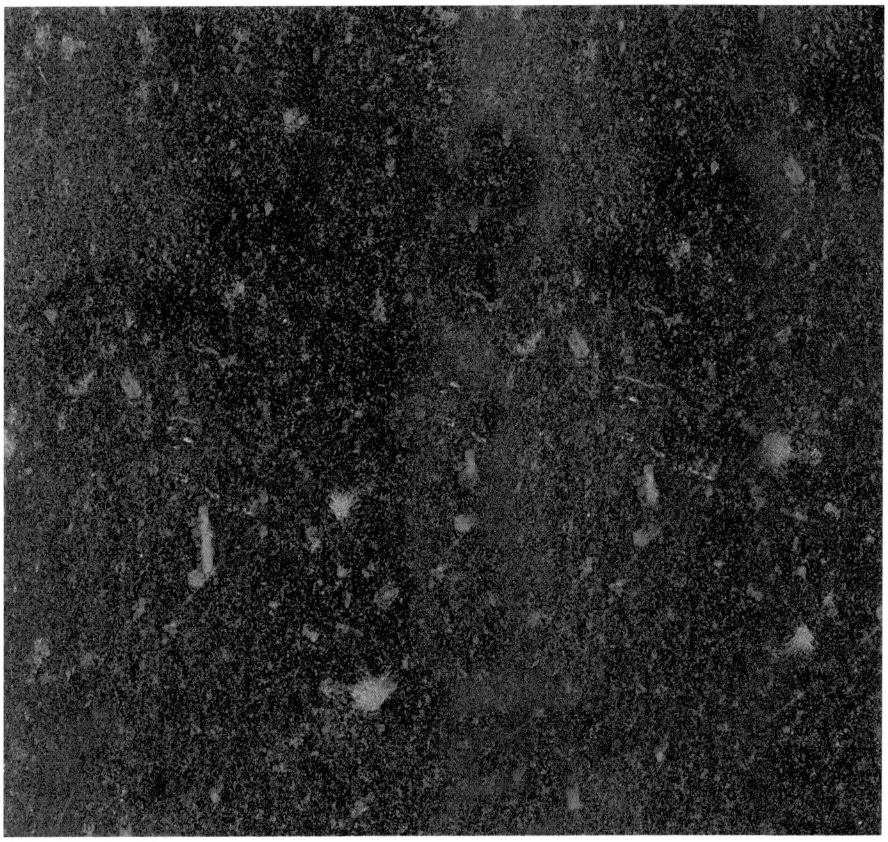

- 产地（P.P）：山东（Shandong）
- 一般用途（G.U）：–
- 储量（Reserve）：–
- 抗压强度（C.S）：–
- 抗折强度（M.R）：–
- 萧氏硬度（S.H）：–
- 吸水率（W.A）：–
- 岩石密度（B.D）：–
- 化学成分（C.P）：

  SiO_2：–　Al_2O_3：–
  CaO：–　MgO：–
  Na_2O：–　K_2O：–
  烧失量（Ig.loss）：–
  Fe_2O_3：–

文登青
BLACK WENDENG
GC016

- 产地（P.P）：山东（Shandong）
- 一般用途（G.U）：–
- 储量（Reserve）：–
- 抗压强度（C.S）：–
- 抗折强度（M.R）：–
- 萧氏硬度（S.H）：–
- 吸水率（W.A）：–
- 岩石密度（B.D）：–
- 化学成分（C.P）：

  SiO_2：–　Al_2O_3：–
  CaO：–　MgO：–
  Na_2O：–　K_2O：–
  烧失量（Ig.loss）：–
  Fe_2O_3：–

哈密星星兰
HAMI STARDUST
GC017

- 产地（P.P）：新疆（Xinjiang）
- 一般用途（G.U）：–
- 储量（Reserve）：–
- 抗压强度（C.S）：–
- 抗折强度（M.R）：–
- 萧氏硬度（S.H）：–
- 吸水率（W.A）：–
- 岩石密度（B.D）：–
- 化学成分（C.P）：

  SiO_2：–　Al_2O_3：–
  CaO：–　MgO：–
  Na_2O：–　K_2O：–
  烧失量（Ig.loss）：–
  Fe_2O_3：–

攀西兰 5142
PANXI BLUE
GC018

- 产地（P.P）：四川（Sichuan）
- 矿址（Q.L）:四川西昌市开元乡（Kaiyuan Town Xichang City Sichuan Province）
- 一般用途（G.U）：–
- 储量（Reserve）：$4 \times 10^7 m^3$
- 抗压强度（C.S）：–
- 抗折强度（M.R）：–
- 萧氏硬度（S.H）：–
- 吸水率（W.A）：–
- 岩石密度（B.D）：–
- 化学成分（C.P）：

  SiO_2：–　Al_2O_3：–
  CaO：–　MgO：–
  Na_2O：–　K_2O：–
  烧失量（Ig.loss）：–
  Fe_2O_3：–

天山兰 6501
TIANSHAN BLUE
GC019

- 产地（P.P）：新疆（Xinjiang）
- 一般用途（G.U）：–
- 储量（Reserve）：–
- 抗压强度（C.S）：–
- 抗折强度（M.R）：–
- 肃氏硬度（S.H）：–
- 吸水率（W.A）：–
- 岩石密度（B.D）：–
- 化学成分（C.P）：

  SiO_2：–　Al_2O_3：–
  CaO：–　MgO：–
  Na_2O：–　K_2O：–
  烧失量（Ig.loss）：–
  Fe_2O_3：–

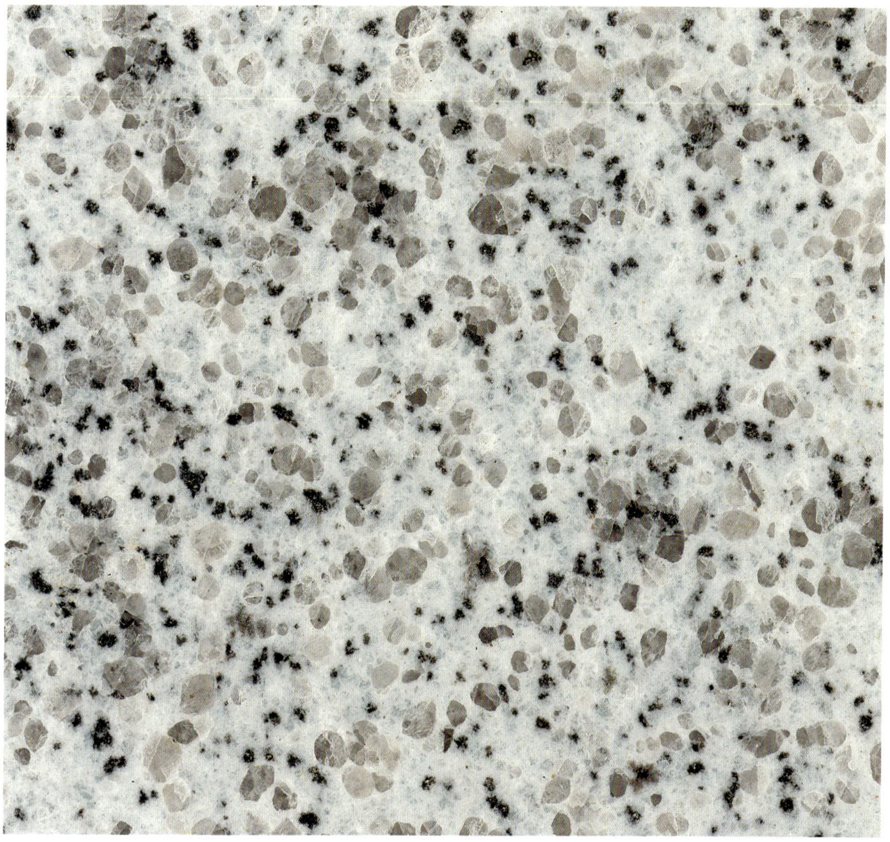

幻彩蓝
DREAM BLUE
GB001

- 产地（P.P）：河南（He'nan）
- 一般用途（G.U）：–
- 储量（Reserve）：–
- 抗压强度（C.S）：–
- 抗折强度（M.R）：–
- 肃氏硬度（S.H）：–
- 吸水率（W.A）：–
- 岩石密度（B.D）：–
- 化学成分（C.P）：

  SiO_2：–　Al_2O_3：–
  CaO：–　MgO：–
  Na_2O：–　K_2O：–
  烧失量（Ig.loss）：–
  Fe_2O_3：–

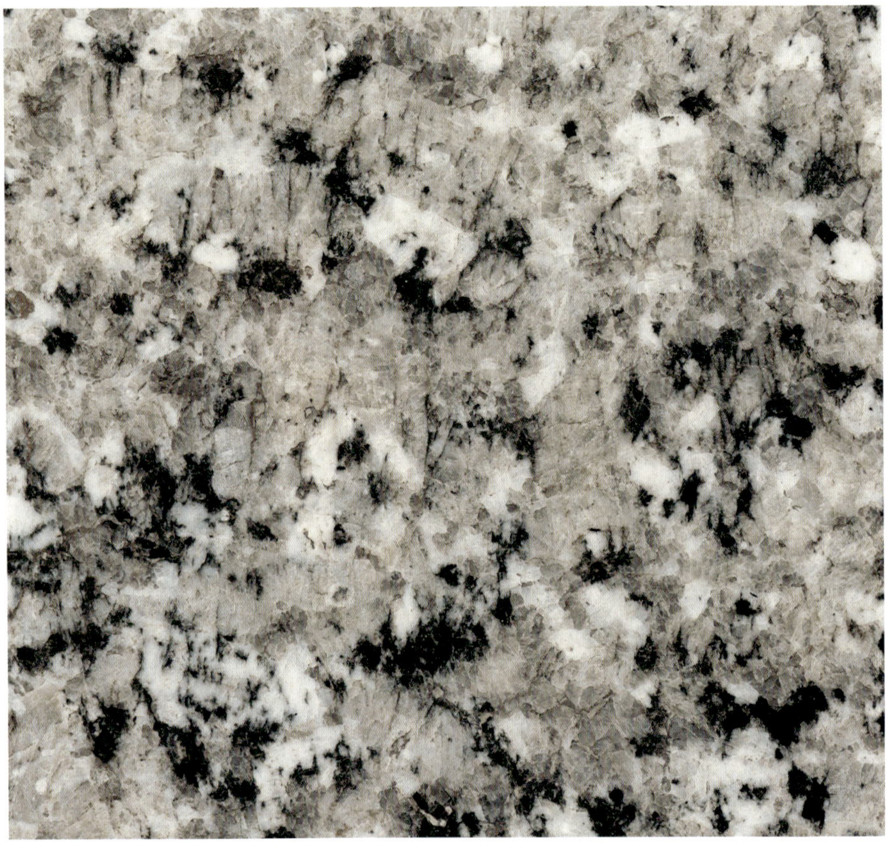

兰宝 -A
SAPPHIRE
GB002

- 产地（P.P）：新疆（Xinjiang）
- 一般用途（G.U）：－
- 储量（Reserve）：－
- 抗压强度（C.S）：－
- 抗折强度（M.R）：－
- 萧氏硬度（S.H）：－
- 吸水率（W.A）：－
- 岩石密度（B.D）：－
- 化学成分（C.P）：

SiO_2：－　Al_2O_3：－
CaO：－　MgO：－
Na_2O：－　K_2O：－
烧失量（Ig.loss）：－
Fe_2O_3：－

兰宝（吉斯白麻）-B
SAPPHIRE
GB003

- 产地（P.P）：新疆（Xinjiang）
- 一般用途（G.U）：－
- 储量（Reserve）：－
- 抗压强度（C.S）：－
- 抗折强度（M.R）：－
- 萧氏硬度（S.H）：－
- 吸水率（W.A）：－
- 岩石密度（B.D）：－
- 化学成分（C.P）：

SiO_2：－　Al_2O_3：－
CaO：－　MgO：－
Na_2O：－　K_2O：－
烧失量（Ig.loss）：－
Fe_2O_3：－

兰宝-C
SAPPHIRE
GB004

- 产地（P.P）：新疆（Xinjiang）
- 一般用途（G.U）：–
- 储量（Reserve）：–
- 抗压强度（C.S）：–
- 抗折强度（M.R）：–
- 萧氏硬度（S.H）：–
- 吸水率（W.A）：–
- 岩石密度（B.D）：–
- 化学成分（C.P）：

  SiO_2：–　Al_2O_3：–
  CaO：–　MgO：–
  Na_2O：–　K_2O：–
  烧失量（Ig.loss）：–
  Fe_2O_3：–

天山兰宝
TIANSHAN SAPPHIRE
GB005

- 产地（P.P）：新疆（Xinjiang）
- 一般用途（G.U）：–
- 储量（Reserve）：–
- 抗压强度（C.S）：–
- 抗折强度（M.R）：–
- 萧氏硬度（S.H）：–
- 吸水率（W.A）：–
- 岩石密度（B.D）：–
- 化学成分（C.P）：

  SiO_2：–　Al_2O_3：–
  CaO：–　MgO：–
  Na_2O：–　K_2O：–
  烧失量（Ig.loss）：–
  Fe_2O_3：–

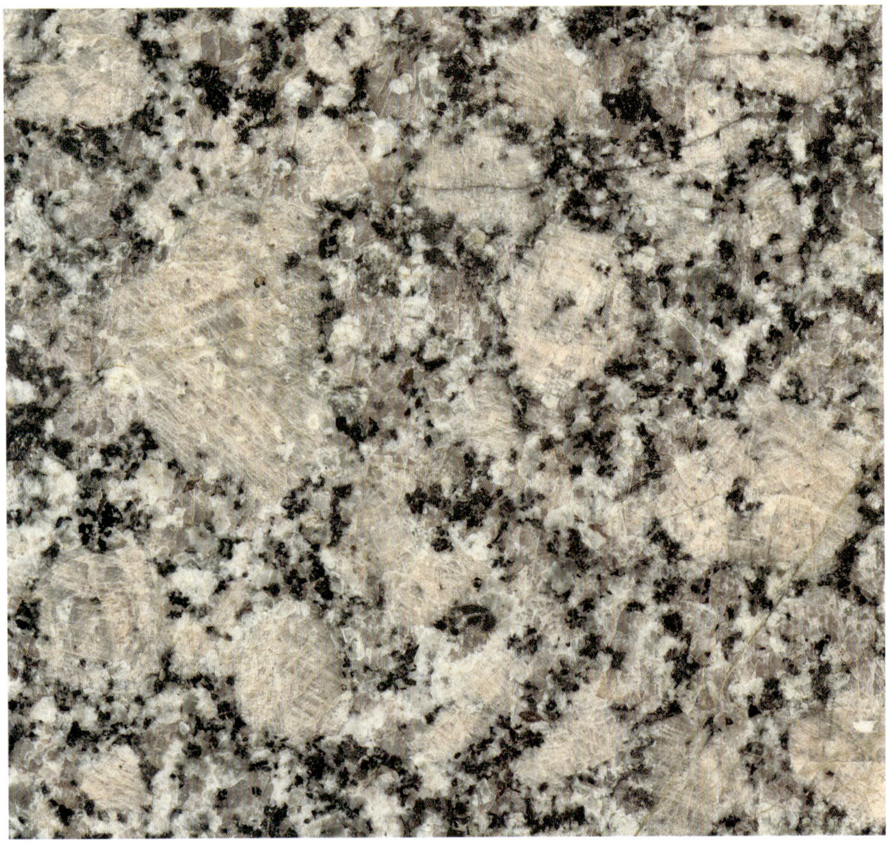

罗鲁美麻（紫罗兰）
VIOLET（BULUOMEI GRAIN）
GB006

- 产地（P.P）：新疆（Xinjiang）
- 一般用途（G.U）：–
- 储量（Reserve）：–
- 抗压强度（C.S）：–
- 抗折强度（M.R）：–
- 萧氏硬度（S.H）：–
- 吸水率（W.A）：–
- 岩石密度（B.D）：–
- 化学成分（C.P）：

  SiO_2：–　Al_2O_3：–
  CaO：–　MgO：–
  Na_2O：–　K_2O：–
  烧失量（Ig.loss）：–
  Fe_2O_3：–

蝴蝶蓝
BUTTERFLY BLUE
GB007

- 产地（P.P）：山西（Shanxi）
- 一般用途（G.U）：–
- 储量（Reserve）：–
- 抗压强度（C.S）：–
- 抗折强度（M.R）：–
- 萧氏硬度（S.H）：–
- 吸水率（W.A）：–
- 岩石密度（B.D）：–
- 化学成分（C.P）：

  SiO_2：–　Al_2O_3：–
  CaO：–　MgO：–
  Na_2O：–　K_2O：–
  烧失量（Ig.loss）：–
  Fe_2O_3：–

斯埃啡麻（啡麻、珍珠兰）
PEARL BLUE
GB008

- 产地（P.P）：安徽（Anhui）
- 一般用途（G.U）：–
- 储量（Reserve）：–
- 抗压强度（C.S）：–
- 抗折强度（M.R）：–
- 萧氏硬度（S.H）：–
- 吸水率（W.A）：–
- 岩石密度（B.D）：–
- 化学成分（C.P）：

  SiO_2：–　Al_2O_3：–
  CaO：–　MgO：–
  Na_2O：–　K_2O：–
  烧失量（Ig.loss）：–
  Fe_2O_3：–

兰宝春（兰宝、永春绿）
SAPPHIRE SPRING
GB009

- 产地（P.P）：福建（Fujian）
- 一般用途（G.U）：–
- 储量（Reserve）：–
- 抗压强度（C.S）：–
- 抗折强度（M.R）：–
- 萧氏硬度（S.H）：–
- 吸水率（W.A）：–
- 岩石密度（B.D）：–
- 化学成分（C.P）：

  SiO_2：–　Al_2O_3：–
  CaO：–　MgO：–
  Na_2O：–　K_2O：–
  烧失量（Ig.loss）：–
  Fe_2O_3：–

冰岛兰宝（冰花兰）
ICELAND SAPPHIRE
GB010

- 产地（P.P）：四川（Sichuan）
- 一般用途（G.U）：–
- 储量（Reserve）：–
- 抗压强度（C.S）：–
- 抗折强度（M.R）：–
- 萧氏硬度（S.H）：–
- 吸水率（W.A）：–
- 岩石密度（B.D）：–
- 化学成分（C.P）：
  SiO_2：–　Al_2O_3：–
  CaO：–　MgO：–
  Na_2O：–　K_2O：–
  烧失量（Ig.loss）：–
  Fe_2O_3：–

宝石兰
GEM BLUE
GB011

- 产地（P.P）：四川（Sichuan）
- 一般用途（G.U）：–
- 储量（Reserve）：–
- 抗压强度（C.S）：–
- 抗折强度（M.R）：–
- 萧氏硬度（S.H）：–
- 吸水率（W.A）：–
- 岩石密度（B.D）：–
- 化学成分（C.P）：
  SiO_2：–　Al_2O_3：–
  CaO：–　MgO：–
  Na_2O：–　K_2O：–
  烧失量（Ig.loss）：–
  Fe_2O_3：–

蒙古蓝
MONGOLIA BLUE
GB012

- 产地（P.P）：
  内蒙古（Inner Mongolia）
- 一般用途（G.U）：–
- 储量（Reserve）：–
- 抗压强度（C.S）：–
- 抗折强度（M.R）：–
- 萧氏硬度（S.H）：–
- 吸水率（W.A）：–
- 岩石密度（B.D）：–
- 化学成分（C.P）：
  SiO_2：– Al_2O_3：–
  CaO：– MgO：–
  Na_2O：– K_2O：–
  烧失量（Ig.loss）：–
  Fe_2O_3：–

玉兰花 -B
JADE BLUE GRAIN
SHANDONG
GB013

- 产地（P.P）：山东（Shandong）
- 一般用途（G.U）：–
- 储量（Reserve）：–
- 抗压强度（C.S）：–
- 抗折强度（M.R）：–
- 萧氏硬度（S.H）：–
- 吸水率（W.A）：–
- 岩石密度（B.D）：–
- 化学成分（C.P）：
  SiO_2：– Al_2O_3：–
  CaO：– MgO：–
  Na_2O：– K_2O：–
  烧失量（Ig.loss）：–
  Fe_2O_3：–

翡翠蓝
JADE BLUE
GB014

- 产地（P.P）：山西（Shanxi）
- 一般用途（G.U）：–
- 储量（Reserve）：–
- 抗压强度（C.S）：–
- 抗折强度（M.R）：–
- 萧氏硬度（S.H）：–
- 吸水率（W.A）：–
- 岩石密度（B.D）：–
- 化学成分（C.P）：

  SiO_2：– Al_2O_3：–
  CaO：– MgO：–
  Na_2O：– K_2O：–
  烧失量（Ig.loss）：–
  Fe_2O_3：–

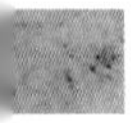

沂南青
YINAN CYAN
GB015

- 产地（P.P）：山东（Shandong）
- 一般用途（G.U）：–
- 储量（Reserve）：–
- 抗压强度（C.S）：–
- 抗折强度（M.R）：–
- 萧氏硬度（S.H）：–
- 吸水率（W.A）：–
- 岩石密度（B.D）：–
- 化学成分（C.P）：

  SiO_2：– Al_2O_3：–
  CaO：– MgO：–
  Na_2O：– K_2O：–
  烧失量（Ig.loss）：–
  Fe_2O_3：–

赤珍珠
RED PEARL
GCF001

- 产地（P.P）：四川（Sichuan）
- 一般用途（G.U）：–
- 储量（Reserve）：–
- 抗压强度（C.S）：–
- 抗折强度（M.R）：–
- 萧氏硬度（S.H）：–
- 吸水率（W.A）：–
- 岩石密度（B.D）：–
- 化学成分（C.P）：
  SiO_2：–　Al_2O_3：–
  CaO：–　MgO：–
  Na_2O：–　K_2O：–
  烧失量（Ig.loss）：–
  Fe_2O_3：–

宁德丁香紫 3568
LILAC PURPLE NINGDE
GCF002

- 产地（P.P）：福建（Fujian）
- 矿址（Q.L）：福建宁德市虎坝（Huba Ningde City Fujian Province）
- 一般用途（G.U）：–
- 储量（Reserve）：–
- 抗压强度（C.S）：–
- 抗折强度（M.R）：–
- 萧氏硬度（S.H）：–
- 吸水率（W.A）：–
- 岩石密度（B.D）：–
- 化学成分（C.P）：
  SiO_2：–　Al_2O_3：–
  CaO：–　MgO：–
  Na_2O：–　K_2O：–
  烧失量（Ig.loss）：–
  Fe_2O_3：–

银河灰麻（银灰麻）
GALAXY GREY GRAIN
GGY001

- 产地（P.P）：安徽（Anhui）
- 一般用途（G.U）：–
- 储量（Reserve）：–
- 抗压强度（C.S）：–
- 抗折强度（M.R）：–
- 萧氏硬度（S.H）：–
- 吸水率（W.A）：–
- 岩石密度（B.D）：–
- 化学成分（C.P）：

SiO_2：–　Al_2O_3：–
CaO：–　MgO：–
Na_2O：–　K_2O：–
烧失量（Ig.loss）：–
Fe_2O_3：–

通山九宫青 4298
GREY TONGSHAN JIUGONG
GGY002

- 产地（P.P）：湖北（Hubei）
- 一般用途（G.U）：–
- 储量（Reserve）：–
- 抗压强度（C.S）：–
- 抗折强度（M.R）：–
- 萧氏硬度（S.H）：–
- 吸水率（W.A）：–
- 岩石密度（B.D）：–
- 化学成分（C.P）：

SiO_2：–　Al_2O_3：–
CaO：–　MgO：–
Na_2O：–　K_2O：–
烧失量（Ig.loss）：–
Fe_2O_3：–

浪淘沙（幻彩麻）
MULTICOLOUR GRAIN
GGY003

- 产地（P.P）：湖北（Hubei）
- 一般用途（G.U）：–
- 储量（Reserve）：–
- 抗压强度（C.S）：–
- 抗折强度（M.R）：–
- 肃氏硬度（S.H）：–
- 吸水率（W.A）：–
- 岩石密度（B.D）：–
- 化学成分（C.P）：

  SiO_2：–　Al_2O_3：–
  CaO：–　MgO：–
  Na_2O：–　K_2O：–
  烧失量（Ig.loss）：–
  Fe_2O_3：–

湘西灰（芝麻石）
SESAME STONE
GGY004

- 产地（P.P）：湖南（Hu'nan）
- 一般用途（G.U）：–
- 储量（Reserve）：–
- 抗压强度（C.S）：–
- 抗折强度（M.R）：–
- 肃氏硬度（S.H）：–
- 吸水率（W.A）：–
- 岩石密度（B.D）：–
- 化学成分（C.P）：

  SiO_2：–　Al_2O_3：–
  CaO：–　MgO：–
  Na_2O：–　K_2O：–
  烧失量（Ig.loss）：–
  Fe_2O_3：–

紫星云
PURPLE GALAXY
GGY005

- 产地（P.P）：新疆（Xinjiang）
- 一般用途（G.U）：–
- 储量（Reserve）：–
- 抗压强度（C.S）：–
- 抗折强度（M.R）：–
- 萧氏硬度（S.H）：–
- 吸水率（W.A）：–
- 岩石密度（B.D）：–
- 化学成分（C.P）：

SiO_2：–　Al_2O_3：–
CaO：–　MgO：–
Na_2O：–　K_2O：–
烧失量（Ig.loss）：–
Fe_2O_3：–

灰金麻（金麻）
GOLD GRAIN
GGY006

- 产地（P.P）：云南（Yunnan）
- 一般用途（G.U）：–
- 储量（Reserve）：–
- 抗压强度（C.S）：–
- 抗折强度（M.R）：–
- 萧氏硬度（S.H）：–
- 吸水率（W.A）：–
- 岩石密度（B.D）：–
- 化学成分（C.P）：

SiO_2：–　Al_2O_3：–
CaO：–　MgO：–
Na_2O：–　K_2O：–
烧失量（Ig.loss）：–
Fe_2O_3：–

卡莎米钻（遨宇）
AOYU
GGY007

- 产地（P.P）：山东（Shandong）
- 一般用途（G.U）：–
- 储量（Reserve）：–
- 抗压强度（C.S）：–
- 抗折强度（M.R）：–
- 萧氏硬度（S.H）：–
- 吸水率（W.A）：–
- 岩石密度（B.D）：–
- 化学成分（C.P）：

  SiO_2：–　Al_2O_3：–
  CaO：–　MgO：–
  Na_2O：–　K_2O：–
  烧失量（Ig.loss）：–
  Fe_2O_3：–

泰白灰（徂徕灰）
TAIBAI GREY
GGY008

- 产地（P.P）：山东（Shandong）
- 一般用途（G.U）：–
- 储量（Reserve）：–
- 抗压强度（C.S）：–
- 抗折强度（M.R）：–
- 萧氏硬度（S.H）：–
- 吸水率（W.A）：–
- 岩石密度（B.D）：–
- 化学成分（C.P）：

  SiO_2：–　Al_2O_3：–
  CaO：–　MgO：–
  Na_2O：–　K_2O：–
  烧失量（Ig.loss）：–
  Fe_2O_3：–

牡丹白
PEONY GREY
GGY009

- 产地（P.P）：山西（Shanxi）
- 一般用途（G.U）：–
- 储量（Reserve）：–
- 抗压强度（C.S）：–
- 抗折强度（M.R）：–
- 萧氏硬度（S.H）：–
- 吸水率（W.A）：–
- 岩石密度（B.D）：–
- 化学成分（C.P）：

  SiO_2：–　Al_2O_3：–
  CaO：–　MgO：–
  Na_2O：–　K_2O：–
  烧失量（Ig.loss）：–
  Fe_2O_3：–

诸广花
ZHU GUANG GRAIN
GGY010

- 产地(P.P)：广东(Guangdong)
- 一般用途（G.U）：–
- 储量（Reserve）：–
- 抗压强度（C.S）：–
- 抗折强度（M.R）：–
- 萧氏硬度（S.H）：–
- 吸水率（W.A）：–
- 岩石密度（B.D）：–
- 化学成分（C.P）：

  SiO_2：–　Al_2O_3：–
  CaO：–　MgO：–
  Na_2O：–　K_2O：–
  烧失量（Ig.loss）：–
  Fe_2O_3：–

漳浦马头花 3588
MATOU FLOWER ZHANGPU
GGY011

- 产地（P.P）：福建（Fujian）
- 矿址（Q.L）：福建漳浦绥安（Suian Zhangpu County Fujian Province）
- 一般用途（G.U）：–
- 储量（Reserve）：–
- 抗压强度（C.S）：–
- 抗折强度（M.R）：–
- 肃氏硬度（S.H）：–
- 吸水率（W.A）：–
- 岩石密度（B.D）：–
- 化学成分（C.P）：
  SiO_2：– Al_2O_3：–
  CaO：– MgO：–
  Na_2O：– K_2O：–
  烧失量（Ig.loss）：–
  Fe_2O_3：–

654#

GGY012

- 产地（P.P）：福建（Fujian）
- 一般用途（G.U）：–
- 储量（Reserve）：–
- 抗压强度（C.S）：–
- 抗折强度（M.R）：–
- 肃氏硬度（S.H）：–
- 吸水率（W.A）：–
- 岩石密度（B.D）：–
- 化学成分（C.P）：
  SiO_2：– Al_2O_3：–
  CaO：– MgO：–
  Na_2O：– K_2O：–
  烧失量（Ig.loss）：–
  Fe_2O_3：–

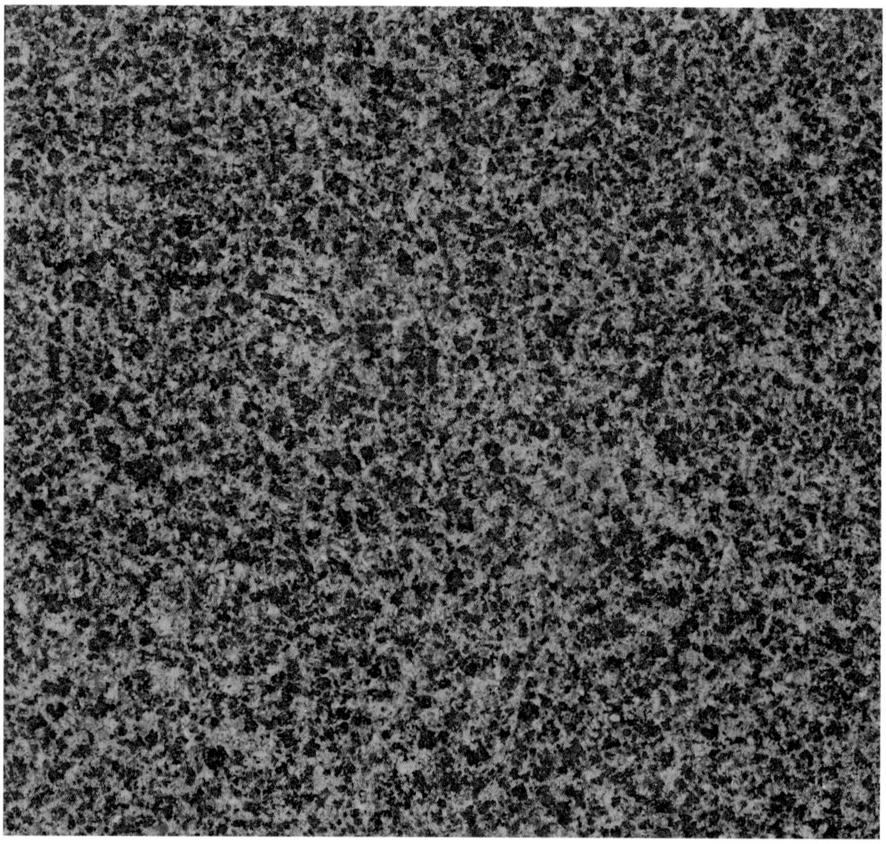

广宁墨蓝星 4420
BLACK BLUE STAR GUANGNING
GGY013

- 产地（P.P）：广东（Guangdong）
- 矿址（Q.L）：广东广宁县（Guangning County Guangdong Province）
- 一般用途（G.U）：–
- 储量（Reserve）：3 × 10^6m^3
- 抗压强度（C.S）：142.60 MPa
- 抗折强度（M.R）：–
- 萧氏硬度（S.H）：–
- 吸水率（W.A）：0.16 %
- 岩石密度（B.D）：2.84 g/cm^3
- 化学成分（C.P）：

  SiO_2：–　Al_2O_3：–
  CaO：–　MgO：–
  Na_2O：–　K_2O：–
  烧失量（Ig.loss）：–
  Fe_2O_3：–

雪花梨
SNOWFLAKE PEAR
GGY014

- 产地（P.P）：河北（Hebei）
- 一般用途（G.U）：–
- 储量（Reserve）：–
- 抗压强度（C.S）：–
- 抗折强度（M.R）：–
- 萧氏硬度（S.H）：–
- 吸水率（W.A）：–
- 岩石密度（B.D）：–
- 化学成分（C.P）：

  $SSiO_2$：–　Al_2O_3：–
  CaO：–　MgO：–
  Na_2O：–　K_2O：–
  烧失量（Ig.loss）：–
  Fe_2O_3：–

房山灰白
GREY-WHITE FANGSHAN
GGY015

- 产地（P.P）：北京（Beijing）
- 一般用途（G.U）：-
- 储量（Reserve）：-
- 抗压强度（C.S）：-
- 抗折强度（M.R）：-
- 萧氏硬度（S.H）：-
- 吸水率（W.A）：-
- 岩石密度（B.D）：-
- 化学成分（C.P）：
  SiO_2：- Al_2O_3：-
  CaO：- MgO：-
  Na_2O：- K_2O：-
  烧失量（Ig.loss）：-
  Fe_2O_3：-

北岳黑 1401
NORTH MOUNTAIN BLACK
GBK001

- 产地（P.P）：山西（Shanxi）
- 矿址（Q.L）:山西大同市浑源县（Hunyuan County Datong City Shanxi Province）
- 一般用途（G.U）：-
- 储量（Reserve）：$3.2 \times 10^7 m^3$
- 抗压强度（C.S）：-
- 抗折强度（M.R）：-
- 萧氏硬度（S.H）：-
- 吸水率（W.A）：-
- 岩石密度（B.D）：-
- 化学成分（C.P）：
  SiO_2：- Al_2O_3：-
  CaO：- MgO：-
  Na_2O：- K_2O：-
  烧失量（Ig.loss）：-

Domestic Granite

白塔沟丰镇黑 1510
BLACK FENGZHEN BAITA GULLY
GBK002

- 产地（P.P）：
  内蒙古（Inner Mongolia）
- 矿址（Q.L）：内蒙自治区古丰镇（Fengzhen Inner Mongolia Autonomy Region）
- 一般用途（G.U）：用于大面积装饰、墓碑、纪念碑等（Large area decoration, gravestone, monument）
- 储量（Reserve）：–
- 抗压强度（C.S）：246 MPa
- 抗折强度（M.R）：35.50 MPa
- 萧氏硬度（S.H）：86.50
- 吸水率（W.A）：0.03 %
- 岩石密度（B.D）：3.04g/cm^3
- 化学成分(C.P)：
  SiO_2：45.86　Al_2O_3：1.96
  CaO：7.75　MgO：5.03
  Na_2O：3.01　K_2O：2.83
  烧失量（Ig.loss）：0.00

傲包黑 1511
BLACK AOBAO
GBK003

- 产地（P.P）：
  内蒙古（Inner Mongolia）
- 矿址（Q.L）：内蒙古自治区赤峰市克什克腾旗（Keshiketeng County Chifeng City Inner Mongolia Autonomy Region）
- 一般用途（G.U）：–
- 储量（Reserve）：1.8 × 10^7m^3
- 抗压强度（C.S）：–
- 抗折强度（M.R）：–
- 萧氏硬度（S.H）：–
- 吸水率（W.A）：–
- 岩石密度（B.D）：–
- 化学成分（C.P）：
  SiO_2：–　Al_2O_3：–
  CaO：–　MgO：–
  Na_2O：–　K_2O：–
  烧失量（Ig.loss）：–
  Fe_2O_3：–

黑金刚 1512
BLACK JADE
GBK004

- 产地（P.P）：
  内蒙古（Inner Mongolia）
- 一般用途（G.U）：–
- 储量（Reserve）：–
- 抗压强度（C.S）：–
- 抗折强度（M.R）：–
- 肃氏硬度（S.H）：–
- 吸水率（W.A）：–
- 岩石密度（B.D）：–
- 化学成分（C.P）：
  SiO_2：– Al_2O_3：–
  CaO：– MgO：–
  Na_2O：– K_2O：–
  烧失量（Ig.loss）：–
  Fe_2O_3：–

建平黑 2102
BLACK JIANPING
GBK005

- 产地（P.P）：辽宁（Liaoning）
- 矿址（Q.L）：辽宁建平县哈拉道口老官地乡（laoguandi Town Haladaokou Jianping County Liaoning Province）
- 一般用途（G.U）：用于建筑装饰和墓碑石（For decoration and gravestone）
- 储量（Reserve）：5 × $10^5 m^3$
- 抗压强度（C.S）：96.70 MPa
- 抗折强度（M.R）：15.80 MPa
- 肃氏硬度（S.H）：85.80
- 吸水率（W.A）：0.14 %
- 岩石密度（B.D）：2.95 g/cm^3
- 化学成分（C.P）：
  SiO_2：– Al_2O_3：–
  CaO：– MgO：–
  Na_2O：– K_2O：–
  烧失量（Ig.loss）：–
  Fe_2O_3：–

Domestic Granite

岳西黑 3401
BLACK YUEXI
GBK006

- 产地（P.P）：安徽（Anhui）
- 矿址（Q.L）：安徽省岳西县石盆乡小河口（大别山区）（Xiaohekou Shipen Town Yuexi County Anhui Province）
- 一般用途（G.U）：–
- 储量（Reserve）：$1.2 \times 10^7 m^3$
- 抗压强度（C.S）：–
- 抗折强度（M.R）：–
- 萧氏硬度（S.H）：81.40
- 吸水率（W.A）：0.09 %
- 岩石密度（B.D）：3.20 g/cm^3
- 化学成分（C.P）：
  SiO_2：45.25 Al_2O_3：8.71
  CaO：8.25 MgO：15.82
  Na_2O：1.98 K_2O：0.85
  烧失量（Ig.loss）：3.94
  Fe_2O_3：4.57

龙黑
BLACK DRAGON
GBK007

- 产地（P.P）：河北（Hebei）
- 一般用途（G.U）：–
- 储量（Reserve）：–
- 抗压强度（C.S）：–
- 抗折强度（M.R）：–
- 萧氏硬度（S.H）：–
- 吸水率（W.A）：–
- 岩石密度（B.D）：–
- 化学成分（C.P）：
  SiO_2：– Al_2O_3：–
  CaO：– MgO：–
  Na_2O：– K_2O：–
  烧失量（Ig.loss）：–
  Fe_2O_3：–

福鼎黑(684 #)3518
BLACK FUDING
GBK008

- 产地(P.P):福建(Fujian)
- 一般用途(G.U):–
- 储量(Reserve):–
- 抗压强度(C.S):–
- 抗折强度(M.R):–
- 萧氏硬度(S.H):–
- 吸水率(W.A):–
- 岩石密度(B.D):–
- 化学成分(C.P):

  SiO_2:–　Al_2O_3:–
  CaO:–　MgO:–
  Na_2O:–　K_2O:–
  烧失量(Ig.loss):–
  Fe_2O_3:–

长乐、屏南芝麻黑 3554
SESAME BLACK PINGNAN CHANGLE
GBK009

- 产地(P.P):福建(Fujian)
- 矿址(Q.L):福建省长乐市古槐镇福坊屏南县南峭(Guhuai Town Changle City Fujian Province)
- 一般用途(G.U):适合于做墓碑和石雕石刻(Suit for gravestone and sculpture)
- 储量(Reserve):$8 \times 10^6 m^3$
- 抗压强度(C.S):183.20 MPa
- 抗折强度(M.R):17.50 MPa
- 萧氏硬度(S.H):76.40
- 吸水率(W.A):0.18 %
- 岩石密度(B.D):–
- 化学成分(C.P):

  SiO_2:58.80　Al_2O_3:16.02
  CaO:6.41　MgO:3.55
  Na_2O:3.51　K_2O:2.75
  烧失量(Ig.loss):–
  Fe_2O_3:8.03

华容黑白花 4393
BLACK-WHITE GRAIN HUARONG
GBK010

- 产地（P.P）：湖南（Hu'nan）
- 矿址（Q.L）：湖南华容县桃花山乡（Taohuashan Town Huarong County Hu'nan Province）
- 一般用途（G.U）：–
- 储量（Reserve）：–
- 抗压强度（C.S）：–
- 抗折强度（M.R）：–
- 萧氏硬度（S.H）：–
- 吸水率（W.A）：–
- 岩石密度（B.D）：–
- 化学成分（C.P）：

SiO_2：–　Al_2O_3：–
CaO：–　MgO：–
Na_2O：–　K_2O：–
烧失量（Ig.loss）：–
Fe_2O_3：–

芦山墨冰花 5135
BLACK ICE-FLOWER LUSHAN
GBK011

- 产地（P.P）：四川（Sichuan）
- 矿址（Q.L）：四川芦山县太平镇正河（Zheng River Taiping Town Lushan County Sichuan Province）
- 一般用途（G.U）：–
- 储量（Reserve）：$4.5\times10^6m^3$
- 抗压强度（C.S）：–
- 抗折强度（M.R）：–
- 萧氏硬度（S.H）：–
- 吸水率（W.A）：–
- 岩石密度（B.D）：–
- 化学成分（C.P）：

SiO_2：–　Al_2O_3：–
CaO：–　MgO：–
Na_2O：–　K_2O：–
烧失量（Ig.loss）：–
Fe_2O_3：–

甘孜芝麻黑 5148
SESAME BLACK GANZI
GBK012

- 产地（P.P）：四川（Sichuan）
- 矿址（Q.L）：四川省康定县（Kangding County Sichuan Province）
- 一般用途（G.U）：-
- 储量（Reserve）：$2 \times 10^4 m^3$
- 抗压强度（C.S）：-
- 抗折强度（M.R）：-
- 萧氏硬度（S.H）：-
- 吸水率（W.A）：-
- 岩石密度（B.D）：-
- 化学成分（C.P）：
  SiO_2：-　Al_2O_3：-
  CaO：-　MgO：-
  Na_2O：-　K_2O：-
  烧失量（Ig.loss）：-
  Fe_2O_3：-

天山冰花 6504
ICE-FLOWER TIANSHAN
GBK013

- 产地（P.P）：新疆（Xinjiang）
- 矿址（Q.L）：新疆哈密市黄山南（South to Huangshan Hami City Xinjiang）
- 一般用途（G.U）：-
- 储量（Reserve）：$5 \times 10^6 m^3$
- 抗压强度（C.S）：-
- 抗折强度（M.R）：-
- 萧氏硬度（S.H）：-
- 吸水率（W.A）：0.08 %
- 岩石密度（B.D）：2.90 g/cm^3
- 化学成分（C.P）：
  SiO_2：47.62　Al_2O_3：14.52
  CaO：8.50　MgO：7.50
  Na_2O：8.50　K_2O：1.15
  烧失量（Ig.loss）：-
  Fe_2O_3：2.35

梦幻黑 -A
DREAM BLACK
GBK014

- 产地（P.P）：福建（Fujian）
- 一般用途（G.U）：–
- 储量（Reserve）：–
- 抗压强度（C.S）：–
- 抗折强度（M.R）：–
- 萧氏硬度（S.H）：–
- 吸水率（W.A）：–
- 岩石密度（B.D）：–
- 化学成分（C.P）：

  SiO_2：–　Al_2O_3：–
  CaO：–　MgO：–
  Na_2O：–　K_2O：–
  烧失量（Ig.loss）：–
  Fe_2O_3：–

梦幻黑 -B
DREAM BLACK
GBK015

- 产地（P.P）：福建（Fujian）
- 一般用途（G.U）：–
- 储量（Reserve）：–
- 抗压强度（C.S）：–
- 抗折强度（M.R）：–
- 萧氏硬度（S.H）：–
- 吸水率（W.A）：–
- 岩石密度（B.D）：–
- 化学成分（C.P）：

  SiO_2：–　Al_2O_3：–
  CaO：–　MgO：–
  Na_2O：–　K_2O：–
  烧失量（Ig.loss）：–
  Fe_2O_3：–

代县金梦（山西金钻）1407-A
GOLDEN DIAMOND SHANXI
GBK016

- 产地（P.P）：山西（Shanxi）
- 一般用途（G.U）：–
- 储量（Reserve）：–
- 抗压强度（C.S）：–
- 抗折强度（M.R）：–
- 萧氏硬度（S.H）：–
- 吸水率（W.A）：–
- 岩石密度（B.D）：–
- 化学成分（C.P）：
  SiO_2：– Al_2O_3：–
  CaO：– MgO：–
  Na_2O：– K_2O：–
  烧失量（Ig.loss）：–
  Fe_2O_3：–

代县金梦 1407 – B
GOLDEN DIAMOND SHANXI
GBK017

- 产地（P.P）：山西（Shanxi）
- 矿址（Q.L）：山西代县（Daixian County Shanxi Province）
- 一般用途（G.U）：–
- 储量（Reserve）：–
- 抗压强度（C.S）：–
- 抗折强度（M.R）：–
- 萧氏硬度（S.H）：–
- 吸水率（W.A）：–
- 岩石密度（B.D）：–
- 化学成分（C.P）：
  SiO_2：– Al_2O_3：–
  CaO：– MgO：–
  Na_2O：– K_2O：–
  烧失量（Ig.loss）：–
  Fe_2O_3：–

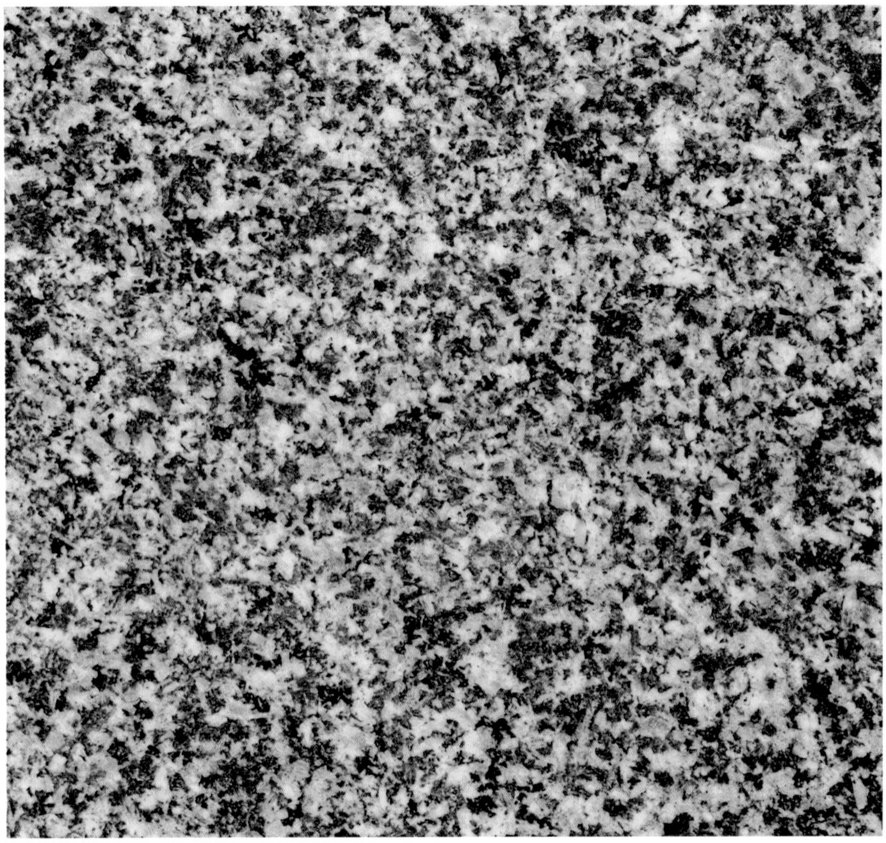

芝麻黑
SESAME BLACK
GBK018

- 产地（P.P）：河北（Hebei）
- 一般用途（G.U）：–
- 储量（Reserve）：–
- 抗压强度（C.S）：–
- 抗折强度（M.R）：–
- 萧氏硬度（S.H）：–
- 吸水率（W.A）：–
- 岩石密度（B.D）：–
- 化学成分（C.P）：

SiO_2：–　Al_2O_3：–
CaO：–　MgO：–
Na_2O：–　K_2O：–
烧失量（Ig.loss）：–
Fe_2O_3：–

长太黑
BLACK CHANGTAI
GBK019

- 产地（P.P）：福建（Fujian）
- 一般用途（G.U）：–
- 储量（Reserve）：–
- 抗压强度（C.S）：–
- 抗折强度（M.R）：–
- 萧氏硬度（S.H）：–
- 吸水率（W.A）：–
- 岩石密度（B.D）：–
- 化学成分（C.P）：

SiO_2：–　Al_2O_3：–
CaO：–　MgO：–
Na_2O：–　K_2O：–
烧失量（Ig.loss）：–
Fe_2O_3：–

西施黑
XISHI BLACK
GBK020

- 产地（P.P）：河南（He'nan）
- 一般用途（G.U）：–
- 储量（Reserve）：–
- 抗压强度（C.S）：–
- 抗折强度（M.R）：–
- 萧氏硬度（S.H）：–
- 吸水率（W.A）：–
- 岩石密度（B.D）：–
- 化学成分（C.P）：

  SiO_2：–　Al_2O_3：–
  CaO：–　MgO：–
  Na_2O：–　K_2O：–
  烧失量（Ig.loss）：–
  Fe_2O_3：–

飞云红
CLOUD RED
GBK021

- 产地（P.P）：河南（He'nan）
- 一般用途（G.U）：–
- 储量（Reserve）：–
- 抗压强度（C.S）：–
- 抗折强度（M.R）：–
- 萧氏硬度（S.H）：–
- 吸水率（W.A）：–
- 岩石密度（B.D）：–
- 化学成分（C.P）：

  SiO_2：–　Al_2O_3：–
  CaO：–　MgO：–
  Na_2O：–　K_2O：–
  烧失量（Ig.loss）：–
  Fe_2O_3：–

黑猫石
BLACK CAT
GBK022

- 产地（P.P）：
  内蒙古（Inner Mongolia）
- 一般用途（G.U）：–
- 储量（Reserve）：–
- 抗压强度（C.S）：–
- 抗折强度（M.R）：–
- 萧氏硬度（S.H）：–
- 吸水率（W.A）：–
- 岩石密度（B.D）：–
- 化学成分（C.P）：
  SiO_2：–　Al_2O_3：–
  CaO：–　MgO：–
  Na_2O：–　K_2O：–
  烧失量（Ig.loss）：–
  Fe_2O_3：–

黑珍珠
BLACK PEARL
GBK023

- 产地（P.P）：
  黑龙江（Heilongjiang）
- 一般用途（G.U）：–
- 储量（Reserve）：–
- 抗压强度（C.S）：–
- 抗折强度（M.R）：–
- 萧氏硬度（S.H）：–
- 吸水率（W.A）：–
- 岩石密度（B.D）：–
- 化学成分（C.P）：
  SiO_2：–　Al_2O_3：–
  CaO：–　MgO：–
  Na_2O：–　K_2O：–
  烧失量（Ig.loss）：–
  Fe_2O_3：–

夜里雪
NIGHT SNOW
GBK024

- 产地（P.P）：河南（He'nan）
- 一般用途（G.U）：-
- 储量（Reserve）：-
- 抗压强度（C.S）：-
- 抗折强度（M.R）：-
- 萧氏硬度（S.H）：-
- 吸水率（W.A）：-
- 岩石密度（B.D）：-
- 化学成分（C.P）：

SiO_2：- Al_2O_3：-
CaO：- MgO：-
Na_2O：- K_2O：-
烧失量（Ig.loss）：-
Fe_2O_3：-

黑金麻
COAL GRAIN
GBK025

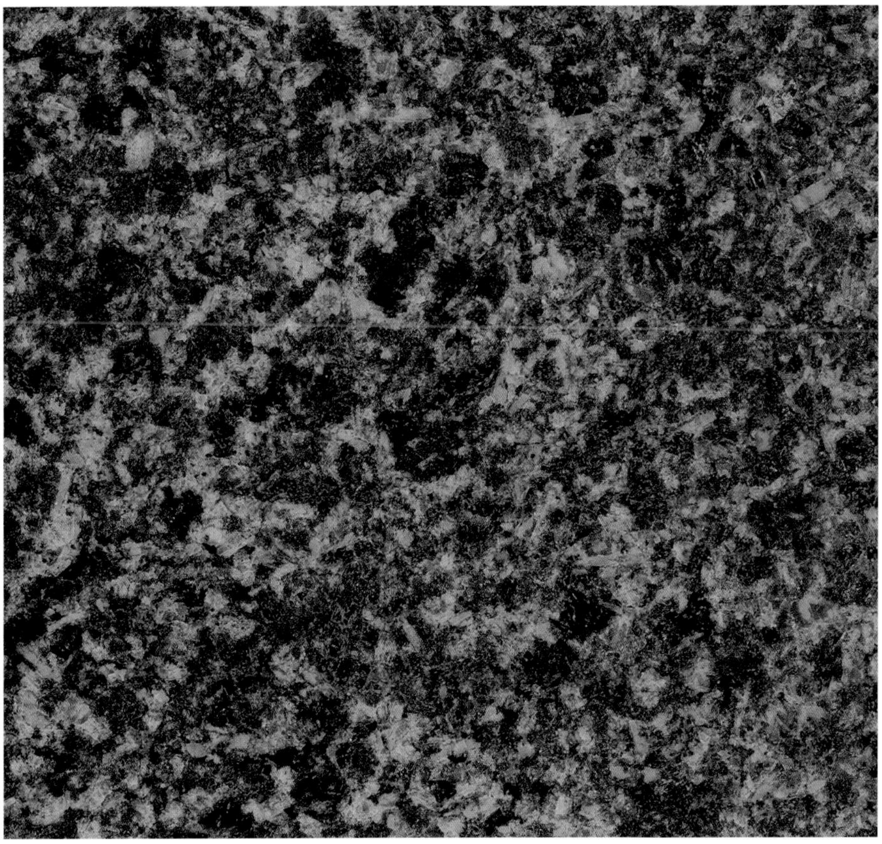

- 产地（P.P）：广东（Guangdong）
- 一般用途（G.U）：-
- 储量（Reserve）：-
- 抗压强度（C.S）：-
- 抗折强度（M.R）：-
- 萧氏硬度（S.H）：-
- 吸水率（W.A）：-
- 岩石密度（B.D）：-
- 化学成分（C.P）：

SiO_2：- Al_2O_3：-
CaO：- MgO：-
Na_2O：- K_2O：-
烧失量（Ig.loss）：-
Fe_2O_3：-

黑麻点
BLACK SESAME
GBK026

- 产地（P.P）：山西（Shanxi）
- 一般用途（G.U）：–
- 储量（Reserve）：–
- 抗压强度（C.S）：–
- 抗折强度（M.R）：–
- 萧氏硬度（S.H）：–
- 吸水率（W.A）：–
- 岩石密度（B.D）：–
- 化学成分（C.P）：

  SiO_2：–　Al_2O_3：–
  CaO：–　MgO：–
  Na_2O：–　K_2O：–
  烧失量（Ig.loss）：–
  Fe_2O_3：–

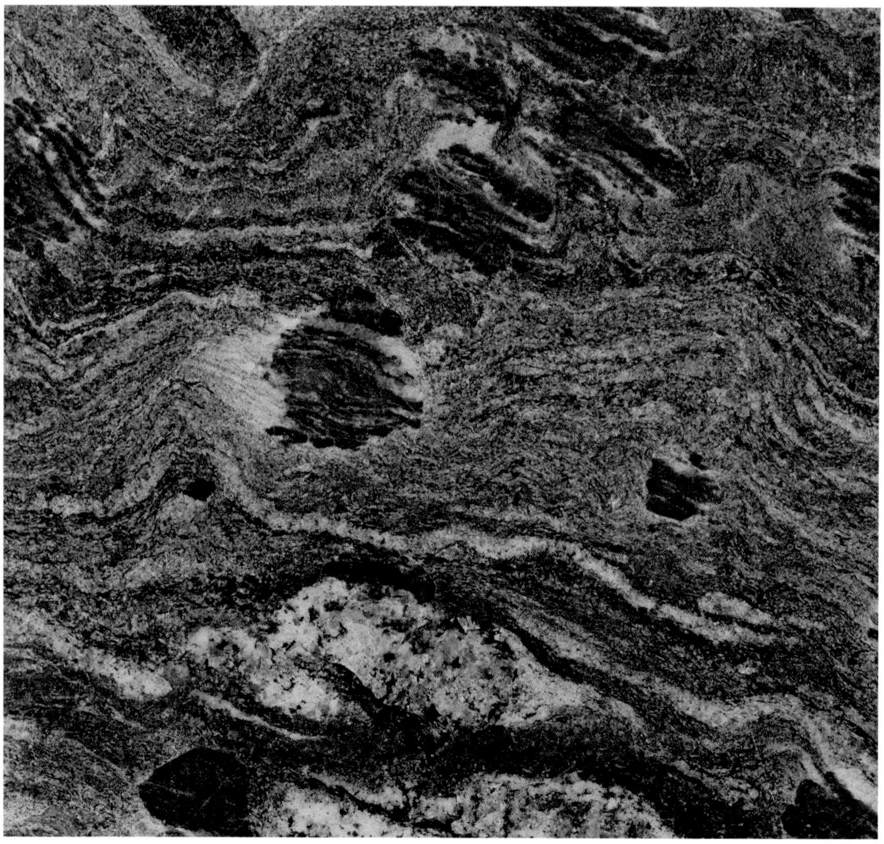

夜玫瑰
NIGHT ROSE
GBK027

- 产地（P.P）：陕西（Shanxi）
- 一般用途（G.U）：–
- 储量（Reserve）：–
- 抗压强度（C.S）：–
- 抗折强度（M.R）：–
- 萧氏硬度（S.H）：–
- 吸水率（W.A）：–
- 岩石密度（B.D）：–
- 化学成分（C.P）：

  SiO_2：–　Al_2O_3：–
  CaO：–　MgO：–
  Na_2O：–　K_2O：–
  烧失量（Ig.loss）：–
  Fe_2O_3：–

易县黑 1304
BLACK YIXIAN
GBK028

- 产地（P.P）：河北（Hebei）
- 矿址（Q.L）:河北易县（Yi County Hebei Province）
- 一般用途（G.U）：-
- 储量（Reserve）：-
- 抗压强度（C.S）：-
- 抗折强度（M.R）：-
- 萧氏硬度（S.H）：-
- 吸水率（W.A）：-
- 岩石密度（B.D）：-
- 化学成分（C.P）：
  SiO_2：-　Al_2O_3：-
  CaO：-　MgO：-
  Na_2O：-　K_2O：-
  烧失量（Ig.loss）：-
  Fe_2O_3：-

曲阳建国黑
JIANGUO BLACK QUYANG
GBK029

- 产地（P.P）：河北（Hebei）
- 一般用途（G.U）：-
- 储量（Reserve）：-
- 抗压强度（C.S）：-
- 抗折强度（M.R）：-
- 萧氏硬度（S.H）：-
- 吸水率（W.A）：-
- 岩石密度（B.D）：-
- 化学成分（C.P）：
  SiO_2：-　Al_2O_3：-
  CaO：-　MgO：-
  Na_2O：-　K_2O：-
  烧失量（Ig.loss）：-
  Fe_2O_3：-

黑金彩麻
COLOUR COAL GRAIN
GBK030

- 产地（P.P）：陕西（Shanxi）
- 一般用途（G.U）：–
- 储量（Reserve）：–
- 抗压强度（C.S）：–
- 抗折强度（M.R）：–
- 萧氏硬度（S.H）：–
- 吸水率（W.A）：–
- 岩石密度（B.D）：–
- 化学成分（C.P）：

  SiO_2：–　Al_2O_3：–
  CaO：–　MgO：–
  Na_2O：–　K_2O：–
  烧失量（Ig.loss）：–
  Fe_2O_3：–

金沙黑（金点黑）
SAND BLACK
GBK031

- 产地（P.P）：山西（Shanxi）
- 一般用途（G.U）：–
- 储量（Reserve）：–
- 抗压强度（C.S）：–
- 抗折强度（M.R）：–
- 萧氏硬度（S.H）：–
- 吸水率（W.A）：–
- 岩石密度（B.D）：–
- 化学成分（C.P）：

  SiO_2：–　Al_2O_3：–
  CaO：–　MgO：–
  Na_2O：–　K_2O：–
  烧失量（Ig.loss）：–
  Fe_2O_3：–

海南黑
BLACK HAINAN
GBK032

- 产地（P.P）：海南（Hainan）
- 一般用途（G.U）：–
- 储量（Reserve）：–
- 抗压强度（C.S）：–
- 抗折强度（M.R）：–
- 萧氏硬度（S.H）：–
- 吸水率（W.A）：–
- 岩石密度（B.D）：–
- 化学成分（C.P）：

SiO_2：–　Al_2O_3：–
CaO：–　MgO：–
Na_2O：–　K_2O：–
烧失量（Ig.loss）：–
Fe_2O_3：–

信宜黑
BLACK XINYI
GBK033

- 产地（P.P）：广东（Guangdong）
- 一般用途（G.U）：–
- 储量（Reserve）：–
- 抗压强度（C.S）：–
- 抗折强度（M.R）：–
- 萧氏硬度（S.H）：–
- 吸水率（W.A）：–
- 岩石密度（B.D）：–
- 化学成分（C.P）：

SiO_2：–　Al_2O_3：–
CaO：–　MgO：–
Na_2O：–　K_2O：–
烧失量（Ig.loss）：–
Fe_2O_3：–

增城黑
BLACK ZENGCHENG
GBK034

- 产地(P.P)：广东(Guangdong)
- 一般用途（G.U）：–
- 储量（Reserve）：–
- 抗压强度（C.S）：–
- 抗折强度（M.R）：–
- 萧氏硬度（S.H）：–
- 吸水率（W.A）：–
- 岩石密度（B.D）：–
- 化学成分（C.P）：

  SiO_2：–　Al_2O_3：–
  CaO：–　MgO：–
  Na_2O：–　K_2O：–
  烧失量（Ig.loss）：–
  Fe_2O_3：–

信宜星云黑 4416
GALAXY BLACK XINYI
GBK035

- 产地(P.P)：广东(Guangdong)
- 一般用途（G.U）：–
- 储量（Reserve）：–
- 抗压强度（C.S）：–
- 抗折强度（M.R）：–
- 萧氏硬度（S.H）：–
- 吸水率（W.A）：–
- 岩石密度（B.D）：–
- 化学成分（C.P）：

  SiO_2：–　Al_2O_3：–
  CaO：–　MgO：–
  Na_2O：–　K_2O：–
  烧失量（Ig.loss）：–
  Fe_2O_3：–

国产大理石

Domestic Marble

房山高庄汉白玉 1101
WHITE JADE GAOZHUANG FANGSHAN
MW001

- 产地（P.P）：北京（Beijing）
- 矿址（Q.L）：北京房山高庄采石场（Gaozhuang Quarry Fangshan Beijing）
- 一般用途（G.U）：用作建筑装饰装修及石雕石刻等加工（Suit for Interior Decoration and carving）
- 储量（Reserve）：$8 \times 10^5 m^3$
- 抗压强度（C.S）：156.40 MPa
- 抗折强度（M.R）：19.12 MPa
- 萧氏硬度（S.H）：42.40
- 吸水率（W.A）：0.15 %
- 岩石密度（B.D）：2.87 g/cm^3
- 化学成分（C.P）：
  SiO_2：0.79　Al_2O_3：0.33
  CaO：30.20　MgO：21.89
  Na_2O：–　K_2O：–
  烧失量（Ig.loss）：46.13
  Fe_2O_3：0.24

房山白 1104
WHITE FANGSHAN
MW002

- 产地（P.P）：北京（Beijing）
- 矿址（Q.L）：北京房山区半壁店村（Banbidian Village Fangshan District Beijing）
- 一般用途（G.U）：–
- 储量（Reserve）：–
- 抗压强度（C.S）：181.50 MPa
- 抗折强度（M.R）：8.40 MPa
- 萧氏硬度（S.H）：–
- 吸水率（W.A）：0.17 %
- 岩石密度（B.D）：3.21 g/cm^3
- 化学成分（C.P）：
  SiO_2：–　Al_2O_3：–
  CaO：–　MgO：–
  Na_2O：–　K_2O：–
  烧失量（Ig.loss）：–
  Fe_2O_3：–

房山次白玉 1106
ORDINARY WHITE FANGSHAN
MW003

- 产地（P.P）：北京（Beijing）
- 矿址（Q.L）：北京房山区西长沟村（Xichanggou Village Fangshan District Beijing）
- 一般用途（G.U）：–
- 储量（Reserve）：$2 \times 10^6 m^3$
- 抗压强度（C.S）：101.90 MPa
- 抗折强度（M.R）：21.30 MPa
- 萧氏硬度（S.H）：–
- 吸水率（W.A）：0.13 %
- 岩石密度（B.D）：2.60 g/cm^3
- 化学成分（C.P）：
  SiO_2：–　Al_2O_3：–
  CaO：–　MgO：–
  Na_2O：–　K_2O：–
  烧失量（Ig.loss）：–
  Fe_2O_3：–

房山芝麻白 1112
SESAME WHITE FANGSHAN
MW004

- 产地（P.P）：北京（Beijing）
- 矿址（Q.L）：北京房山区黄元井（Huangyuanjing Fangshan District Beijing）
- 一般用途(G.U)：用于室内装修（Suit for Interior decoration）
- 储量（Reserve）：$2 \times 10^4 m^3$
- 抗压强度（C.S）：137.90 MPa
- 抗折强度（M.R）：–
- 萧氏硬度（S.H）：54.20
- 吸水率（W.A）：–
- 岩石密度（B.D）：2.90 g/cm^3
- 化学成分（C.P）：
  SiO_2：0.21　Al_2O_3：–
  CaO：29.87　MgO：22.10
  Na_2O：–　K_2O：–
  烧失量（Ig.loss）：46.89
  Fe_2O_3：–

房山石窝汉白玉 1113
WHITE JADE SHIWO FANGSHAN
MW005

- 产地（P.P）：北京（Beijing）
- 矿址（Q.L）：北京房山区石窝（Shiwo Village Fangshan District Beijing）
- 一般用途（G.U）：用于装饰装修及石雕石刻（Suit for decoration and sculpture）
- 储量（Reserve）：$8 \times 10^5 m^3$
- 抗压强度（C.S）：156.40 MPa
- 抗折强度（M.R）：–
- 萧氏硬度（S.H）：42.40
- 吸水率（W.A）：0.18 %
- 岩石密度（B.D）：2.84 g/cm^3
- 化学成分（C.P）：
  SiO_2：0.79 Al_2O_3：0.33
  CaO：30.20 MgO：21.89
  Na_2O：– K_2O：–
  烧失量（Ig.loss）：46.13
  Fe_2O_3：0.24

宜兴青奶油 3258 -A
GREY CREAM YIXING
MW006

- 产地（P.P）：江苏（Jiangsu）
- 矿址（Q.L）：江苏宜兴市张渚镇东约 10 公里的白云洞（Baiyun cave 10 kilometre away from the east to Zhangzhu Town Yixing City Jiangsu Province）
- 一般用途（G.U）：
- 储量（Reserve）：$1.4 \times 10^7 m^3$
- 抗压强度（C.S）：127.20 MPa
- 抗折强度（M.R）：16 MPa
- 萧氏硬度（S.H）：–
- 吸水率（W.A）：0.08 %
- 岩石密度（B.D）：2.70 g/cm^3
- 化学成分（C.P）：
  SiO_2：0.187 Al_2O_3：0.14
  CaO：54.92 MgO：0.93
  Na_2O：0.10 K_2O：0.02
  烧失量（Ig.loss）：43.73
  Fe_2O_3：0.08

莱州雪花白 3711
SNOW FLAKE WHITE LAIZHOU
MW007

- 产地（P.P）：山东（Shandong）
- 矿址（Q.L）：莱州市南柞村乡黄山后（Huangshanhou Nanzuocun Town Laizhou City Shandong Province）
- 一般用途（G.U）：–
- 储量（Reserve）：$8.24 \times 10^6 m^3$
- 抗压强度（C.S）：–
- 抗折强度（M.R）：–
- 萧氏硬度（S.H）：–
- 吸水率（W.A）：–
- 岩石密度（B.D）：–
- 化学成分（C.P）：
  SiO_2：3.36　Al_2O_3：–
  CaO：33.35　MgO：18.53
  Na_2O：–　K_2O：–
  烧失量（Ig.loss）：43.76
  Fe_2O_3：0.09

宝兴白 5101
WHITE BAOXING
MW008

- 产地（P.P）：四川（Sichuan）
- 矿址（Q.L）：四川宝兴县盐井乡锅巴岩白玉沟、硫磺乡、永富乡等（Yongfu Town & Liuqi Town & Baiyu Gully Guobayan Yanjing Town Baoxing County Sichuan Province）
- 一般用途（G.U）：–
- 储量（Reserve）：$7.16 \times 10^7 m^3$
- 抗压强度（C.S）：–
- 抗折强度（M.R）：–
- 萧氏硬度（S.H）：–
- 吸水率（W.A）：–
- 岩石密度（B.D）：–
- 化学成分（C.P）：
  SiO_2：–　Al_2O_3：–
  CaO：–　MgO：–
  Na_2O：–　K_2O：–
  烧失量（Ig.loss）：–
  Fe_2O_3：–

宝兴青花白 5104
CYAN FLOWER WHITE BAOXING
MW009

- 产地（P.P）：四川（Sichuan）
- 矿址（Q.L）：四川宝兴县盐井乡、硫碛乡、永富乡等（Yongfu Town & Liuqi Town & Yanjing Town Baoxing County Sichuan Province）
- 一般用途（G.U）：－
- 储量（Reserve）：2.0 × 10^8m^3
- 一般用途（G.U）：－
- 储量（Reserve）：－
- 抗压强度（C.S）：－
- 抗折强度（M.R）：－
- 肃氏硬度（S.H）：－
- 吸水率（W.A）：－
- 岩石密度（B.D）：－
- 化学成分（C.P）：

  SiO_2：－　Al_2O_3：－
  CaO：－　MgO：－
  Na_2O：－　K_2O：－
  烧失量（Ig.loss）：－
  Fe_2O_3：－

丹巴青花 5111
CYAN FLOWER DANBA
MW010

- 产地（P.P）：四川（Sichuan）
- 矿址（Q.L）：四川丹巴县（Danba County Sichuan Province）
- 一般用途（G.U）：－
- 储量（Reserve）：－
- 抗压强度（C.S）：－
- 抗折强度（M.R）：－
- 肃氏硬度（S.H）.
- 吸水率（W.A）：－
- 岩石密度（B.D）：－
- 化学成分（C.P）：

  SiO_2：－　Al_2O_3：－
  CaO：－　MgO：－
  Na_2O：－　K_2O：－
  烧失量（Ig.loss）：－
  Fe_2O_3：－

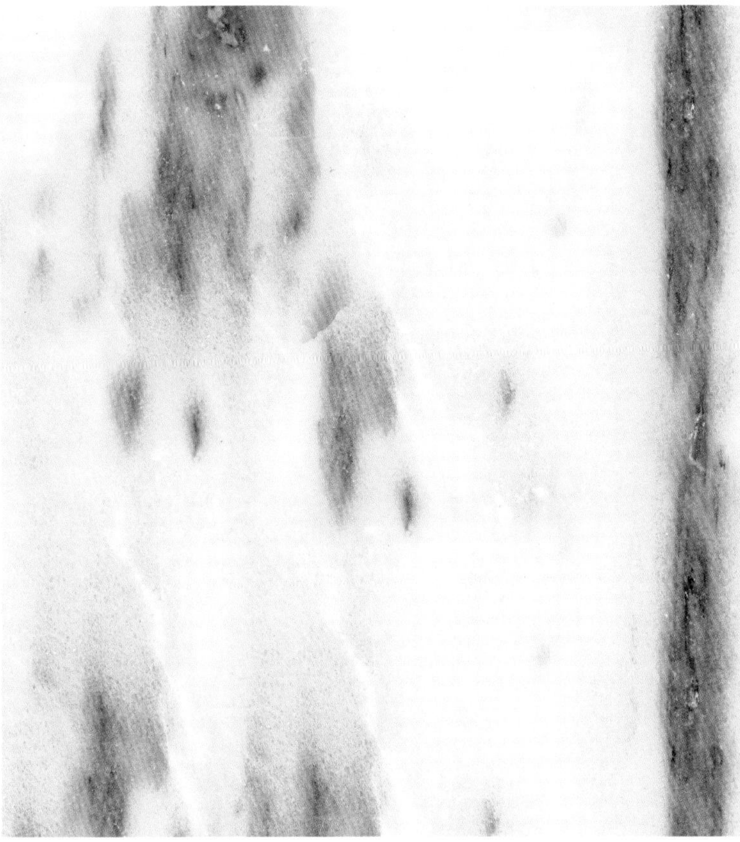

Domestic Marble

云南白海棠 5325
WHITE BEGONIA YUNNAN
MW011

- 产地（P.P）：云南（Yunnan）
- 矿址（Q.L）：云南省陆良县大莫古乡一带（inside Damogu Town Luliang County Yunnan Province）
- 一般用途（G.U）：–
- 储量（Reserve）：1.56 × 10^6m^3
- 抗压强度（C.S）：–
- 抗折强度（M.R）：–
- 萧氏硬度（S.H）：–
- 吸水率（W.A）：–
- 岩石密度（B.D）：–
- 化学成分（C.P）：
  SiO_2：–　Al_2O_3：–
  CaO：–　MgO：–
  Na_2O：–　K_2O：–
  烧失量（Ig.loss）：–
  Fe_2O_3：–

汉中雪花白 6101
SNOW FLAKE WHITE HANZHONG
MW012

- 产地（P.P）：陕西省（Shanxi）
- 矿址（Q.L）：陕西汉中地区留坝县（Liuba County Hanzhong Resion Shanxi Province）
- 一般用途（G.U）：–
- 储量（Reserve）：–
- 抗压强度（C.S）：–
- 抗折强度（M.R）：–
- 萧氏硬度（S.H）：–
- 吸水率（W.A）：–
- 岩石密度（B.D）：–
- 化学成分（C.P）：
  SiO_2：–　Al_2O_3：–
  CaO：–　MgO：–
  Na_2O：–　K_2O：–
  烧失量（Ig.loss）：–
  Fe_2O_3：–

湘白玉
XIANG WHITE JADE
MW013

- 产地（P.P）：湖南（Hu'nan）
- 一般用途（G.U）：–
- 储量（Reserve）：–
- 抗压强度（C.S）：–
- 抗折强度（M.R）：–
- 萧氏硬度（S.H）：–
- 吸水率（W.A）：–
- 岩石密度（B.D）：–
- 化学成分（C.P）：

  SiO_2：– Al_2O_3：–
  CaO：– MgO：–
  Na_2O：– K_2O：–
  烧失量（Ig.loss）：–
  Fe_2O_3：–

汉白玉
WHITE JADE
MW014

- 产地（P.P）：四川（Sichuan）
- 一般用途（G.U）：–
- 储量（Reserve）：–
- 抗压强度（C.S）：–
- 抗折强度（M.R）：–
- 萧氏硬度（S.H）：–
- 吸水率（W.A）：–
- 岩石密度（B.D）：–
- 化学成分（C.P）：

  SiO_2：– Al_2O_3：–
  CaO：– MgO：–
  Na_2O：– K_2O：–
  烧失量（Ig.loss）：–
  Fe_2O_3：–

水晶白 -A
CRYSTAL WHITE
MW015

- 产地（P.P）：广东（Guangdong）
- 一般用途（G.U）：–
- 储量（Reserve）：–
- 抗压强度（C.S）：–
- 抗折强度（M.R）：–
- 萧氏硬度（S.H）：–
- 吸水率（W.A）：–
- 岩石密度（B.D）：–
- 化学成分（C.P）：

  SiO_2：–　Al_2O_3：–
  CaO：–　MgO：–
  Na_2O：–　K_2O：–
  烧失量（Ig.loss）：–
  Fe_2O_3：–

水晶白 -B
CRYSTAL WHITE
MW016

- 产地（P.P）：广东（Guangdong）
- 一般用途（G.U）：–
- 储量（Reserve）：–
- 抗压强度（C.S）：–
- 抗折强度（M.R）：–
- 萧氏硬度（S.H）：–
- 吸水率（W.A）：–
- 岩石密度（B.D）：–
- 化学成分（C.P）：

  SiO_2：–　Al_2O_3：–
  CaO：–　MgO：–
  Na_2O：–　K_2O：–
  烧失量（Ig.loss）：–
  Fe_2O_3：–

新雅士白
XINYASHI WHITE
MW017

- 产地（P.P）：陕西（Shanxi）
- 一般用途（G.U）：–
- 储量（Reserve）：–
- 抗压强度（C.S）：–
- 抗折强度（M.R）：–
- 肃氏硬度（S.H）：–
- 吸水率（W.A）：–
- 岩石密度（B.D）：–
- 化学成分（C.P）：

SiO_2：–　Al_2O_3：–
CaO：–　MgO：–
Na_2O：–　K_2O：–
烧失量（Ig.loss）：–
Fe_2O_3：–

新爵士白
XINJUESHI WHITE
MW018

- 产地（P.P）：河南（He'nan）
- 一般用途（G.U）：–
- 储量（Reserve）：–
- 抗压强度（C.S）：–
- 抗折强度（M.R）：–
- 肃氏硬度（S.H）：–
- 吸水率（W.A）：–
- 岩石密度（B.D）：–
- 化学成分（C.P）：

SiO_2：–　Al_2O_3：–
CaO：–　MgO：–
Na_2O：–　K_2O：–
烧失量（Ig.loss）：–
Fe_2O_3：–

白奶油
WHITE CREAM
MW019

- 产地（P.P）：江苏（Jiangsu）
- 一般用途（G.U）：–
- 储量（Reserve）：–
- 抗压强度（C.S）：–
- 抗折强度（M.R）：–
- 萧氏硬度（S.H）：–
- 吸水率（W.A）：–
- 岩石密度（B.D）：–
- 化学成分（C.P）：

  SiO_2：–　Al_2O_3：–
  CaO：–　MgO：–
  Na_2O：–　K_2O：–
  烧失量（Ig.loss）：–
  Fe_2O_3：–

冰花白
ICE FLOWER WHITE
MW020

- 产地（P.P）：广东（Guangdong）
- 一般用途（G.U）：–
- 储量（Reserve）：–
- 抗压强度（C.S）：–
- 抗折强度（M.R）：–
- 萧氏硬度（S.H）：–
- 吸水率（W.A）：–
- 岩石密度（B.D）：–
- 化学成分（C.P）：

  SiO_2：–　Al_2O_3：–
  CaO：–　MgO：–
  Na_2O：–　K_2O：–
  烧失量（Ig.loss）：–
  Fe_2O_3：–

云雾白
FOG WHITE
MW021

- 产地（P.P）：河南（He'nan）
- 一般用途（G.U）：-
- 储量（Reserve）：-
- 抗压强度（C.S）：-
- 抗折强度（M.R）：-
- 萧氏硬度（S.H）：-
- 吸水率（W.A）：-
- 岩石密度（B.D）：-
- 化学成分（C.P）：
  SiO_2：- Al_2O_3：-
  CaO：- MgO：-
  Na_2O：- K_2O：-
  烧失量（Ig.loss）：-
  Fe_2O_3：-

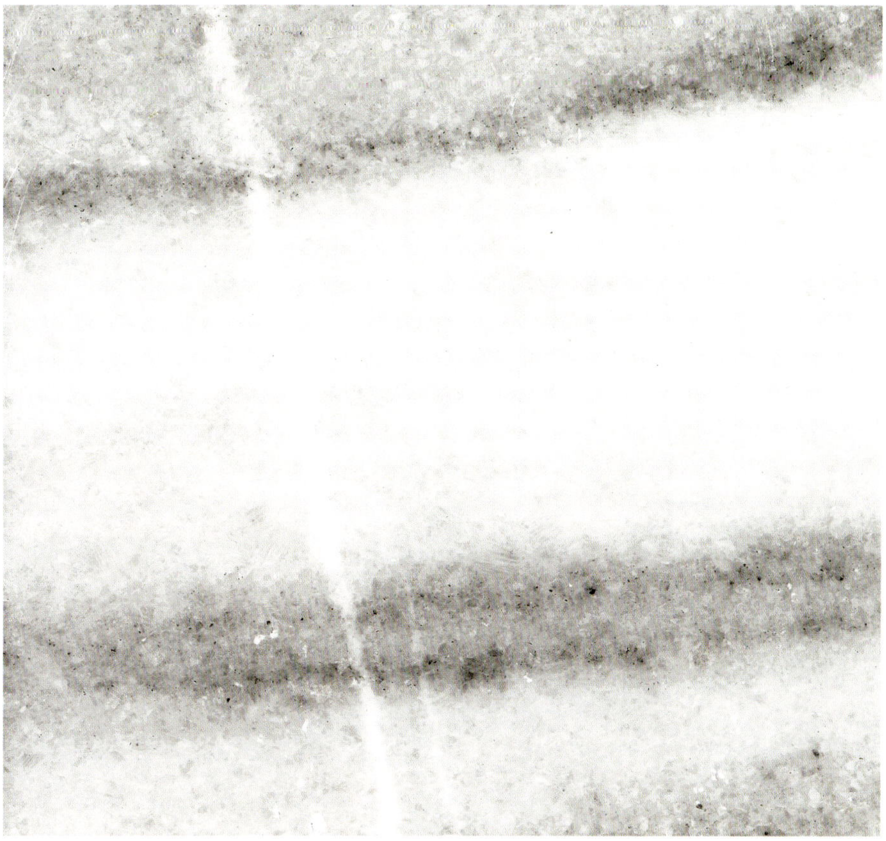

石林白麻
SHILING WHITE GRAIN
MW022

- 产地（P.P）：云南（Yunnan）
- 一般用途（G.U）：-
- 储量（Reserve）：-
- 抗压强度（C.S）：-
- 抗折强度（M.R）：-
- 萧氏硬度（S.H）：-
- 吸水率（W.A）：-
- 岩石密度（B.D）：-
- 化学成分（C.P）：
  SiO_2：- Al_2O_3：-
  CaO：- MgO：-
  Na_2O：- K_2O：-
  烧失量（Ig.loss）：-
  Fe_2O_3：-

山雪
MOUNTAIN SNOW
MW023

- 产地（P.P）：山东（Shandong）
- 一般用途（G.U）：–
- 储量（Reserve）：–
- 抗压强度（C.S）：–
- 抗折强度（M.R）：–
- 萧氏硬度（S.H）：–
- 吸水率（W.A）：–
- 岩石密度（B.D）：–
- 化学成分（C.P）：

  SiO_2：–　Al_2O_3：–
  CaO：–　MgO：–
  Na_2O：–　K_2O：–
  烧失量（Ig.loss）：–
  Fe_2O_3：–

广西白
WHITE GUANGXI
MW024

- 产地（P.P）：广西（Guangxi）
- 一般用途（G.U）：–
- 储量（Reserve）：–
- 抗压强度（C.S）：–
- 抗折强度（M.R）：–
- 萧氏硬度（S.H）：–
- 吸水率（W.A）：–
- 岩石密度（B.D）：–
- 化学成分（C.P）：

  SiO_2：–　Al_2O_3：–
  CaO：–　MgO：–
  Na_2O：–　K_2O：–
  烧失量（Ig.loss）：–
  Fe_2O_3：–

松香黄 –A
RESIN YELLOW
MY001

- 产地（P.P）：河南（He'nan）
- 一般用途（G.U）：–
- 储量（Reserve）：–
- 抗压强度（C.S）：76.23 MPa
- 抗折强度（M.R）：11.86 MPa
- 萧氏硬度（S.H）：–
- 吸水率（W.A）：–
- 岩石密度（B.D）：2.74 g/cm^3
- 化学成分（C.P）：

SiO_2：– Al_2O_3：–
CaO：– MgO：–
Na_2O：– K_2O：–
烧失量（Ig.loss）：–
Fe_2O_3：–

松香黄 –B
RESIN YELLOW
MY002

- 产地（P.P）：河南（He'nan）
- 一般用途（G.U）：–
- 储量（Reserve）：–
- 抗压强度（C.S）：76.23 MPa
- 抗折强度（M.R）：11.86 MPa
- 萧氏硬度（S.H）：–
- 吸水率（W.A）：–
- 岩石密度（B.D）：2.74 g/cm^3
- 化学成分（C.P）：

SiO_2：– Al_2O_3：–
CaO：– MgO：–
Na_2O：– K_2O：–
烧失量（Ig.loss）：–
Fe_2O_3：–

通山中米黄 4286 -A
MEDIUM CREAM
TONGSHANG
MY003

- 产地（P.P）：湖北（Hubei）
- 矿址（Q.L）：湖北通山（Tongshan County Hubei Province）
- 一般用途（G.U）：–
- 储量（Reserve）：–
- 抗压强度（C.S）：96.13 MPa
- 抗折强度（M.R）：14.03 MPa
- 萧氏硬度（S.H）：48
- 吸水率（W.A）：–
- 岩石密度（B.D）：2.77 g/cm^3
- 化学成分（C.P）：

SiO_2：–　Al_2O_3：–
CaO：–　MgO：–
Na_2O：–　K_2O：–
烧失量（Ig.loss）：–
Fe_2O_3：–

通山中米黄 4286 -B
MEDIUM CREAM
TONGSHAN
MY004

- 产地（P.P）：湖北（Hubei）
- 矿址（Q.L）：湖北通山（Tongshan County Hubei Province）
- 一般用途（G.U）：–
- 储量（Reserve）：–
- 抗压强度（C.S）：96.13 MPa
- 抗折强度（M.R）：14.03 MPa
- 萧氏硬度（S.H）：48
- 吸水率（W.A）：–
- 岩石密度（B.D）：2.77 g/cm^3
- 化学成分（C.P）：

SiO_2：–　Al_2O_3：–
CaO：–　MgO：–
Na_2O：–　K_2O：–
烧失量（Ig.loss）：–

贵州木纹米黄 5231
WOOD-GRAIN CREAM GUIZHOU
MY005

- 产地（P.P）：贵州（Guizhou）
- 矿址（Q.L）：贵州安顺市七眼桥（Qiyan Bridge Anshun City Guizhou Province）
- 一般用途(G.U)：用于内装饰（Suit for Interior decoration）
- 储量（Reserve）：–
- 抗压强度（C.S）：–
- 抗折强度（M.R）：–
- 萧氏硬度（S.H）：–
- 吸水率（W.A）：–
- 岩石密度（B.D）：–
- 化学成分（C.P）：

SiO_2：–　Al_2O_3：–
CaO：–　MgO：–
Na_2O：–　K_2O：–
烧失量（Ig.loss）：–
Fe_2O_3：–

贵州平花米黄 5232
PINGHUA CREAM GUIZHOU
MY006

- 产地（P.P）：贵州（Guizhou）
- 矿址（Q.L）：贵州关岭（Guanling Guizhou Province）
- 一般用途（G.U）：–
- 储量（Reserve）：–
- 抗压强度（C.S）：–
- 抗折强度（M.R）：–
- 萧氏硬度（S.H）：–
- 吸水率（W.A）：–
- 岩石密度（B.D）：–
- 化学成分（C.P）：

SiO_2：–　Al_2O_3：–
CaO：–　MgO：–
Na_2O：–　K_2O：–
烧失量（Ig.loss）：–
Fe_2O_3：–

贵州金丝米黄 5233
GOLDEN STRIPE CREAM GUIZHOU
MY007

- 产地（P.P）：贵州（Guizhou）
- 矿址（Q.L）：贵州镇宁县（Zhenning County Guizhou）
- 一般用途（G.U）：用于高档宾馆的内装修（Interior Decoration for Luxury Hotel）
- 储量（Reserve）：–
- 抗压强度（C.S）：–
- 抗折强度（M.R）：–
- 萧氏硬度（S.H）：–
- 吸水率（W.A）：–
- 岩石密度（B.D）：–
- 化学成分（C.P）：
  SiO_2：– Al_2O_3：–
  CaO：– MgO：–
  Na_2O：– K_2O：–
  烧失量（Ig.loss）：–
  Fe_2O_3：–

云南米黄 5326
CREAM YUNNAN
MY008

- 产地（P.P）：云南（Yunnan）
- 矿址（Q.L）：昆明市路南县境内（Inside Lunan County Kunming City Yunnan Province）
- 一般用途（G.U）：–
- 储量（Reserve）：1 × 10^7m^3
- 抗压强度（C.S）：–
- 抗折强度（M.R）：–
- 萧氏硬度（S.H）：–
- 吸水率（W.A）：–
- 岩石密度（B.D）：–
- 化学成分（C.P）：
  SiO_2：– Al_2O_3：–
  CaO：– MgO：–
  Na_2O：– K_2O：–
  烧失量（Ig.loss）：–
  Fe_2O_3：–

黄山玉
HUANGSHAN JADE
MY009

- 产地（P.P）：北京（Beijing）
- 一般用途（G.U）：–
- 储量（Reserve）：–
- 抗压强度（C.S）：–
- 抗折强度（M.R）：–
- 萧氏硬度（S.H）：–
- 吸水率（W.A）：–
- 岩石密度（B.D）：–
- 化学成分（C.P）：

  SiO_2：–　Al_2O_3：–
  CaO：–　MgO：–
  Na_2O：–　K_2O：–
  烧失量（Ig.loss）：–
  Fe_2O_3：–

绚丽米黄
FINE CREAM
MY010

- 产地（P.P）：贵州（Guizhou）
- 一般用途（G.U）：–
- 储量（Reserve）：–
- 抗压强度（C.S）：–
- 抗折强度（M.R）：–
- 萧氏硬度（S.H）：–
- 吸水率（W.A）：–
- 岩石密度（B.D）：–
- 化学成分（C.P）：

  SiO_2：–　Al_2O_3：–
  CaO：–　MgO：–
  Na_2O：–　K_2O：–
  烧失量（Ig.loss）：–
  Fe_2O_3：–

通华米黄 -A
CREAM TONGHUA
MY011

- 产地（P.P）：云南（Yunnan）
- 一般用途（G.U）：–
- 储量（Reserve）：–
- 抗压强度（C.S）：–
- 抗折强度（M.R）：–
- 萧氏硬度（S.H）：–
- 吸水率（W.A）：–
- 岩石密度（B.D）：–
- 化学成分（C.P）：

SiO_2：–　Al_2O_3：–
CaO：–　MgO：–
Na_2O：–　K_2O：–
烧失量（Ig.loss）：–
Fe_2O_3：–

通华米黄 -B
CREAM TONGHUA
MY012

- 产地（P.P）：云南（Yunnan）
- 一般用途（G.U）：–
- 储量（Reserve）：–
- 抗压强度（C.S）：–
- 抗折强度（M.R）：–
- 萧氏硬度（S.H）：–
- 吸水率（W.A）：–
- 岩石密度（B.D）：–
- 化学成分（C.P）：

SiO_2：–　Al_2O_3：–
CaO：–　MgO：–
Na_2O：–　K_2O：–
烧失量（Ig.loss）：–
Fe_2O_3：–

金线米黄
GOLDEN LINE CREAM
MY013

- 产地（P.P）：贵州（Guizhou）
- 一般用途（G.U）：–
- 储量（Reserve）：–
- 抗压强度（C.S）：–
- 抗折强度（M.R）：–
- 萧氏硬度（S.H）：–
- 吸水率（W.A）：–
- 岩石密度（B.D）：–
- 化学成分（C.P）：

SiO_2：–　Al_2O_3：–
CaO：–　MgO：–
Na_2O：–　K_2O：–
烧失量（Ig.loss）：–
Fe_2O_3：–

金丝米黄（云曲米黄）
GOLDEN STRIPE CREAM
MY014

- 产地（P.P）：云南（Yunnan）
- 一般用途（G.U）：–
- 储量（Reserve）：–
- 抗压强度（C.S）：–
- 抗折强度（M.R）：–
- 萧氏硬度（S.H）：–
- 吸水率（W.A）：–
- 岩石密度（B.D）：–
- 化学成分（C.P）：

SiO_2：–　Al_2O_3：–
CaO：–　MgO：–
Na_2O：–　K_2O：–
烧失量（Ig.loss）：–
Fe_2O_3：–

白沙米黄
WHITE SAND CREAM
MY015

- 产地（P.P）：贵州（Guizhou）
- 一般用途（G.U）：–
- 储量（Reserve）：–
- 抗压强度（C.S）：–
- 抗折强度（M.R）：–
- 萧氏硬度（S.H）：–
- 吸水率（W.A）：–
- 岩石密度（B.D）：–
- 化学成分（C.P）：

SiO_2：–　Al_2O_3：–
CaO：–　MgO：–
Na_2O：–　K_2O：–
烧失量（Ig.loss）：–
Fe_2O_3：–

金花米黄
JINHUA CREAM
MY016

- 产地（P.P）：贵州（Guizhou）
- 一般用途（G.U）：–
- 储量（Reserve）：–
- 抗压强度（C.S）：–
- 抗折强度（M.R）：–
- 萧氏硬度（S.H）：–
- 吸水率（W.A）：–
- 岩石密度（B.D）：–
- 化学成分（C.P）：

SiO_2：–　Al_2O_3：–
CaO：–　MgO：–
Na_2O：–　K_2O：–
烧失量（Ig.loss）：–
Fe_2O_3：–

贝花米黄
BEIHUA CREAM
MY017

- 产地（P.P）：贵州（Guizhou）
- 一般用途（G.U）：–
- 储量（Reserve）：–
- 抗压强度（C.S）：–
- 抗折强度（M.R）：–
- 萧氏硬度（S.H）：–
- 吸水率（W.A）：–
- 岩石密度（B.D）：–
- 化学成分（C.P）：

  SiO_2：–　Al_2O_3：–
  CaO：–　MgO：–
  Na_2O：–　K_2O：–
  烧失量（Ig.loss）：–
  Fe_2O_3：–

平纹米黄
STRIPE CREAM
MY018

- 产地（P.P）：贵州（Guizhou）
- 一般用途（G.U）：–
- 储量（Reserve）：–
- 抗压强度（C.S）：–
- 抗折强度（M.R）：–
- 萧氏硬度（S.H）：–
- 吸水率（W.A）：–
- 岩石密度（B.D）：–
- 化学成分（C.P）：

  SiO_2：–　Al_2O_3：–
  CaO：–　MgO：–
  Na_2O：–　K_2O：–
  烧失量（Ig.loss）：–
  Fe_2O_3：–

贞丰米黄（金丰米黄）
ZHENFENG CREAM
MY019

- 产地（P.P）：贵州（Guizhou）
- 一般用途（G.U）：–
- 储量（Reserve）：–
- 抗压强度（C.S）：–
- 抗折强度（M.R）：–
- 萧氏硬度（S.H）：–
- 吸水率（W.A）：–
- 岩石密度（B.D）：–
- 化学成分（C.P）：

SiO_2：–　Al_2O_3：–
CaO：–　MgO：–
Na_2O：–　K_2O：–
烧失量（Ig.loss）：–
Fe_2O_3：–

新米黄
NEW CREAM
MY020

- 产地（P.P）：贵州（Guizhou）
- 一般用途（G.U）：–
- 储量（Reserve）：–
- 抗压强度（C.S）：–
- 抗折强度（M.R）：–
- 萧氏硬度（S.H）：–
- 吸水率（W.A）：–
- 岩石密度（B.D）：–
- 化学成分（C.P）：

SiO_2：–　Al_2O_3：–
CaO：–　MgO：–
Na_2O：–　K_2O：–
烧失量（Ig.loss）：–
Fe_2O_3：–

米黄玉 -A
CREAM JADE GUANG DONG
MY021

- 产地(P.P):广东(Guangdong)
- 一般用途(G.U):–
- 储量(Reserve):–
- 抗压强度(C.S):–
- 抗折强度(M.R):–
- 萧氏硬度(S.H):–
- 吸水率(W.A):–
- 岩石密度(B.D):–
- 化学成分(C.P):

  SiO_2:– Al_2O_3:–
  CaO:– MgO:–
  Na_2O:– K_2O:–
  烧失量(Ig.loss):–
  Fe_2O_3:–

米黄玉 -B
CREAM JADE HE'NAN
MY022

- 产地(P.P):河南(He'nan)
- 一般用途(G.U):–
- 储量(Reserve):–
- 抗压强度(C.S):–
- 抗折强度(M.R):–
- 萧氏硬度(S.H):–
- 吸水率(W.A):–
- 岩石密度(B.D):–
- 化学成分(C.P):

  SiO_2:– Al_2O_3:–
  CaO:– MgO:–
  Na_2O:– K_2O:–
  烧失量(Ig.loss):–
  Fe_2O_3:–

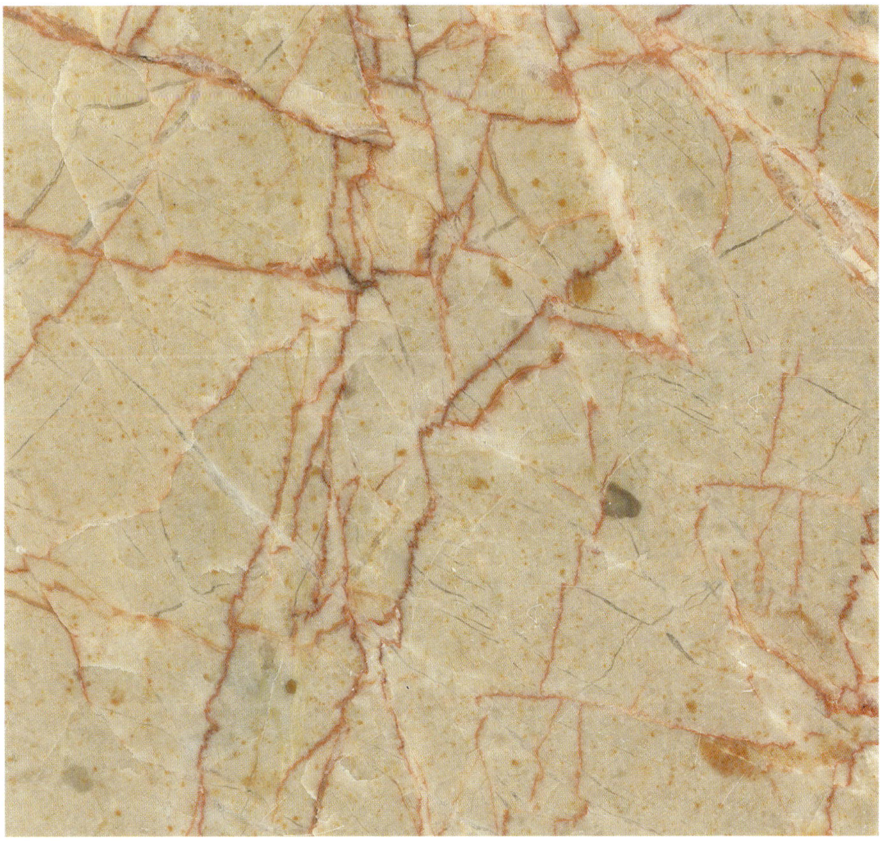

黄金玉
GOLDEN JADE
MY023

- 产地（P.P）：北京（Beijing）
- 一般用途（G.U）：–
- 储量（Reserve）：–
- 抗压强度（C.S）：–
- 抗折强度（M.R）：–
- 萧氏硬度（S.H）：–
- 吸水率（W.A）：–
- 岩石密度（B.D）：–
- 化学成分（C.P）：

  SiO_2：–　Al_2O_3：–
  CaO：–　MgO：–
  Na_2O：–　K_2O：–
  烧失量（Ig.loss）：–
  Fe_2O_3：–

贵阳纹脂奶油 5201
WENZHI CREAM GUIYANG
MY024

- 产地（P.P）：贵阳（Guiyang）
- 矿址（Q.L）：贵阳市南明区后槽南岳山（Nanyue Mountain Houcao Nanming District Guiyang City Guizhou Province）
- 一般用途（G.U）：–
- 储量（Reserve）：$2.49 \times 10^6 m^3$
- 抗压强度（C.S）：99.30 MPa
- 抗折强度（M.R）：–
- 萧氏硬度（S.H）：65.90
- 吸水率（W.A）：–
- 耐磨率（F.W）：7.14 g/cm3
- 岩石密度（B.D）：2.76 g/cm^3
- 化学成分（C.P）：

  SiO_2：0.54　Al_2O_3：0.27
  CaO：35.25　MgO：17.29
  Na_2O：–　K_2O：–
  烧失量（Ig.loss）：46.22
  Fe_2O_3：0.09

玫瑰黄
ROSE YELLOW
MY025

- 产地（P.P）：陕西（Shanxi）
- 一般用途（G.U）：–
- 储量（Reserve）：–
- 抗压强度（C.S）：–
- 抗折强度（M.R）：–
- 萧氏硬度（S.H）：–
- 吸水率（W.A）：–
- 岩石密度（B.D）：–
- 化学成分（C.P）：
  SiO_2：–　Al_2O_3：–
  CaO：–　MgO：–
  Na_2O：–　K_2O：–
  烧失量（Ig.loss）：–
  Fe_2O_3：–

冰花米黄
ICE-FLOWER CREAM
MY026

- 产地（P.P）：云南（Yunnan）
- 一般用途（G.U）：–
- 储量（Reserve）：–
- 抗压强度（C.S）：–
- 抗折强度（M.R）：–
- 萧氏硬度（S.H）：–
- 吸水率（W.A）：–
- 岩石密度（B.D）：–
- 化学成分（C.P）：
  SiO_2：–　Al_2O_3：–
  CaO：–　MgO：–
  Na_2O：–　K_2O：–
  烧失量（Ig.loss）：–
  Fe_2O_3：–

通山黄
YELLOW TONGSHAN
MY027

- 产地（P.P）：湖北（Hubei）
- 一般用途（G.U）：–
- 储量（Reserve）：–
- 抗压强度（C.S）：–
- 抗折强度（M.R）：–
- 萧氏硬度（S.H）：–
- 吸水率（W.A）：–
- 岩石密度（B.D）：–
- 化学成分（C.P）：

SiO_2：–　Al_2O_3：–
CaO：–　MgO：–
Na_2O：–　K_2O：–
烧失量（Ig.loss）：–
Fe_2O_3：–

桂米黄（永福米黄石）
GUI CREAM
MY028

- 产地（P.P）：广西（Guangxi）
- 一般用途（G.U）：–
- 储量（Reserve）：–
- 抗压强度（C.S）：–
- 抗折强度（M.R）：–
- 萧氏硬度（S.H）：–
- 吸水率（W.A）：–
- 岩石密度（B.D）：–
- 化学成分（C.P）：

SiO_2：–　Al_2O_3：–
CaO：–　MgO：–
Na_2O：–　K_2O：–
烧失量（Ig.loss）：–
Fe_2O_3：–

中原米黄（米黄石）
ZHONGYUAN CREAM
MY029

- 产地（P.P）：河南（He'nan）
- 一般用途（G.U）：–
- 储量（Reserve）：–
- 抗压强度（C.S）：–
- 抗折强度（M.R）：–
- 肃氏硬度（S.H）：–
- 吸水率（W.A）：–
- 岩石密度（B.D）：–
- 化学成分（C.P）：

  SiO_2：–　Al_2O_3：–
  CaO：–　MgO：–
  Na_2O：–　K_2O：–
  烧失量（Ig.loss）：–
  Fe_2O_3：–

通山米黄
CREAM TONGSHAN
MY030

- 产地（P.P）：湖北（Hubei）
- 一般用途（G.U）：–
- 储量（Reserve）：–
- 抗压强度（C.S）：–
- 抗折强度（M.R）：–
- 肃氏硬度（S.H）：–
- 吸水率（W.A）：–
- 岩石密度（B.D）：–
- 化学成分（C.P）：

  SiO_2：–　Al_2O_3：–
  CaO：–　MgO：–
  Na_2O：–　K_2O：–
  烧失量（Ig.loss）：–
  Fe_2O_3：–

顺花米黄
SHUNHUA CREAM
MY031

- 产地（P.P）：贵州（Guizhou）
- 一般用途（G.U）：–
- 储量（Reserve）：–
- 抗压强度（C.S）：–
- 抗折强度（M.R）：–
- 萧氏硬度（S.H）：–
- 吸水率（W.A）：–
- 岩石密度（B.D）：–
- 化学成分（C.P）：

  SiO_2：–　Al_2O_3：–
  CaO：–　MgO：–
  Na_2O：–　K_2O：–
  烧失量（Ig.loss）：–
  Fe_2O_3：–

玫瑰米黄
ROSE CREAM
MY032

- 产地（P.P）：贵州（Guizhou）
- 一般用途（G.U）：–
- 储量（Reserve）：–
- 抗压强度（C.S）：–
- 抗折强度（M.R）：–
- 萧氏硬度（S.H）：–
- 吸水率（W.A）：–
- 岩石密度（B.D）：–
- 化学成分（C.P）：

  SiO_2：–　Al_2O_3：–
  CaO：–　MgO：–
  Na_2O：–　K_2O：–
  烧失量（Ig.loss）：–
  Fe_2O_3：–

木纹黄
WOOD-GRAIN YELLOW
MY033

- 产地（P.P）：广西（Guangxi）
- 一般用途（G.U）：–
- 储量（Reserve）：–
- 抗压强度（C.S）：–
- 抗折强度（M.R）：–
- 肃氏硬度（S.H）：–
- 吸水率（W.A）：–
- 岩石密度（B.D）：–
- 化学成分（C.P）：

SiO_2：–　Al_2O_3：–
CaO：–　MgO：–
Na_2O：–　K_2O：–
烧失量（Ig.loss）：–
Fe_2O_3：–

花米黄
HUA CREAM
MY034

- 产地（P.P）：江西（Jiangxi）
- 一般用途（G.U）：–
- 储量（Reserve）：–
- 抗压强度（C.S）：–
- 抗折强度（M.R）：–
- 肃氏硬度（S.H）：–
- 吸水率（W.A）：–
- 岩石密度（B.D）：–
- 化学成分（C.P）：

SiO_2：–　Al_2O_3：–
CaO：–　MgO：–
Na_2O：–　K_2O：–
烧失量（Ig.loss）：–
Fe_2O_3：–

红线螺纹米黄
RED WHORL CREAM
MY035

- 产地（P.P）：云南（Yunnan）
- 一般用途（G.U）：–
- 储量（Reserve）：–
- 抗压强度（C.S）：–
- 抗折强度（M.R）：–
- 萧氏硬度（S.H）：–
- 吸水率（W.A）：–
- 岩石密度（B.D）：–
- 化学成分（C.P）：

SiO_2：–　Al_2O_3：–
CaO：–　MgO：–
Na_2O：–　K_2O：–
烧失量（Ig.loss）：–
Fe_2O_3：–

紫云杨柳青 5234
WILLOW CREAM ZIYUN
MY036

- 产地（P.P）：贵州（Guizhou）
- 矿址（Q.L）：贵州紫云县猫营（Maoying Ziyun County Guizhou Province）
- 一般用途（G.U）：–
- 储量（Reserve）：–
- 抗压强度（C.S）：–
- 抗折强度（M.R）：–
- 萧氏硬度（S.H）：67
- 吸水率（W.A）：0.18 %
- 岩石密度（B.D）：2.66 g/cm^3
- 化学成分（C.P）：

SiO_2：0.59　Al_2O_3：–
CaO：55.35　MgO：0.64
Na_2O：–　K_2O：–
烧失量（Ig.loss）：42.78
Fe_2O_3：–

旧米黄
OLD CREAM
MY037

- 产地（P.P）：贵州（Guizhou）
- 一般用途（G.U）：–
- 储量（Reserve）：–
- 抗压强度（C.S）：–
- 抗折强度（M.R）：–
- 肃氏硬度（S.H）：–
- 吸水率（W.A）：–
- 岩石密度（B.D）：–
- 化学成分（C.P）：

SiO_2：–　Al_2O_3：–
CaO：–　MgO：–
Na_2O：–　K_2O：–
烧失量（Ig.loss）：–
Fe_2O_3：–

晚霞
SUNSET GLOW
MY038

- 产地（P.P）：北京（Beijing）
- 一般用途（G.U）：–
- 储量（Reserve）：–
- 抗压强度（C.S）：–
- 抗折强度（M.R）：–
- 肃氏硬度（S.H）：–
- 吸水率（W.A）：–
- 岩石密度（B.D）：–
- 化学成分（C.P）：

SiO_2：–　Al_2O_3：–
CaO：–　MgO：–
Na_2O：–　K_2O：–
烧失量（Ig.loss）：–
Fe_2O_3：–

新晚霞
NEW SUNSET GLOW
MY039

- 产地（P.P）：河北（Hebei）
- 一般用途（G.U）：–
- 储量（Reserve）：–
- 抗压强度（C.S）：–
- 抗折强度（M.R）：–
- 萧氏硬度（S.H）：–
- 吸水率（W.A）：–
- 岩石密度（B.D）：–
- 化学成分（C.P）：

  SiO_2：–　Al_2O_3：–
  CaO：–　MgO：–
  Na_2O：–　K_2O：–
  烧失量（Ig.loss）：–
  Fe_2O_3：–

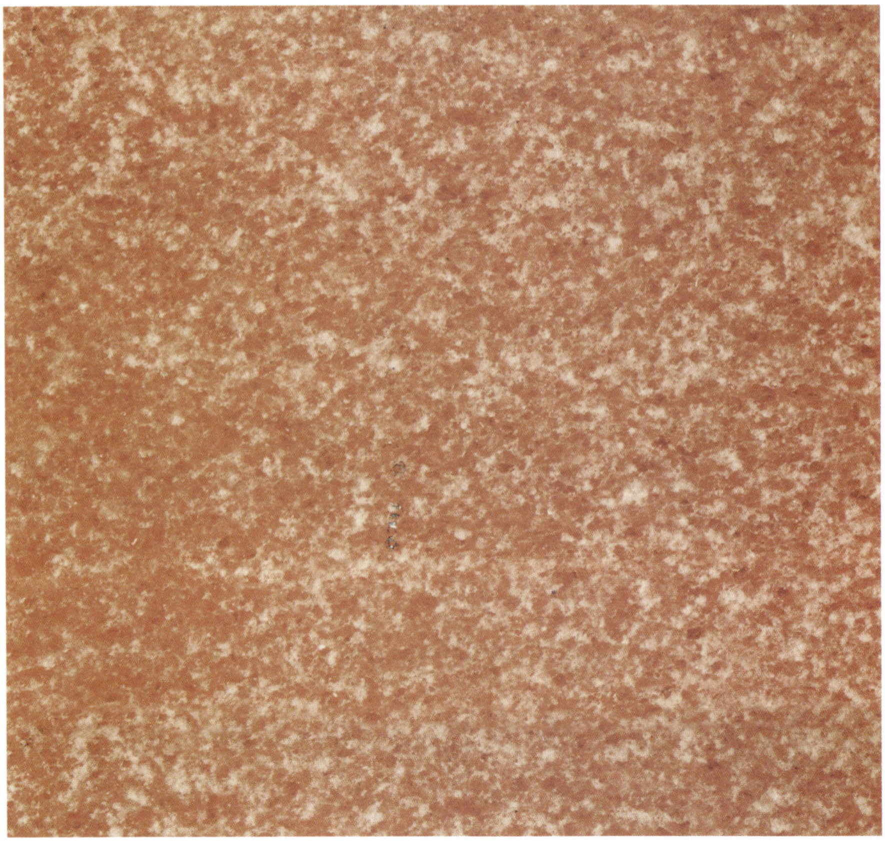

房山桃红 1107
PEACH RED FANGSHAN
MR001

- 产地（P.P）：北京（Beijing）
- 矿址（Q.L）：北京房山区霞云岭乡下石堡村（Xiashibao Village Xiayunling Town Fangshan District Beijing）
- 一般用途（G.U）：–
- 储量（Reserve）：$3.6 \times 10^6 m^3$
- 抗压强度（C.S）：–
- 抗折强度（M.R）：–
- 萧氏硬度（S.H）：–
- 吸水率（W.A）：–
- 岩石密度（B.D）：–
- 化学成分（C.P）：

  SiO_2：–　Al_2O_3：–
  CaO：–　MgO：–
  Na_2O：–　K_2O：–
  烧失量（Ig.loss）：–
  Fe_2O_3：–

宜兴红奶油 3259
RED CREAM YIXING
MR002

- 产地（P.P）：江苏(Jiangsu)
- 矿址（Q.L）：江苏宜兴市张渚镇东约 10 公里的白云洞（Baiyun cave 10 kilometre away from the east of Zhangzhu Town Yixing City Jiangsu Province）
- 一般用途（G.U）：–
- 储量（Reserve）：1.41 × 10^7m^3
- 抗压强度（C.S）：127.20 MPa
- 抗折强度（M.R）：16 MPa
- 肃氏硬度（S.H）：–
- 吸水率（W.A）：0.08 %
- 岩石密度（B.D）：2.70 g/cm^3
- 化学成分（C.P）：

  SiO_2：0.187　Al_2O_3：0.14
  CaO：54.92　MgO：0.93
  Na_2O：0.10　K_2O：0.02
  烧失量（Ig.loss）：43.73
  Fe_2O_3：0.08

通山红筋红 4280
STRIPE RED TONGSHAN
MR003

- 产地（P.P）：湖北（Hubei）
- 矿址（Q.L）：湖北通山（Tongshan County Hubei Province）
- 一般用途（G.U）：–
- 储量（Reserve）：–
- 抗压强度（C.S）：–
- 抗折强度（M.R）：–
- 肃氏硬度（S.H）：–
- 吸水率（W.A）：–
- 岩石密度（B.D）：–
- 化学成分（C.P）：

  SiO_2：–　Al_2O_3：–
  CaO：–　MgO：–
  Na_2O：–　K_2O：–
  烧失量（Ig.loss）：–
  Fe_2O_3：–

陕西红
SHANXI RED
MR004

- 产地（P.P）：陕西（Shanxi）
- 一般用途（G.U）：–
- 储量（Reserve）：–
- 抗压强度（C.S）：–
- 抗折强度（M.R）：–
- 萧氏硬度（S.H）：–
- 吸水率（W.A）：–
- 岩石密度（B.D）：–
- 化学成分（C.P）：

SiO_2：–　Al_2O_3：–
CaO：–　MgO：–
Na_2O：–　K_2O：–
烧失量（Ig.loss）：–
Fe_2O_3：–

道县玛瑙红 4376
AGATE RED DAOXIAN
MR005

- 产地（P.P）：湖南（Hu'nan）
- 矿址（Q.L）：湖南道县（Dao County Hu'nan Province）
- 一般用途（G.U）：–
- 储量（Reserve）：–
- 抗压强度（C.S）：–
- 抗折强度（M.R）：–
- 萧氏硬度（S.H）：–
- 吸水率（W.A）：–
- 岩石密度（B.D）：–
- 化学成分（C.P）：

SiO_2：–　Al_2O_3：–
CaO：–　MgO：–
Na_2O：–　K_2O：–
烧失量（Ig.loss）：–
Fe_2O_3：–

粉荷
PINK LOUTS
MR006

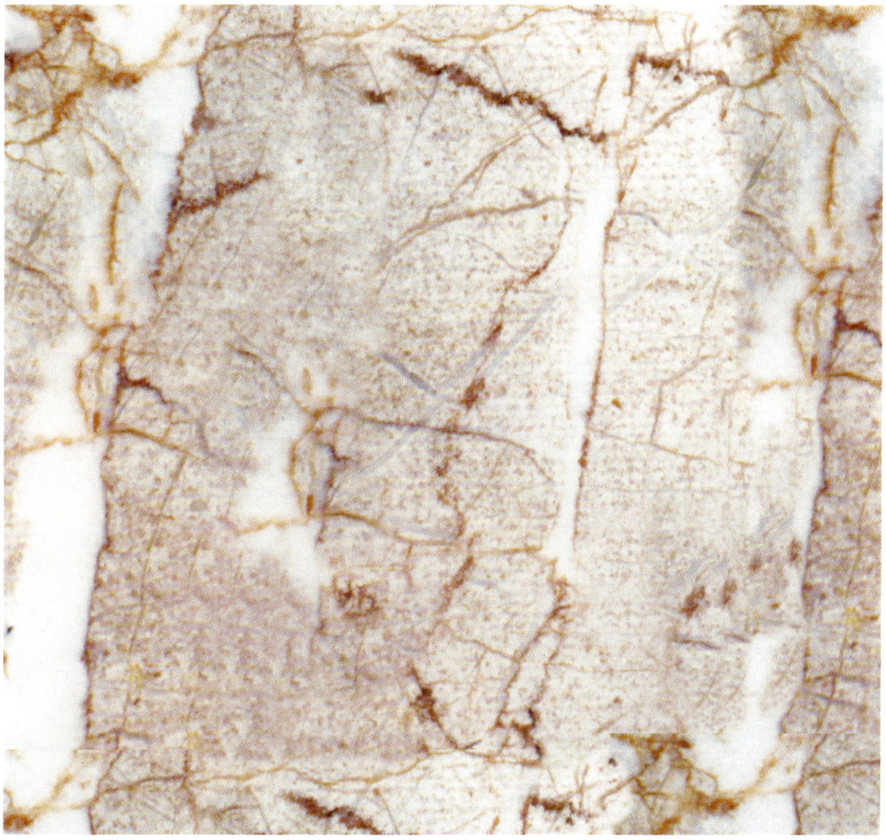

- 产地（P.P）：湖北（Hubei）
- 一般用途（G.U）：–
- 储量（Reserve）：–
- 抗压强度（C.S）：–
- 抗折强度（M.R）：–
- 萧氏硬度（S.H）：–
- 吸水率（W.A）：–
- 岩石密度（B.D）：–
- 化学成分（C.P）：

  SiO_2：–　Al_2O_3：–
  CaO：–　MgO：–
  Na_2O：–　K_2O：–
  烧失量（Ig.loss）：–
  Fe_2O_3：–

红线玉
RED LINE JADE
MR007

- 产地(P.P)：广东(Guangdong)
- 一般用途（G.U）：–
- 储量（Reserve）：–
- 抗压强度（C.S）：–
- 抗折强度（M.R）：–
- 萧氏硬度（S.H）：–
- 吸水率（W.A）：–
- 岩石密度（B.D）：–
- 化学成分（C.P）：

  SiO_2：–　Al_2O_3：–
  CaO：–　MgO：–
  Na_2O：–　K_2O：–
  烧失量（Ig.loss）：–
  Fe_2O_3：–

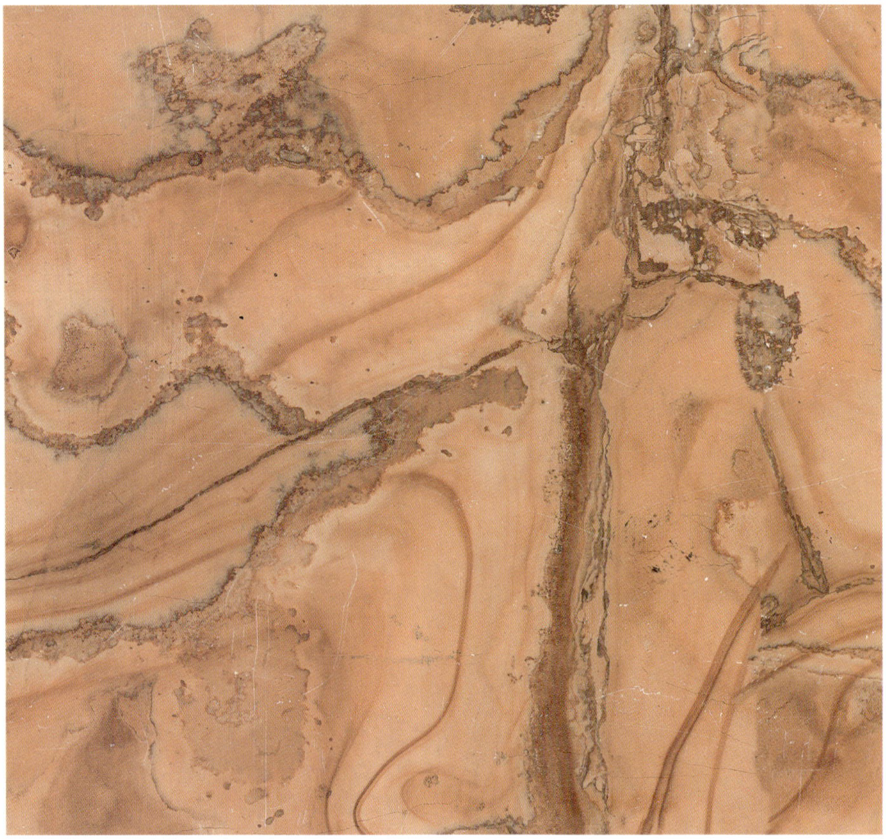

核桃红
HETAO RED
MR008

- 产地（P.P）：湖南（Hu'nan）
- 一般用途（G.U）：–
- 储量（Reserve）：–
- 抗压强度（C.S）：–
- 抗折强度（M.R）：–
- 萧氏硬度（S.H）：–
- 吸水率（W.A）：–
- 岩石密度（B.D）：–
- 化学成分（C.P）：

  SiO_2：– Al_2O_3：–
  CaO：– MgO：–
  Na_2O：– K_2O：–
  烧失量（Ig.loss）：–
  Fe_2O_3：–

广红
GUANG RED
MR009

- 产地（P.P）：安徽（Anhui）
- 一般用途（G.U）：–
- 储量（Reserve）：–
- 抗压强度（C.S）：–
- 抗折强度（M.R）：–
- 萧氏硬度（S.H）：–
- 吸水率（W.A）：–
- 岩石密度（B.D）：–
- 化学成分（C.P）：

  SiO_2：– Al_2O_3：–
  CaO：– MgO：–
  Na_2O：– K_2O：–
  烧失量（Ig.loss）：–
  Fe_2O_3：–

青红奶油
GREY CREAM
MR010

- 产地（P.P）：江苏（Jiangsu）
- 一般用途（G.U）：–
- 储量（Reserve）：–
- 抗压强度（C.S）：–
- 抗折强度（M.R）：–
- 萧氏硬度（S.H）：–
- 吸水率（W.A）：–
- 岩石密度（B.D）：–
- 化学成分（C.P）：

  SiO_2：–　Al_2O_3：–
  CaO：–　MgO：–
  Na_2O：–　K_2O：–
  烧失量（Ig.loss）：–
  Fe_2O_3：–

晚霞红
SUNSET RED HE'NAN
MR011

- 产地（P.P）：河南（He'nan）
- 一般用途（G.U）：–
- 储量（Reserve）：–
- 抗压强度（C.S）：–
- 抗折强度（M.R）：–
- 萧氏硬度（S.H）：–
- 吸水率（W.A）：–
- 岩石密度（B.D）：–
- 化学成分（C.P）：

  SiO_2：–　Al_2O_3：–
  CaO：–　MgO：–
  Na_2O：–　K_2O：–
  烧失量（Ig.loss）：–
  Fe_2O_3：–

芙蓉红
LOTUS RED
MR012

- 产地（P.P）：河南（He'nan）
- 一般用途（G.U）：–
- 储量（Reserve）：–
- 抗压强度（C.S）：–
- 抗折强度（M.R）：–
- 萧氏硬度（S.H）：–
- 吸水率（W.A）：–
- 岩石密度（B.D）：–
- 化学成分（C.P）：

  SiO_2：–　Al_2O_3：–
  CaO：–　MgO：–
  Na_2O：–　K_2O：–
  烧失量（Ig.loss）：–
  Fe_2O_3：–

红线米黄
RED LINE CREAM
MR013

- 产地（P.P）：湖北（Hubei）
- 一般用途（G.U）：–
- 储量（Reserve）：–
- 抗压强度（C.S）：–
- 抗折强度（M.R）：–
- 萧氏硬度（S.H）：–
- 吸水率（W.A）：–
- 岩石密度（B.D）：–
- 化学成分（C.P）：

  SiO_2：–　Al_2O_3：–
  CaO：–　MgO：–
  Na_2O：–　K_2O：–
  烧失量（Ig.loss）：–
  Fe_2O_3：–

海底红
HAIDI RED
MR014

- 产地（P.P）：河北（Hebei）
- 一般用途（G.U）：–
- 储量（Reserve）：–
- 抗压强度（C.S）：–
- 抗折强度（M.R）：–
- 萧氏硬度（S.H）：–
- 吸水率（W.A）：–
- 岩石密度（B.D）：–
- 化学成分（C.P）：

  SiO_2：–　Al_2O_3：–
  CaO：–　MgO：–
  Na_2O：–　K_2O：–
  烧失量（Ig.loss）：–
  Fe_2O_3：–

红丽玉
RED JADE
MR015

- 产地（P.P）：云南（Yunnan）
- 一般用途（G.U）：–
- 储量（Reserve）：–
- 抗压强度（C.S）：–
- 抗折强度（M.R）：–
- 萧氏硬度（S.H）：–
- 吸水率（W.A）：–
- 岩石密度（B.D）：–
- 化学成分（C.P）：

  SiO_2：–　Al_2O_3：–
  CaO：–　MgO：–
  Na_2O：–　K_2O：–
  烧失量（Ig.loss）：–
  Fe_2O_3：–

玛瑙红 -A
AGATE RED
MR016

- 产地（P.P）：河北（Hebei）
- 一般用途（G.U）：–
- 储量（Reserve）：–
- 抗压强度（C.S）：–
- 抗折强度（M.R）：–
- 肃氏硬度（S.H）：–
- 吸水率（W.A）：–
- 岩石密度（B.D）：–
- 化学成分（C.P）：

SiO_2：– Al_2O_3：–
CaO：– MgO：–
Na_2O：– K_2O：–
烧失量（Ig.loss）：–
Fe_2O_3：–

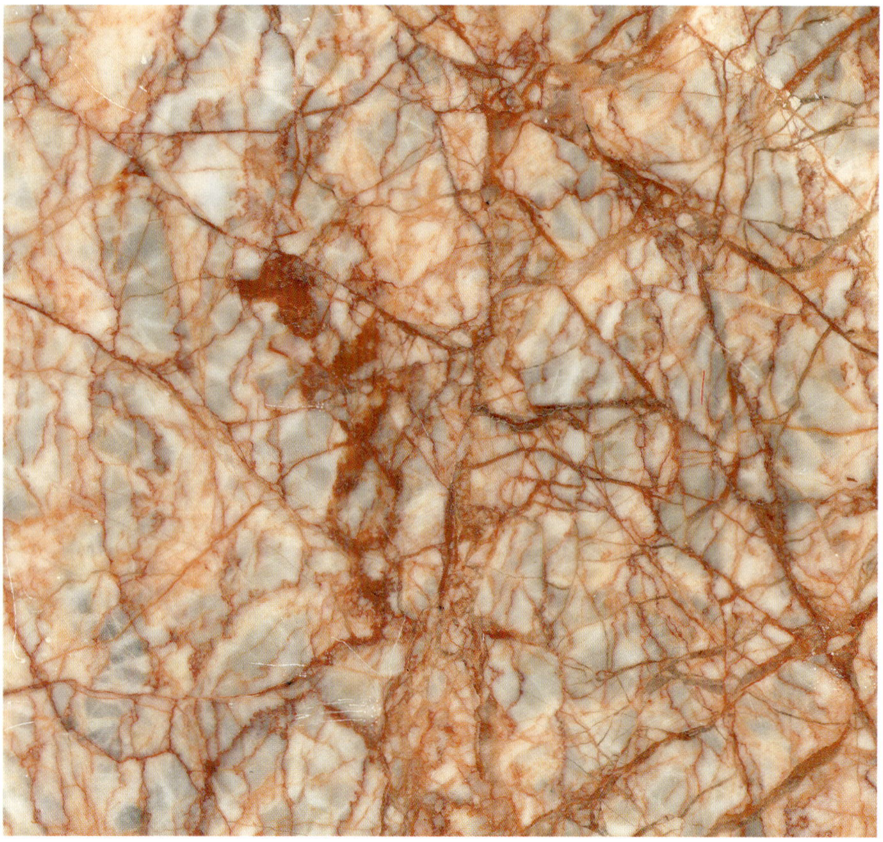

玛瑙红 -B
AGATE RED
MR017

- 产地（P.P）：广西（Guangxi）
- 一般用途（G.U）：–
- 储量（Reserve）：–
- 抗压强度（C.S）：–
- 抗折强度（M.R）：–
- 肃氏硬度（S.H）：–
- 吸水率（W.A）：–
- 岩石密度（B.D）：–
- 化学成分（C.P）：

SiO_2：– Al_2O_3：–
CaO：– MgO：–
Na_2O：– K_2O：–
烧失量（Ig.loss）：–
Fe_2O_3：–

慈利虎皮黄 4372
TIGER SKIN YELLOW CILI
MR018

- 产地（P.P）：湖南（Hu'nan）
- 矿址（Q.L）：湖南慈利县（Cili County Hu'nan Province）
- 一般用途（G.U）：-
- 储量（Reserve）：-
- 抗压强度（C.S）：-
- 抗折强度（M.R）：-
- 肃氏硬度（S.H）：-
- 吸水率（W.A）：-
- 岩石密度（B.D）：-
- 化学成分（C.P）：

  SiO_2：-　Al_2O_3：-
  CaO：-　MgO：-
  Na_2O：-　K_2O：-
  烧失量（Ig.loss）：-
  Fe_2O_3：-

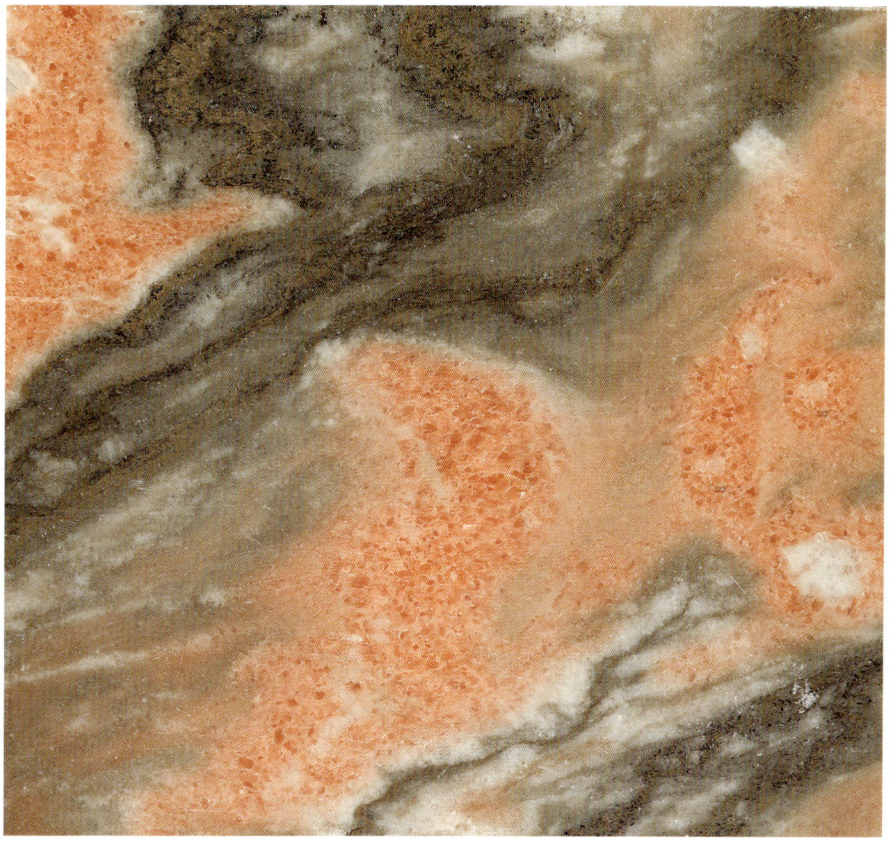

经络红
NET RED
MR019

- 产地（P.P）：湖北（Hubei）
- 一般用途（G.U）：-
- 储量（Reserve）：-
- 抗压强度（C.S）：-
- 抗折强度（M.R）：-
- 肃氏硬度（S.H）：-
- 吸水率（W.A）：-
- 岩石密度（B.D）：-
- 化学成分（C.P）：

  SiO_2：-　Al_2O_3：-
  CaO：-　MgO：-
  Na_2O：-　K_2O：-
  烧失量（Ig.loss）：-
  Fe_2O_3：-

火山红
VOLCANO　RED
MR020

- 产地（P.P）：河南（He'nan）
- 一般用途（G.U）：–
- 储量（Reserve）：–
- 抗压强度（C.S）：–
- 抗折强度（M.R）：–
- 萧氏硬度（S.H）：–
- 吸水率（W.A）：–
- 岩石密度（B.D）：–
- 化学成分（C.P）：

SiO_2：–　Al_2O_3：–
CaO：–　MgO：–
Na_2O：–　K_2O：–
烧失量（Ig.loss）：–
Fe_2O_3：–

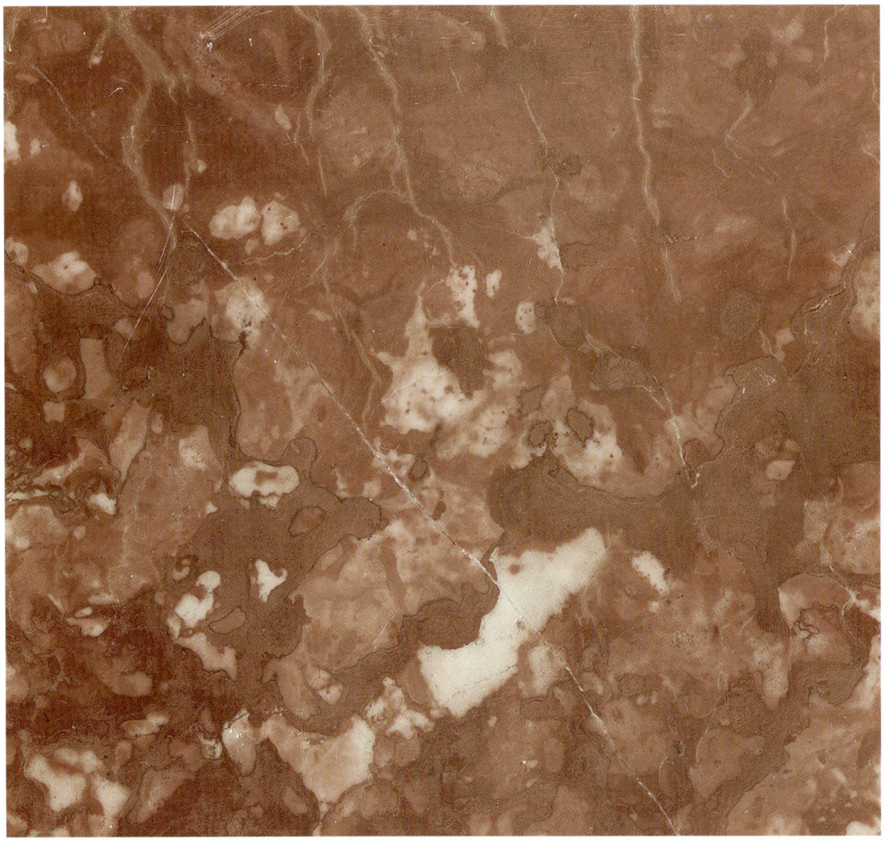

桂红罗（永福紫罗红）
GUILUO　RED
MR021

- 产地（P.P）：广西（Guangxi）
- 一般用途（G.U）：–
- 储量（Reserve）：–
- 抗压强度（C.S）：–
- 抗折强度（M.R）：–
- 萧氏硬度（S.H）：–
- 吸水率（W.A）：–
- 岩石密度（B.D）：–
- 化学成分（C.P）：

SiO_2：–　Al_2O_3：–
CaO：–　MgO：–
Na_2O：–　K_2O：–
烧失量（Ig.loss）：–
Fe_2O_3：–

云灰石
CLOUD GREY
MR022

- 产地（P.P）：河南（He'nan）
- 一般用途（G.U）：–
- 储量（Reserve）：–
- 抗压强度（C.S）：–
- 抗折强度（M.R）：–
- 肖氏硬度（S.H）：–
- 吸水率（W.A）：–
- 岩石密度（B.D）：–
- 化学成分（C.P）：

SiO_2：–　Al_2O_3：–
CaO：–　MgO：–
Na_2O：–　K_2O：–
烧失量（Ig.loss）：–
Fe_2O_3：–

娜娟红（树皮石）
TREE-SKIN STONE
MR023

- 产地（P.P）：广西（Guangxi）
- 一般用途（G.U）：–
- 储量（Reserve）：–
- 抗压强度（C.S）：–
- 抗折强度（M.R）：–
- 肖氏硬度（S.H）：–
- 吸水率（W.A）：–
- 岩石密度（B.D）：–
- 化学成分（C.P）：

SiO_2：–　Al_2O_3：–
CaO：–　MgO：–
Na_2O：–　K_2O：–
烧失量（Ig.loss）：–
Fe_2O_3：–

啡茵红
FEIYIN RED
MR024

- 产地（P.P）：云南（Yunnan）
- 一般用途（G.U）：–
- 储量（Reserve）：–
- 抗压强度（C.S）：–
- 抗折强度（M.R）：–
- 肖氏硬度（S.H）：–
- 吸水率（W.A）：–
- 岩石密度（B.D）：–
- 化学成分（C.P）：

SiO_2：– Al_2O_3：–
CaO：– MgO：–
Na_2O：– K_2O：–
烧失量（Ig.loss）：–
Fe_2O_3：–

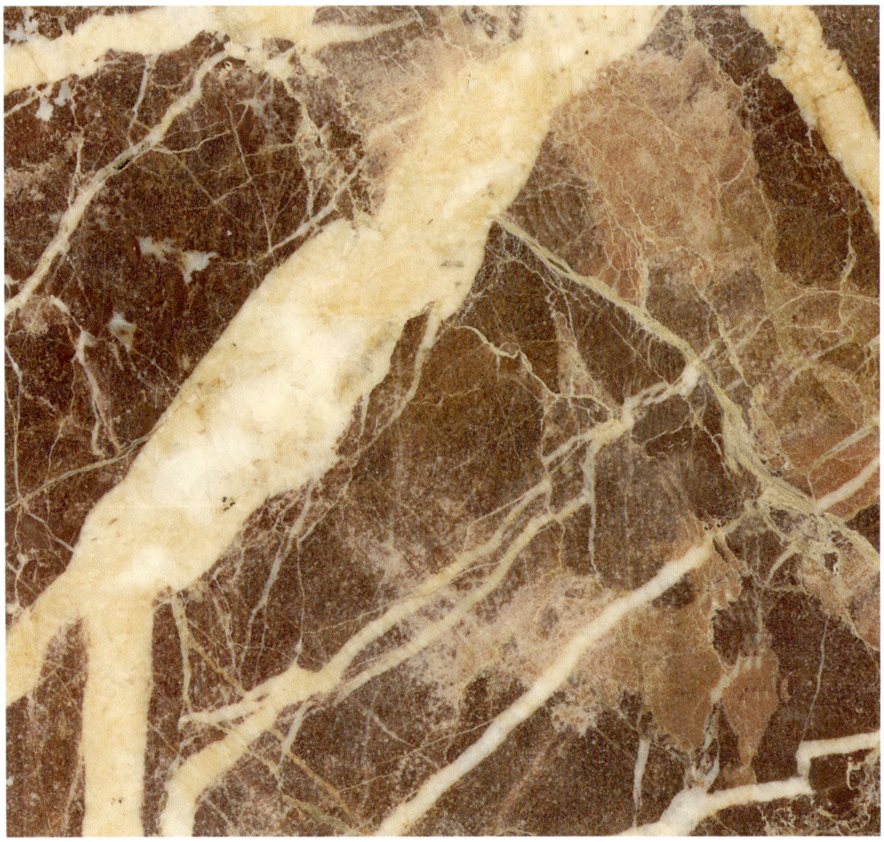

紫红罗（紫罗红）
ZILUO RED
MR025

- 产地（P.P）：四川（Sichuan）
- 一般用途（G.U）：–
- 储量（Reserve）：–
- 抗压强度（C.S）：–
- 抗折强度（M.R）：–
- 肖氏硬度（S.H）：–
- 吸水率（W.A）：–
- 岩石密度（B.D）：–
- 化学成分（C.P）：

SiO_2：– Al_2O_3：–
CaO：– MgO：–
Na_2O：– K_2O：–
烧失量（Ig.loss）：–
Fe_2O_3：–

五彩石（迷彩石）-A
STONEY COLOR
MR026

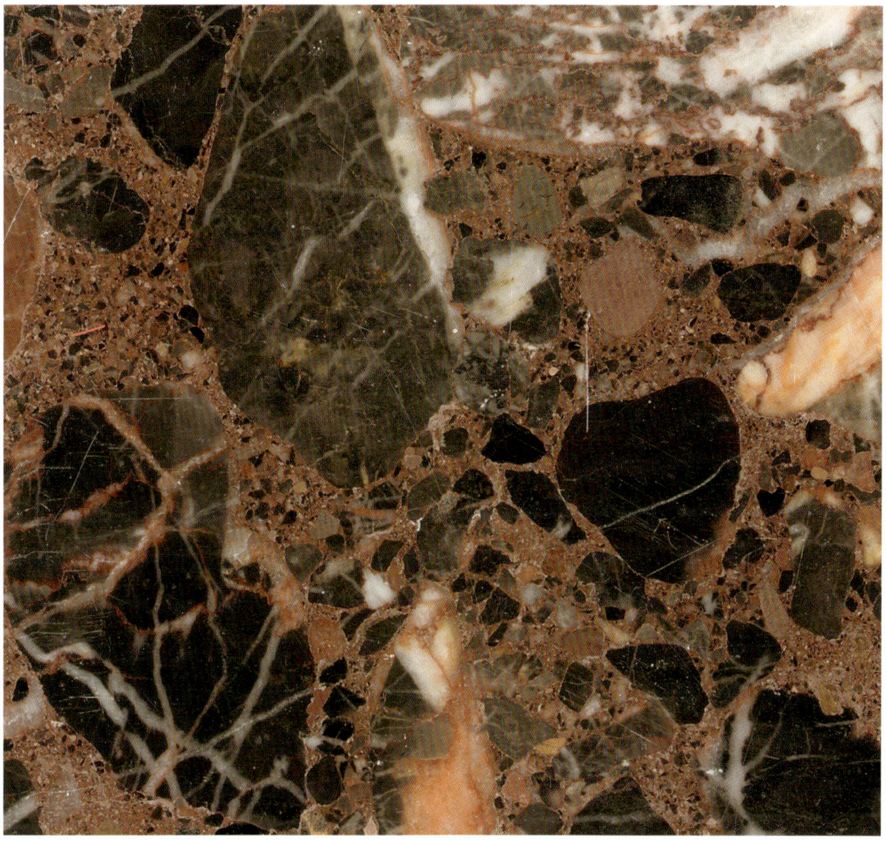

- 产地（P.P）：广西（Guangxi）
- 一般用途（G.U）：-
- 储量（Reserve）：-
- 抗压强度（C.S）：-
- 抗折强度（M.R）：-
- 萧氏硬度（S.H）：-
- 吸水率（W.A）：-
- 岩石密度（B.D）：-
- 化学成分（C.P）：

  SiO_2：-　Al_2O_3：-
  CaO：-　MgO：-
  Na_2O：-　K_2O：-
  烧失量（Ig.loss）：-
  Fe_2O_3：-

五彩石（七彩虹）-B
STONEY COLOR
MR027

- 产地（P.P）：河南（He'nan）
- 一般用途（G.U）：-
- 储量（Reserve）：-
- 抗压强度（C.S）：-
- 抗折强度（M.R）：-
- 萧氏硬度（S.H）：-
- 吸水率（W.A）：-
- 岩石密度（B.D）：-
- 化学成分（C.P）：

  SiO_2：-　Al_2O_3：-
  CaO：-　MgO：-
  Na_2O：-　K_2O：-
  烧失量（Ig.loss）：-
  Fe_2O_3：-

木纹红
WOOD-GRAIN RED
MR028

- 产地（P.P）：河南（He'nan）
- 一般用途（G.U）：–
- 储量（Reserve）：–
- 抗压强度（C.S）：–
- 抗折强度（M.R）：–
- 萧氏硬度（S.H）：–
- 吸水率（W.A）：–
- 岩石密度（B.D）：–
- 化学成分（C.P）：

SiO_2：–　Al_2O_3：–
CaO：–　MgO：–
Na_2O：–　K_2O：–
烧失量（Ig.loss）：–
Fe_2O_3：–

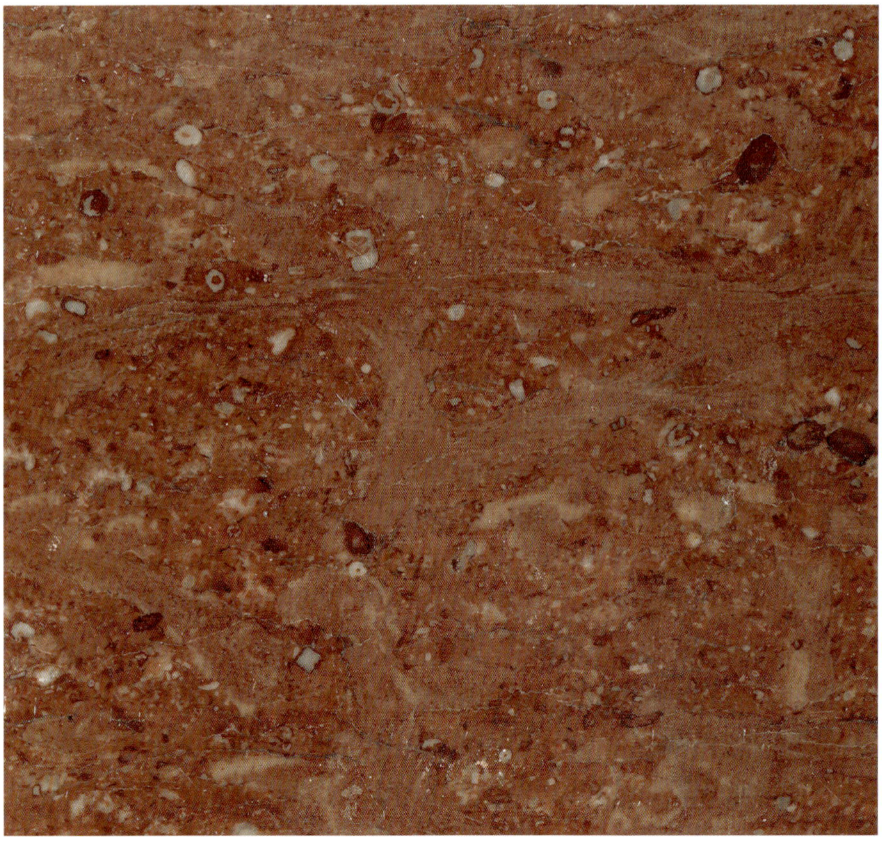

映心红
YINGXIN RED
MR029

- 产地（P.P）：湖北（Hubei）
- 一般用途（G.U）：–
- 储量（Reserve）：–
- 抗压强度（C.S）：–
- 抗折强度（M.R）：–
- 萧氏硬度（S.H）：–
- 吸水率（W.A）：–
- 岩石密度（B.D）：–
- 化学成分（C.P）：

SiO_2：–　Al_2O_3：–
CaO：–　MgO：–
Na_2O：–　K_2O：–
烧失量（Ig.loss）：–
Fe_2O_3：–

雀巢啡（威洋红）
NESCAFE
MR030

- 产地（P.P）：陕西（Shanxi）
- 一般用途（G.U）：–
- 储量（Reserve）：–
- 抗压强度（C.S）：–
- 抗折强度（M.R）：–
- 萧氏硬度（S.H）：–
- 吸水率（W.A）：–
- 岩石密度（B.D）：–
- 化学成分（C.P）：

SiO_2：– Al_2O_3：–
CaO：– MgO：–
Na_2O：– K_2O：–
烧失量（Ig.loss）：–
Fe_2O_3：–

啡白根（通山红）
RED TONGSHAN
MR031

- 产地（P.P）：湖北（Hubei）
- 一般用途（G.U）：–
- 储量（Reserve）：–
- 抗压强度（C.S）：–
- 抗折强度（M.R）：–
- 萧氏硬度（S.H）：–
- 吸水率（W.A）：–
- 岩石密度（B.D）：–
- 化学成分（C.P）：

SiO_2：– Al_2O_3：–
CaO：– MgO：–
Na_2O：– K_2O：–
烧失量（Ig.loss）：–
Fe_2O_3：–

汉新红（新紫罗红）
HANXIN RED
MR032

- 产地（P.P）：陕西（Shanxi）
- 一般用途（G.U）：–
- 储量（Reserve）：–
- 抗压强度（C.S）：–
- 抗折强度（M.R）：–
- 萧氏硬度（S.H）：–
- 吸水率（W.A）：–
- 岩石密度（B.D）：–
- 化学成分（C.P）：

  SiO_2：–　Al_2O_3：–
  CaO：–　MgO：–
  Na_2O：–　K_2O：–
  烧失量（Ig.loss）：–
  Fe_2O_3：–

紫红玉
PURPLE JADE
MR033

- 产地（P.P）：陕西（Shanxi）
- 一般用途（G.U）：–
- 储量（Reserve）：–
- 抗压强度（C.S）：–
- 抗折强度（M.R）：–
- 萧氏硬度（S.H）：–
- 吸水率（W.A）：–
- 岩石密度（B.D）：–
- 化学成分（C.P）：

  SiO_2：–　Al_2O_3：–
  CaO：–　MgO：–
  Na_2O：–　K_2O：–
  烧失量（Ig.loss）：–
  Fe_2O_3：–

丹东绿 2117
GREEN DANDONG
MG001

- 产地（P.P）：辽宁（Liaoning）
- 矿址（Q.L）：辽宁丹东市东沟县东二道沟（Donggou County Dandong City Liaoning Province）
- 一般用途（G.U）：–
- 储量（Reserve）：$7.54 \times 10^5 m^3$
- 抗压强度（C.S）：90.18 MPa
- 抗折强度（M.R）：–
- 萧氏硬度（S.H）：47.90
- 吸水率（W.A）：0.26 %
- 岩石密度（B.D）：2.64 g/cm^3
- 化学成分（C.P）：
  SiO_2：39.29　Al_2O_3：–
  CaO：1.49　MgO：49.88
  Na_2O：–　K_2O：–
  烧失量（Ig.loss）：10.53
  Fe_2O_3：–

通山荷花绿 4292
LOTUS FLOWER GREEN TONGSHAN
MG002

- 产地（P.P）：湖北（Hubei）
- 矿址（Q.L）：湖北通山县高湖乡（Gaohu Town Tongshan County Hubei Province）
- 一般用途（G.U）：–
- 储量（Reserve）：–
- 抗压强度（C.S）：92.30 MPa
- 抗折强度（M.R）：28.70 MPa
- 萧氏硬度（S.H）：52
- 吸水率（W.A）：–
- 岩石密度（B.D）：2.70 g/cm^3
- 化学成分（C.P）：
  SiO_2：4.36　Al_2O_3：1.87
  CaO：50.40　MgO：0.18
  Na_2O：–　K_2O：–
  烧失量（Ig.loss）：40.41
  Fe_2O_3：–

慈利荷花绿 4374
LOTUS FLOWER GREEN CILI
MG003

- 产地（P.P）：湖南（Hu'nan）
- 矿址（Q.L）：湖南慈利县（Cili County Hu'nan Province）
- 一般用途（G.U）：–
- 储量（Reserve）：–
- 抗压强度（C.S）：–
- 抗折强度（M.R）：–
- 肃氏硬度（S.H）：–
- 吸水率（W.A）：–
- 岩石密度（B.D）：–
- 化学成分（C.P）：

  SiO_2：–　Al_2O_3：–
  CaO：–　MgO：–
  Na_2O：–　K_2O：–
  烧失量（Ig.loss）：–
  Fe_2O_3：–

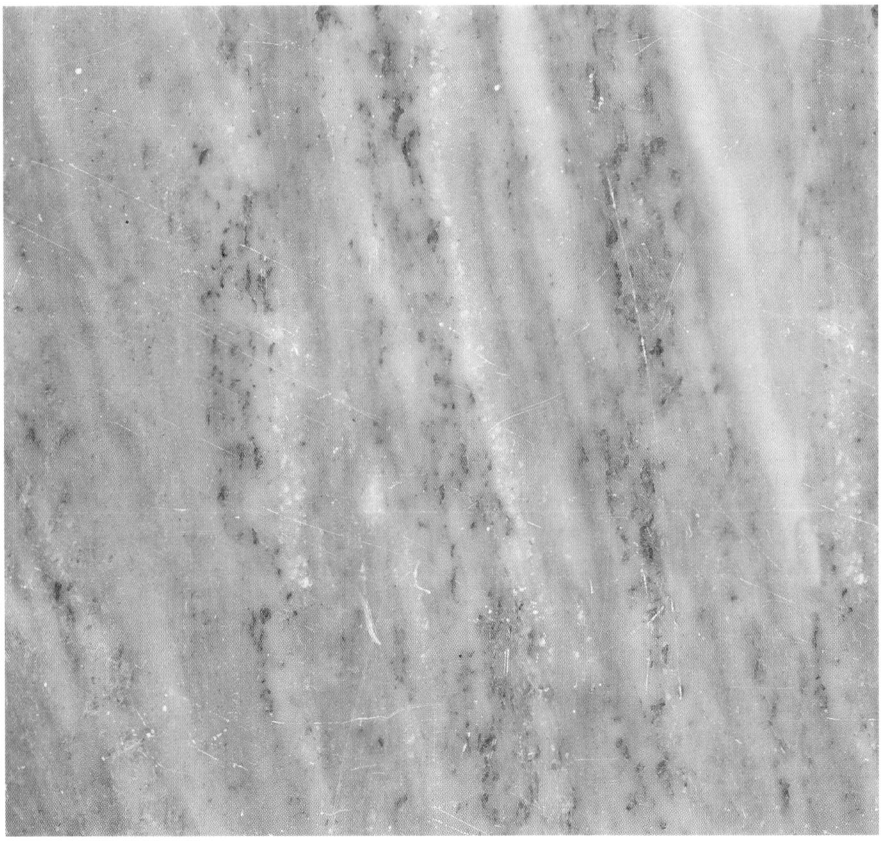

风雨绿
FRESH GREEN
MG004

- 产地（P.P）：山东（Shandong）
- 一般用途（G.U）：–
- 储量（Reserve）：–
- 抗压强度（C.S）：–
- 抗折强度（M.R）：–
- 肃氏硬度（S.H）：–
- 吸水率（W.A）：–
- 岩石密度（B.D）：–
- 化学成分（C.P）：

  SiO_2：–　Al_2O_3：–
  CaO：–　MgO：–
  Na_2O：–　K_2O：–
  烧失量（Ig.loss）：–
  Fe_2O_3：–

陕西大花绿 6102 -A
BIG FLOWER GREEN SHANXI
MG005

- 产地（P.P）：陕西（Shanxi）
- 矿址（Q.L）：陕西汉中地区留坝县（Liuba County Hanzhong Region Shanxi Province）
- 一般用途（G.U）：–
- 储量（Reserve）：–
- 抗压强度（C.S）：–
- 抗折强度（M.R）：–
- 肃氏硬度（S.H）：–
- 吸水率（W.A）：–
- 岩石密度（B.D）：–
- 化学成分（C.P）：
  SiO_2：–　Al_2O_3：–
  CaO：–　MgO：–
  Na_2O：–　K_2O：–
  烧失量（Ig.loss）：–
  Fe_2O_3：–

陕西大花绿 6102 -B
BIG FLOWER GREEN SHANXI
MG006

- 产地（P.P）：陕西（Shanxi）
- 矿址（Q.L）：陕西汉中地区留坝县（Liuba County Hanzhong Region Shanxi Province）
- 一般用途（G.U）：–
- 储量（Reserve）：–
- 抗压强度（C.S）：–
- 抗折强度（M.R）：–
- 肃氏硬度（S.H）：–
- 吸水率（W.A）：–
- 岩石密度（B.D）：–
- 化学成分（C.P）：
  SiO_2：–　Al_2O_3：–
  CaO：–　MgO：–
  Na_2O：–　K_2O：–
  烧失量（Ig.loss）：–
  Fe_2O_3：–

绿金玉
LVJIN JADE
MG007

- 产地（P.P）：北京（Beijing）
- 一般用途（G.U）：–
- 储量（Reserve）：–
- 抗压强度（C.S）：–
- 抗折强度（M.R）：–
- 萧氏硬度（S.H）：–
- 吸水率（W.A）：–
- 岩石密度（B.D）：–
- 化学成分（C.P）：

  SiO_2：–　Al_2O_3：–
  CaO：–　MgO：–
  Na_2O：–　K_2O：–
  烧失量（Ig.loss）：–
  Fe_2O_3：–

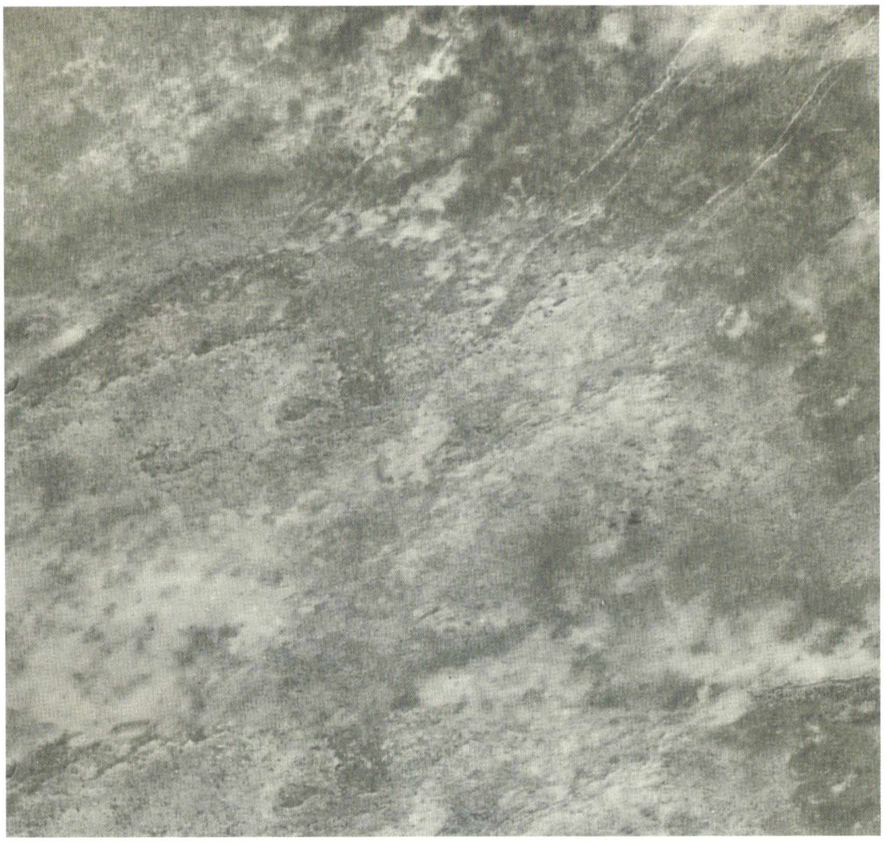

云彩
CLOUD COLOUR
MG008

- 产地（P.P）：河北（Hebei）
- 一般用途（G.U）：–
- 储量（Reserve）：–
- 抗压强度（C.S）：–
- 抗折强度（M.R）：–
- 萧氏硬度（S.H）：–
- 吸水率（W.A）：–
- 岩石密度（B.D）：–
- 化学成分（C.P）：

  SiO_2：–　Al_2O_3：–
  CaO：–　MgO：–
  Na_2O：–　K_2O：–
  烧失量（Ig.loss）：–
  Fe_2O_3：–

绿宝
GREEN GEM
MG009

- 产地（P.P）：河南（He'nan）
- 一般用途（G.U）：–
- 储量（Reserve）：–
- 抗压强度（C.S）：–
- 抗折强度（M.R）：–
- 萧氏硬度（S.H）：–
- 吸水率（W.A）：–
- 岩石密度（B.D）：–
- 化学成分（C.P）：

SiO_2：–　Al_2O_3：–
CaO：–　MgO：–
Na_2O：–　K_2O：–
烧失量（Ig.loss）：–
Fe_2O_3：–

绿宝玉
GREEN JADE
MG010

- 产地（P.P）：广东（Guangdong）
- 一般用途（G.U）：–
- 储量（Reserve）：–
- 抗压强度（C.S）：–
- 抗折强度（M.R）：–
- 萧氏硬度（S.H）：–
- 吸水率（W.A）：–
- 岩石密度（B.D）：–
- 化学成分（C.P）：

SiO_2：–　Al_2O_3：–
CaO：–　MgO：–
Na_2O：–　K_2O：–
烧失量（Ig.loss）：–
Fe_2O_3：–

翠玉
CUI JADE
MG011

- 产地（P.P）：辽宁（Liaoning）
- 一般用途（G.U）：–
- 储量（Reserve）：–
- 抗压强度（C.S）：–
- 抗折强度（M.R）：–
- 萧氏硬度（S.H）：–
- 吸水率（W.A）：–
- 岩石密度（B.D）：–
- 化学成分（C.P）：

  SiO_2：–　Al_2O_3：–
  CaO：–　MgO：–
  Na_2O：–　K_2O：–
  烧失量（Ig.loss）：–
  Fe_2O_3：–

鲁山绿
LUSHAN GREEN
MG012

- 产地（P.P）：河南（He'nan）
- 一般用途（G.U）：–
- 储量（Reserve）：–
- 抗压强度（C.S）：–
- 抗折强度（M.R）：–
- 萧氏硬度（S.H）：–
- 吸水率（W.A）：–
- 岩石密度（B.D）：–
- 化学成分（C.P）：

  SiO_2：–　Al_2O_3：–
  CaO：–　MgO：–
  Na_2O：–　K_2O：–
  烧失量（Ig.loss）：–
  Fe_2O_3：–

五彩玉-A
MULTICOLOUR JADE
MG013

- 产地（P.P）：河南（He'nan）
- 一般用途（G.U）：-
- 储量（Reserve）：-
- 抗压强度（C.S）：-
- 抗折强度（M.R）：-
- 萧氏硬度（S.H）：-
- 吸水率（W.A）：-
- 岩石密度（B.D）：-
- 化学成分（C.P）：

  SiO_2：- Al_2O_3：-
  CaO：- MgO：-
  Na_2O：- K_2O：-
  烧失量（Ig.loss）：-
  Fe_2O_3：-

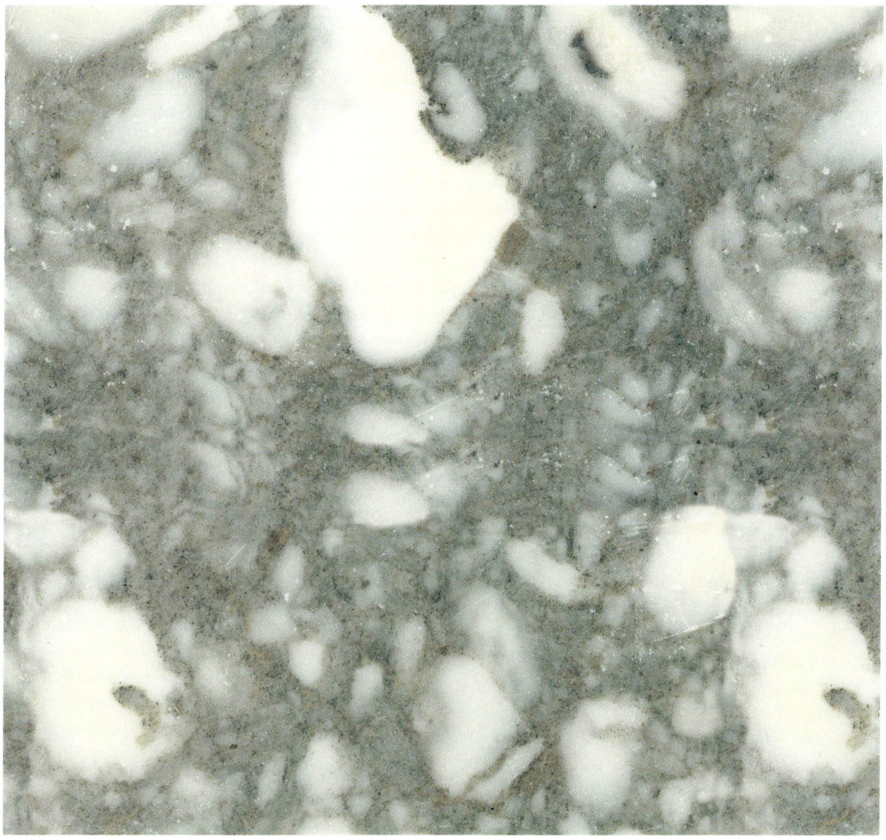

五彩玉-B
MULTICOLOUR JADE
MG014

- 产地（P.P）：四川（Sichuan）
- 一般用途（G.U）：-
- 储量（Reserve）：-
- 抗压强度（C.S）：-
- 抗折强度（M.R）：-
- 萧氏硬度（S.H）：-
- 吸水率（W.A）：-
- 岩石密度（B.D）：-
- 化学成分（C.P）：

  SiO_2：- Al_2O_3：-
  CaO：- MgO：-
  Na_2O：- K_2O：-
  烧失量（Ig.loss）：-
  Fe_2O_3：-

绿白花
GREEN-WHITE FLOWER
MG015

- 产地（P.P）：山东（Shandong）
- 一般用途（G.U）：–
- 储量（Reserve）：–
- 抗压强度（C.S）：–
- 抗折强度（M.R）：–
- 萧氏硬度（S.H）：–
- 吸水率（W.A）：–
- 岩石密度（B.D）：–
- 化学成分（C.P）：

  SiO_2：–　Al_2O_3：–
  CaO：–　MgO：–
  Na_2O：–　K_2O：–
  烧失量（Ig.loss）：–
  Fe_2O_3：–

梦幻钻绿（金钻绿）
DREAM GREEN
MG016

- 产地（P.P）：浙江（Zhejiang）
- 一般用途（G.U）：–
- 储量（Reserve）：–
- 抗压强度（C.S）：–
- 抗折强度（M.R）：–
- 萧氏硬度（S.H）：–
- 吸水率（W.A）：–
- 岩石密度（B.D）：–
- 化学成分（C.P）：

  SiO_2：–　Al_2O_3：–
  CaO：–　MgO：–
  Na_2O：–　K_2O：–
  烧失量（Ig.loss）：–
  Fe_2O_3：–

翡翠玉
GREENERY
MG017

- 产地（P.P）：辽宁（Liaoning）
- 一般用途（G.U）：–
- 储量（Reserve）：–
- 抗压强度（C.S）：–
- 抗折强度（M.R）：–
- 萧氏硬度（S.H）：–
- 吸水率（W.A）：–
- 岩石密度（B.D）：–
- 化学成分（C.P）：

  SiO_2：–　Al_2O_3：–
  CaO：–　MgO：–
  Na_2O：–　K_2O：–
  烧失量（Ig.loss）：–
  Fe_2O_3：–

彭州大花绿
VEIN GREEN PENGZHOU
MG018

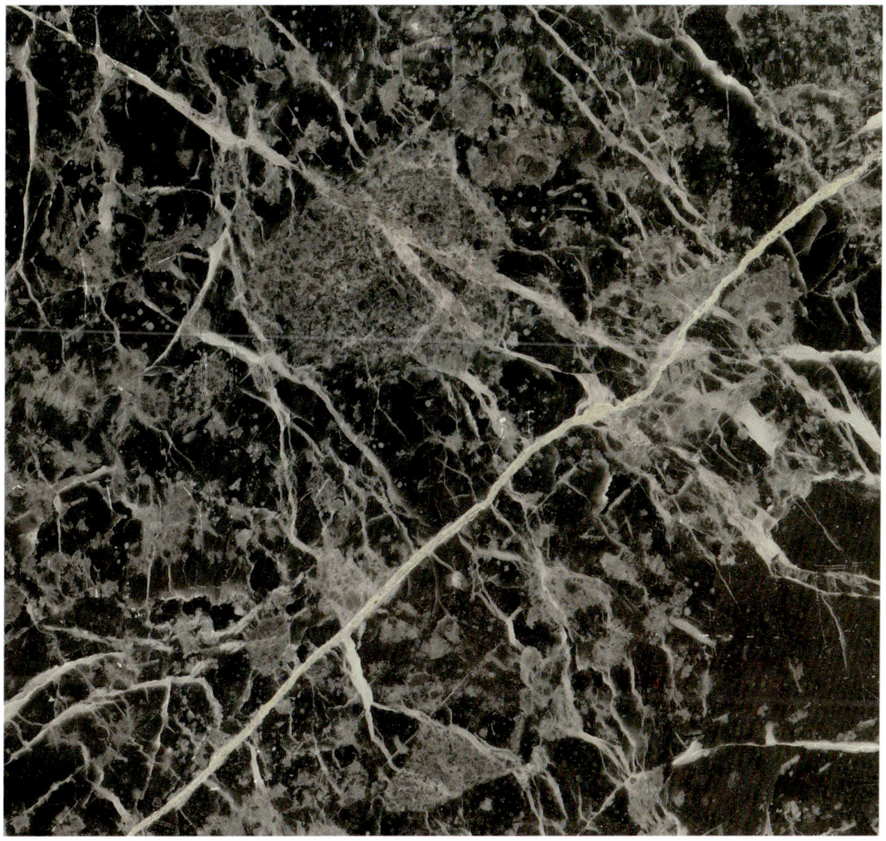

- 产地（P.P）：四川（Sichuans）
- 一般用途（G.U）：–
- 储量（Reserve）：–
- 抗压强度（C.S）：–
- 抗折强度（M.R）：–
- 萧氏硬度（S.H）：–
- 吸水率（W.A）：–
- 岩石密度（B.D）：–
- 化学成分（C.P）：

  SiO_2：–　Al_2O_3：–
  CaO：–　MgO：–
  Na_2O：–　K_2O：–
  烧失量（Ig.loss）：–
  Fe_2O_3：–

孔雀绿
PEACOCK GREEN
MG019

- 产地（P.P）：湖北（Hubei）
- 一般用途（G.U）：–
- 储量（Reserve）：–
- 抗压强度（C.S）：–
- 抗折强度（M.R）：–
- 萧氏硬度（S.H）：–
- 吸水率（W.A）：–
- 岩石密度（B.D）：–
- 化学成分（C.P）：

SiO_2：–　Al_2O_3：–
CaO：–　MgO：–
Na_2O：–　K_2O：–
烧失量（Ig.loss）：–
Fe_2O_3：–

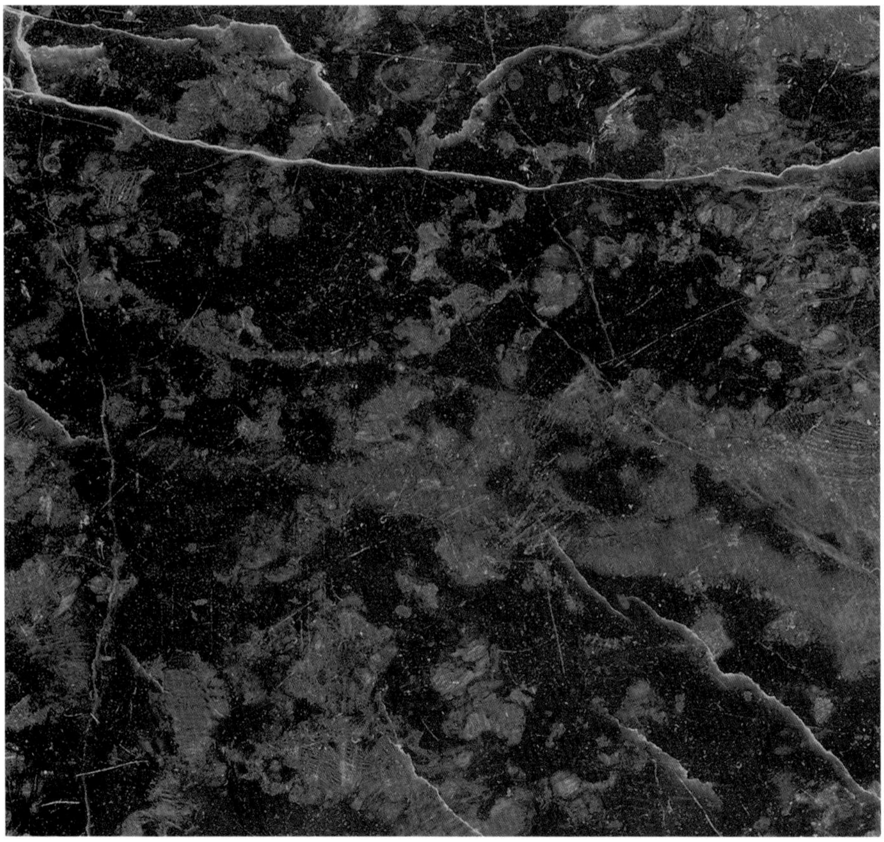

安徽大花绿
GREEN FLOWER ANHUI
MG020

- 产地（P.P）：安徽（Anhui）
- 一般用途（G.U）：–
- 储量（Reserve）：–
- 抗压强度（C.S）：–
- 抗折强度（M.R）：–
- 萧氏硬度（S.H）：–
- 吸水率（W.A）：–
- 岩石密度（B.D）：–
- 化学成分（C.P）：

SiO_2：–　Al_2O_3：–
CaO：–　MgO：–
Na_2O：–　K_2O：–
烧失量（Ig.loss）：–
Fe_2O_3：–

房山艾叶青 1102
WORMWOOD LEAF GREY
MC001

- 产地（P.P）：北京（Beijing）
- 矿址（Q.L）：北京房山区黄元井（Huangyuanjing Fangshan District Beijing）
- 一般用途（G.U）：
  用于室内装饰
  （Suit for interior decoration）
- 储量（Reserve）：35 万 m^3
- 抗压强度（C.S）：173.50 MPa
- 抗折强度（M.R）：10.48 MPa
- 肃氏硬度（S.H）：52.20
- 吸水率（W.A）：–
- 岩石密度（B.D）：2.89 g/cm^3
- 化学成分（C.P）：
  SiO_2：0.83　Al_2O_3：0.15
  CaO：30.91　MgO：2.23
  Na_2O：0.02　K_2O：0.04
  烧失量（Ig.loss）：46.41
  Fe_2O_3：0.08

宜兴青奶油 3258 –B
GREY CREAM
MC002

- 产地（P.P）：江苏（Jiangsu）
- 一般用途（G.U）：–
- 储量（Reserve）：–
- 抗压强度（C.S）：–
- 抗折强度（M.R）：–
- 肃氏硬度（S.H）：–
- 吸水率（W.A）：–
- 岩石密度（B.D）：–
- 化学成分（C.P）：
  SiO_2：–　Al_2O_3：–
  CaO：–　MgO：–
  Na_2O：–　K_2O：–
  烧失量（Ig.loss）：–
  Fe_2O_3：–

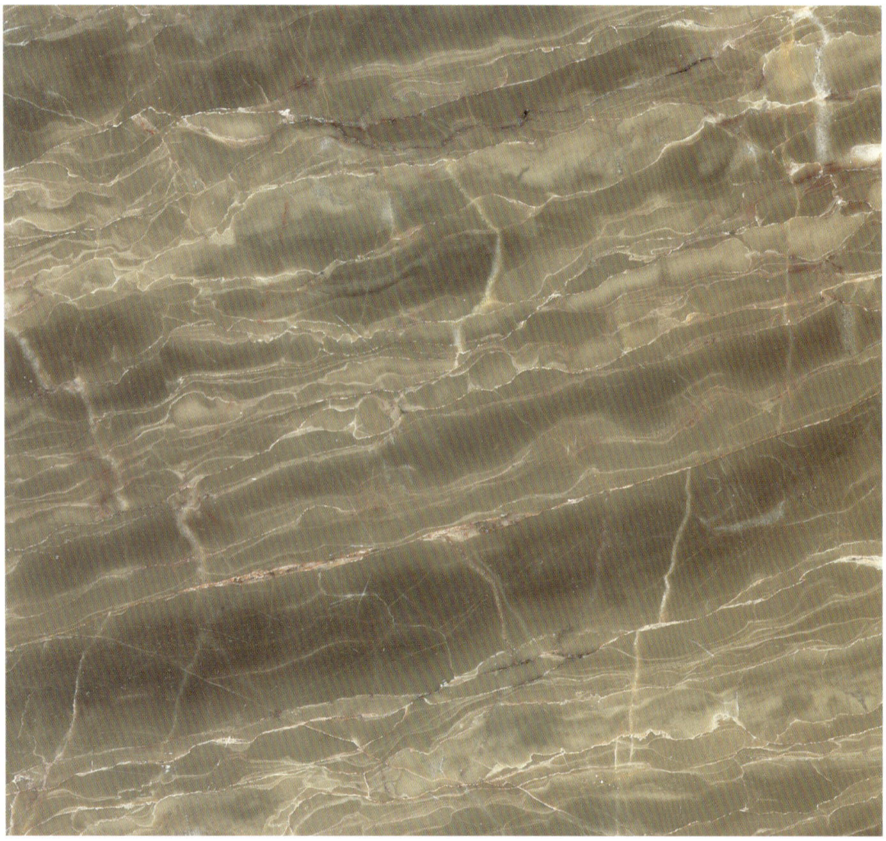

宜兴咖啡 3252
COFFEE YIXING
MCF001

- 产地（P.P）：江苏（Jiangsu）
- 矿址（Q.L）：江苏宜兴市张渚镇东郊约1公里的南天门（Niantianmen 1 kilometre away from tha east to Zhangzhu Town Yixing City Jiangsu Province）
- 一般用途（G.U）：–
- 储量（Reserve）：$3.6 \times 10^5 m^3$
- 抗压强度（C.S）：135 MPa
- 抗折强度（M.R）：10.90 MPa
- 萧氏硬度（S.H）：–
- 吸水率（W.A）：0.03 %
- 岩石密度（B.D）：2.71 g/cm^3
- 化学成分（C.P）：
  SiO_2：0.64　Al_2O_3：0.10
  CaO：52.98　MgO：0.96
  Na_2O：–　K_2O：–
  烧失量（Ig.loss）：43.18
  Fe_2O_3：0.12

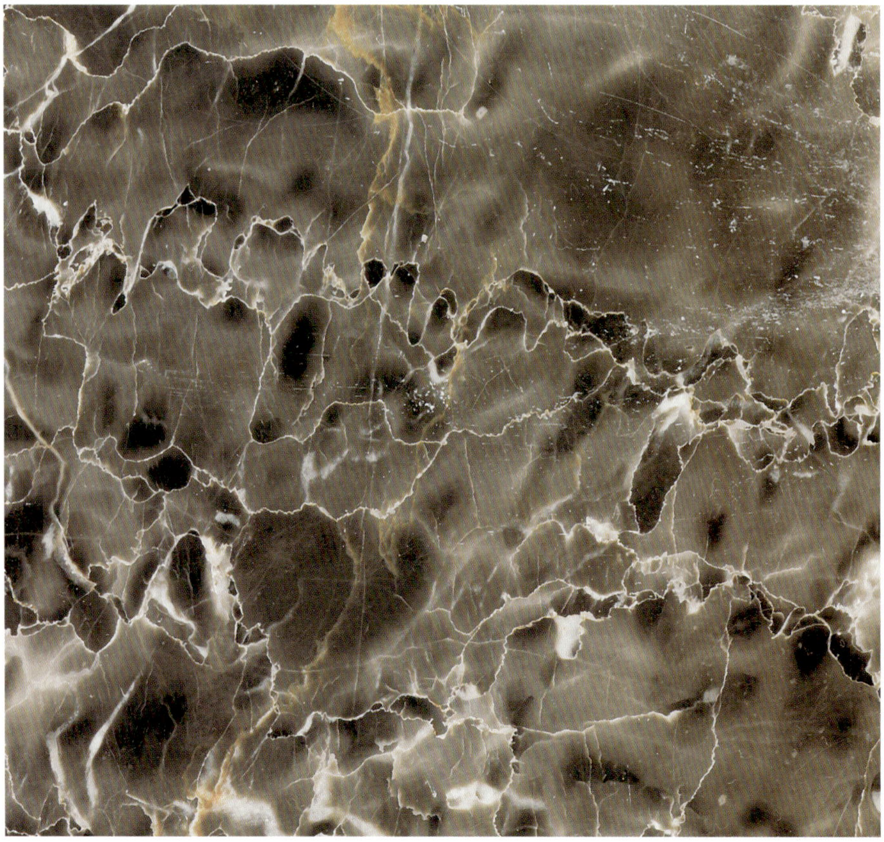

杭灰 3301
HANG GREY
MCF002

- 产地（P.P）：浙江（Zhejiang）
- 一般用途（G.U）：–
- 储量（Reserve）：–
- 抗压强度（C.S）：–
- 抗折强度（M.R）：–
- 萧氏硬度（S.H）：–
- 吸水率（W.A）：–
- 岩石密度（B.D）：–
- 化学成分（C.P）：
  SiO_2：–　Al_2O_3：–
  CaO：–　MgO：–
  Na_2O：–　K_2O：–
  烧失量（Ig.loss）：–
  Fe_2O_3：–

紫豆瓣
ZIDOUBAN
MCF003

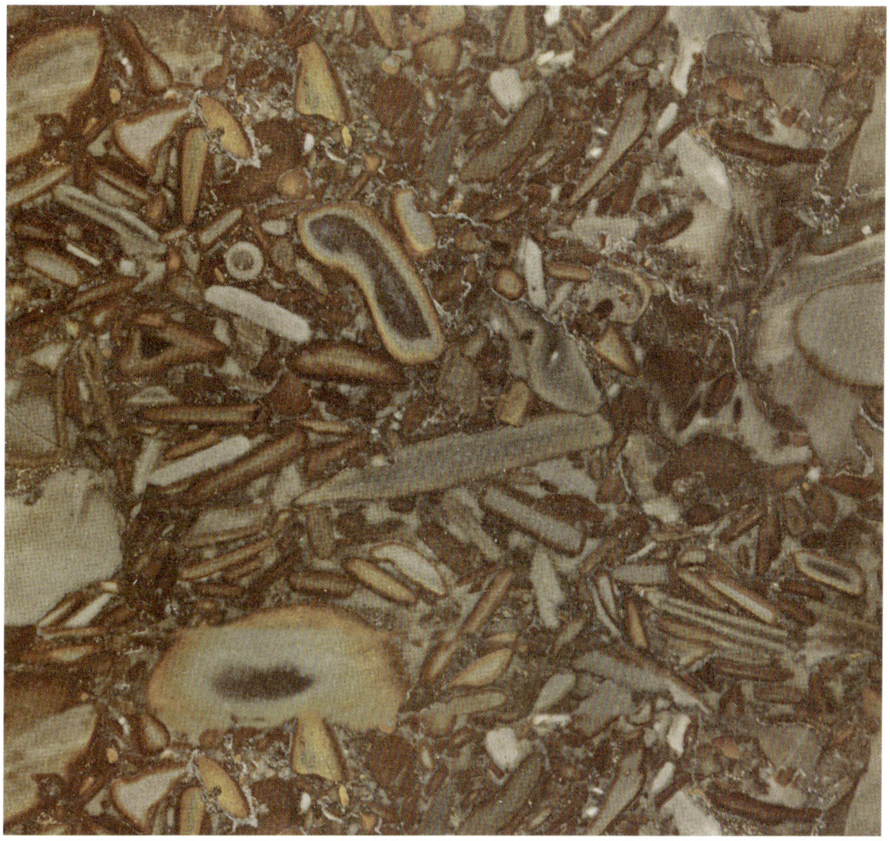

- 产地（P.P）：河北（Hebei）
- 一般用途（G.U）：–
- 储量（Reserve）：–
- 抗压强度（C.S）：–
- 抗折强度（M.R）：–
- 萧氏硬度（S.H）：–
- 吸水率（W.A）：–
- 岩石密度（B.D）：–
- 化学成分（C.P）：

SiO_2：–　Al_2O_3：–
CaO：–　MgO：–
Na_2O：–　K_2O：–
烧失量（Ig.loss）：–
Fe_2O_3：–

西部红
WESTERN RED
MCF004

- 产地（P.P）：新疆（Xinjiang）
- 一般用途（G.U）：–
- 储量（Reserve）：–
- 抗压强度（C.S）：–
- 抗折强度（M.R）：–
- 萧氏硬度（S.H）：–
- 吸水率（W.A）：–
- 岩石密度（B.D）：–
- 化学成分（C.P）：

SiO_2：–　Al_2O_3：–
CaO：–　MgO：–
Na_2O：–　K_2O：–
烧失量（Ig.loss）：–
Fe_2O_3：–

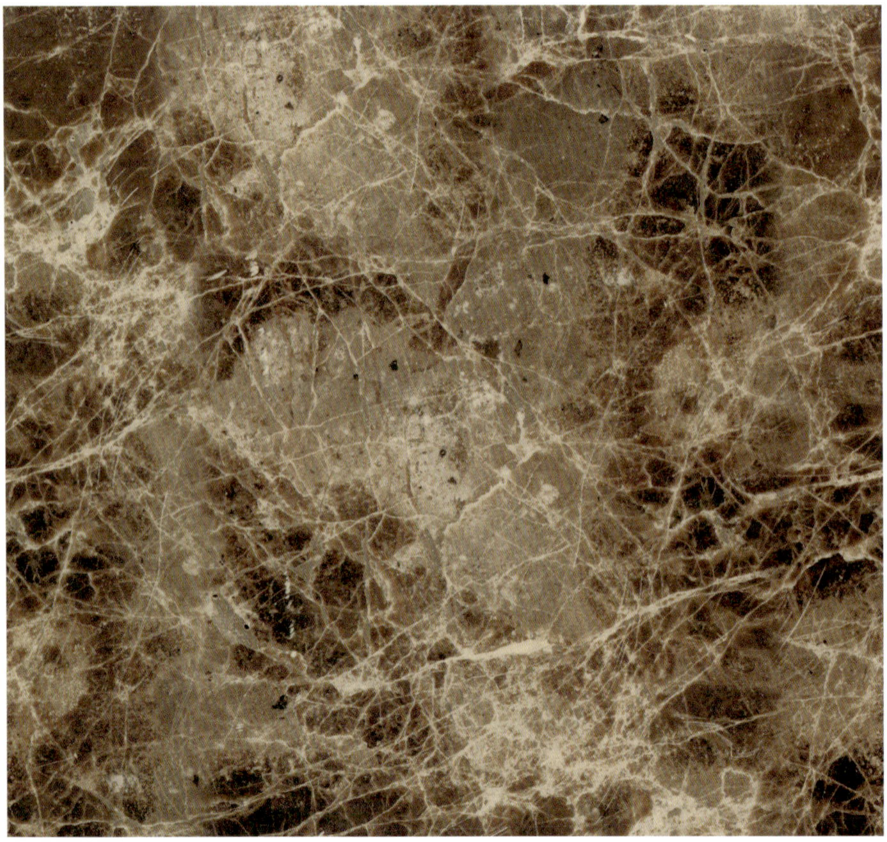

啡网纹 -A
FEI NET
MCF005

- 产地（P.P）：湖北（Hubei）
- 一般用途（G.U）：–
- 储量（Reserve）：–
- 抗压强度（C.S）：–
- 抗折强度（M.R）：–
- 萧氏硬度（S.H）：–
- 吸水率（W.A）：–
- 岩石密度（B.D）：–
- 化学成分（C.P）：

SiO_2：–　Al_2O_3：–
CaO：–　MgO：–
Na_2O：–　K_2O：–
烧失量（Ig.loss）：–
Fe_2O_3：–

啡网纹 -B
FEI NET
MCF006

- 产地（P.P）：湖北（Hubei）
- 一般用途（G.U）：–
- 储量（Reserve）：–
- 抗压强度（C.S）：–
- 抗折强度（M.R）：–
- 萧氏硬度（S.H）：–
- 吸水率（W.A）：–
- 岩石密度（B.D）：–
- 化学成分（C.P）：

SiO_2：–　Al_2O_3：–
CaO：–　MgO：–
Na_2O：–　K_2O：–
烧失量（Ig.loss）：–
Fe_2O_3：–

花杭灰
HUAHANG GREY
MCF007

- 产地（P.P）：湖北（Hubei）
- 一般用途（G.U）：–
- 储量（Reserve）：–
- 抗压强度（C.S）：–
- 抗折强度（M.R）：–
- 萧氏硬度（S.H）：–
- 吸水率（W.A）：–
- 岩石密度（B.D）：–
- 化学成分（C.P）：

  SiO_2：–　Al_2O_3：–
  CaO：–　MgO：–
  Na_2O：–　K_2O：–
  烧失量（Ig.loss）：–
  Fe_2O_3：–

金银玉
GOLDEN-SILVER JADE
MCF008

- 产地（P.P）：广西（Guangxi）
- 一般用途（G.U）：–
- 储量（Reserve）：–
- 抗压强度（C.S）：–
- 抗折强度（M.R）：–
- 萧氏硬度（S.H）：–
- 吸水率（W.A）：–
- 岩石密度（B.D）：–
- 化学成分（C.P）：

  SiO_2：–　Al_2O_3：–
  CaO：–　MgO：–
  Na_2O：–　K_2O：–
  烧失量（Ig.loss）：–
  Fe_2O_3：–

杜鹃红（杜鹃花）
CUCKOO RED
MCF009

- 产地（P.P）：广西（Guangxi）
- 一般用途（G.U）：
  用作高档装饰材料
  （For High Class Decoration）
- 储量（Reserve）：–
- 抗压强度（C.S）：–
- 抗折强度（M.R）：–
- 吸水率（W.A）：–
- 岩石密度（B.D）：–
- 化学成分（C.P）：
  SiO_2：–　Al_2O_3：–
  CaO：–　MgO：–
  Na_2O：–　K_2O：–
  烧失量（Ig.loss）：–
  Fe_2O_3：–

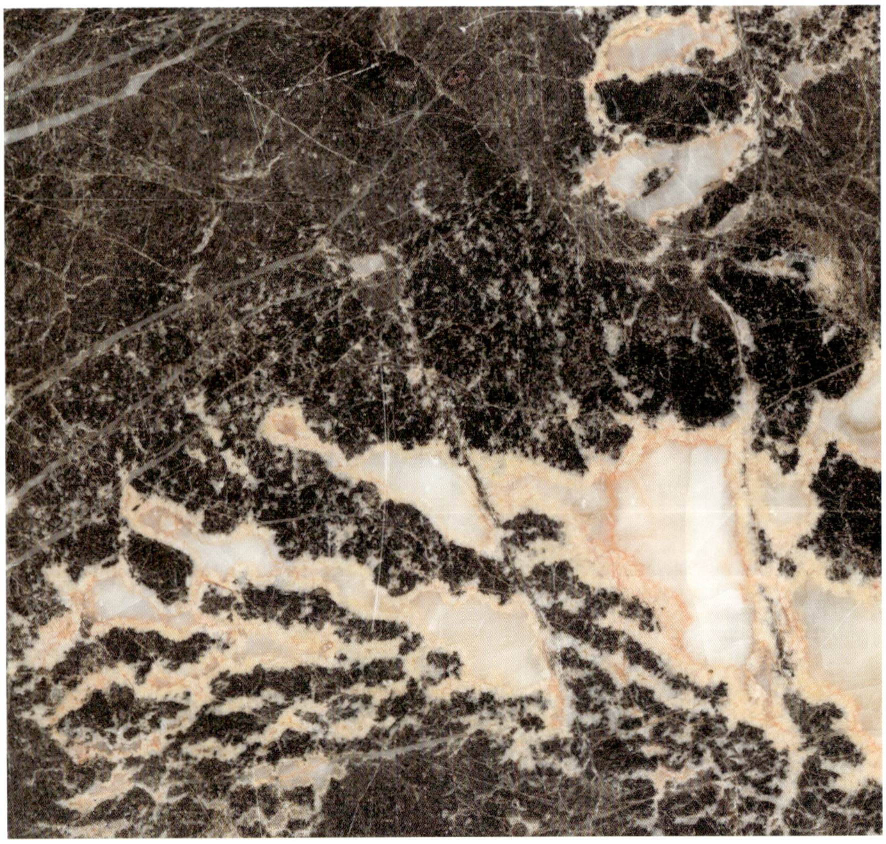

啡珊瑚（啡金花）
FEI CORAL
MCF010

- 产地（P.P）：云南（Yunan）
- 一般用途（G.U）：–
- 储量（Reserve）：–
- 抗压强度（C.S）：–
- 抗折强度（M.R）：–
- 萧氏硬度（S.H）：–
- 吸水率（W.A）：–
- 岩石密度（B.D）：–
- 化学成分（C.P）：
  SiO_2：–　Al_2O_3：–
  CaO：–　MgO：–
  Na_2O：–　K_2O：–
  烧失量（Ig.loss）：–
  Fe_2O_3：–

房山螺丝转 1110
WHORL FANGSHAN
MGY001

- 产地（P.P）：北京（Beijing）
- 矿址（Q.L）：北京房山区黄元井（Huangyuanjing Village Fangshan District Beijing）
- 一般用途（G.U）：用于室内装修（Suit for Interior decoration）
- 储量（Reserve）：2.4 × $10^5 m^3$
- 抗压强度（C.S）：157.40 MPa
- 抗折强度（M.R）：–
- 萧氏硬度（S.H）：50.90
- 吸水率（W.A）：–
- 岩石密度（B.D）：2.87 g/cm^3
- 化学成分（C.P）：

  SiO_2：0.19　Al_2O_3：0.29
  CaO：30.18　MgO：21.92
  Na_2O：0.44　K_2O：0.05
  烧失量（Ig.loss）：46.74

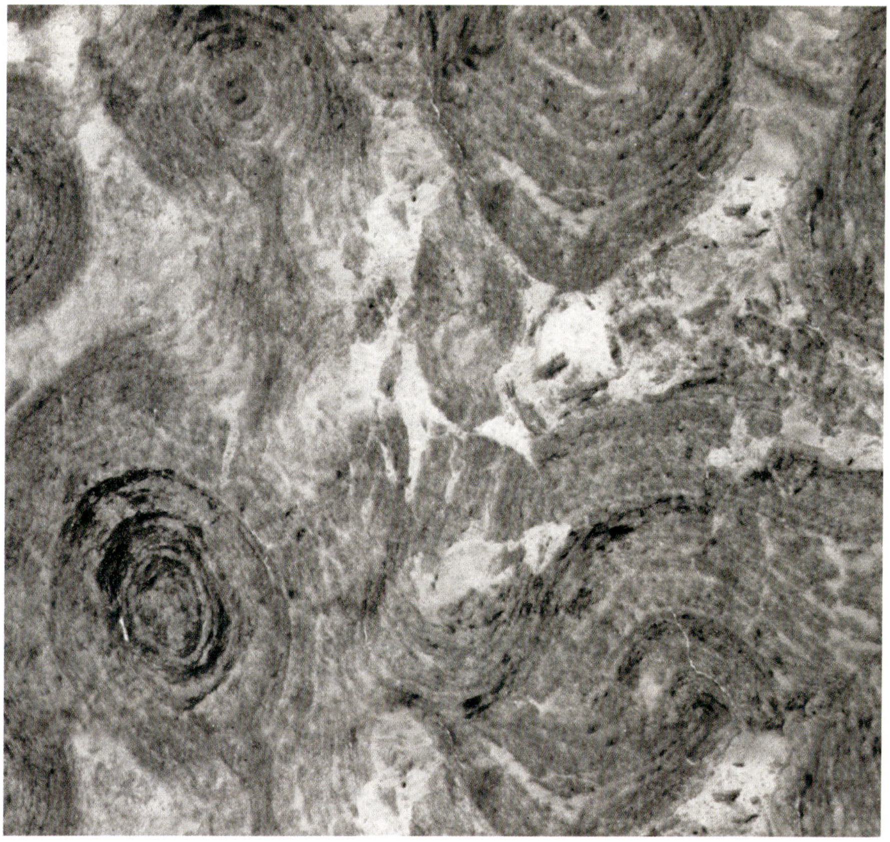

房山银晶 1130
SILVER CRYSTAL FANGSHAN
MGY002

- 产地（P.P）：北京（Beijing）
- 矿址（Q.L）：北京房山区罗家峪村（Luojiayu Village Fangshan District Beijing）
- 一般用途（G.U）：–
- 储量（Reserve）：7.5 × $10^4 m^3$
- 抗压强度（C.S）：87.28 MPa
- 抗折强度（M.R）：–
- 萧氏硬度（S.H）：–
- 吸水率（W.A）：–
- 岩石密度（B.D）：–
- 化学成分（C.P）：

  SiO_2：–　Al_2O_3：–
  CaO：–　MgO：–
  Na_2O：–　K_2O：–
  烧失量（Ig.loss）：–
  Fe_2O_3：–

金钱花
JINQIAN FLOWER
MGY003

- 产地（P.P）：广西（Guangxi）
- 一般用途（G.U）：–
- 储量（Reserve）：–
- 抗压强度（C.S）：–
- 抗折强度（M.R）：–
- 萧氏硬度（S.H）：–
- 吸水率（W.A）：–
- 岩石密度（B.D）：–
- 化学成分（C.P）：

  SiO_2：–　Al_2O_3：–
  CaO：–　MgO：–
  Na_2O：–　K_2O：–
  烧失量（Ig.loss）：–
  Fe_2O_3：–

宝兴青花灰 5103
GREY FLOWER BAOXING
MGY004

- 产地（P.P）：四川（Sichuan）
- 矿址（Q.L）：四川宝兴县锅巴岩（Guobayan Baoxing County Sichuan Province）
- 一般用途（G.U）：–
- 储量（Reserve）：–
- 抗压强度（C.S）：–
- 抗折强度（M.R）：–
- 萧氏硬度（S.H）：–
- 吸水率（W.A）：–
- 岩石密度（B.D）：–
- 化学成分（C.P）：

  SiO_2：–　Al_2O_3：–
  CaO：–　MgO：–
  Na_2O：–　K_2O：–
  烧失量（Ig.loss）：–
  Fe_2O_3：–

贞丰木纹石 5251
WOOD-GRAIN STONE ZHENFENG
MGY005

- 产地（P.P）：贵州（Guizhou）
- 矿址（Q.L）：贵州贞丰县和关岭县花江（Hua River Guanling County & Zhenfeng County Guizhou Province）
- 一般用途（G.U）：–
- 储量（Reserve）：–
- 抗压强度（C.S）：–
- 抗折强度（M.R）：–
- 萧氏硬度（S.H）：–
- 吸水率（W.A）：–
- 岩石密度（B.D）：–
- 化学成分（C.P）：
  SiO_2：1.01 Al_2O_3：0.28
  CaO：30.36 MgO：20.42
  Na_2O：– K_2O：–
  烧失量（Ig.loss）：46.53
  Fe_2O_3：0.05

大金花
DAJIN HUA
MGY006

- 产地（P.P）：湖北（Hubei）
- 一般用途（G.U）：–
- 储量（Reserve）：–
- 抗压强度（C.S）：–
- 抗折强度（M.R）：–
- 萧氏硬度（S.H）：–
- 吸水率（W.A）：–
- 岩石密度（B.D）：–
- 化学成分（C.P）：
  SiO_2：– Al_2O_3：–
  CaO：– MgO：–
  Na_2O：– K_2O：–
  烧失量（Ig.loss）：–
  Fe_2O_3：–

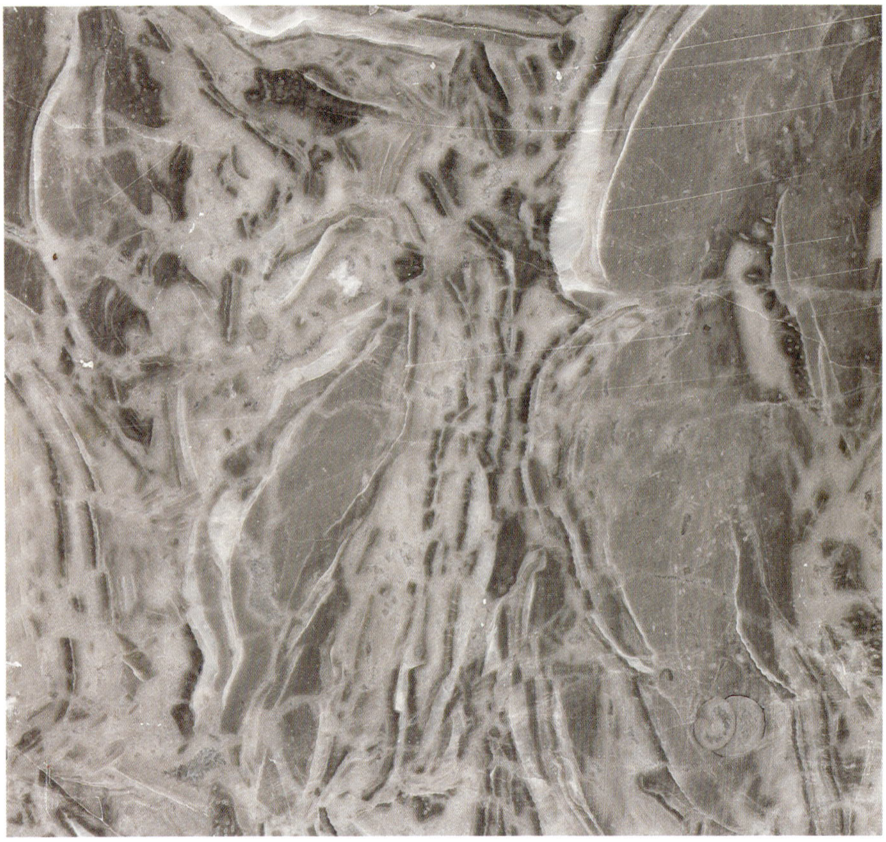

霸王花
BAWANG FLOWER
MGY007

- 产地（P.P）：广西（Guangxi）
- 一般用途（G.U）：–
- 储量（Reserve）：–
- 抗压强度（C.S）：–
- 抗折强度（M.R）：–
- 萧氏硬度（S.H）：–
- 吸水率（W.A）：–
- 岩石密度（B.D）：–
- 化学成分（C.P）：
  SiO_2：– Al_2O_3：–
  CaO：– MgO：–
  Na_2O：– K_2O：–
  烧失量（Ig.loss）：–
  Fe_2O_3：–

古文化
ANCIENT CULTURE
MGY008

- 产地（P.P）：云南（Yunnan）
- 一般用途（G.U）：–
- 储量（Reserve）：–
- 抗压强度（C.S）：–
- 抗折强度（M.R）：–
- 萧氏硬度（S.H）：–
- 吸水率（W.A）：–
- 岩石密度（B.D）：–
- 化学成分（C.P）：
  SiO_2：– Al_2O_3：–
  CaO：– MgO：–
  Na_2O：– K_2O：–
  烧失量（Ig.loss）：–
  Fe_2O_3：–

古海玉
GUHAI JADE
MGY009

- 产地（P.P）：云南（Yunnan）
- 一般用途（G.U）：–
- 储量（Reserve）：–
- 抗压强度（C.S）：–
- 抗折强度（M.R）：–
- 萧氏硬度（S.H）：–
- 吸水率（W.A）：–
- 岩石密度（B.D）：–
- 化学成分（C.P）：
  SiO_2：–　Al_2O_3：–
  CaO：–　MgO：–
  Na_2O：–　K_2O：–
  烧失量（Ig.loss）：–
  Fe_2O_3：–

金龙皮
GOLDEN DRAGON-SKIN
MGY010

- 产地（P.P）：河南（He'nan）
- 一般用途（G.U）：–
- 储量（Reserve）：–
- 抗压强度（C.S）：–
- 抗折强度（M.R）：–
- 萧氏硬度（S.H）：–
- 吸水率（W.A）：–
- 岩石密度（B.D）：–
- 化学成分（C.P）：
  SiO_2：–　Al_2O_3：–
  CaO：–　MgO：–
  Na_2O：–　K_2O：–
  烧失量（Ig.loss）：–
  Fe_2O_3：–

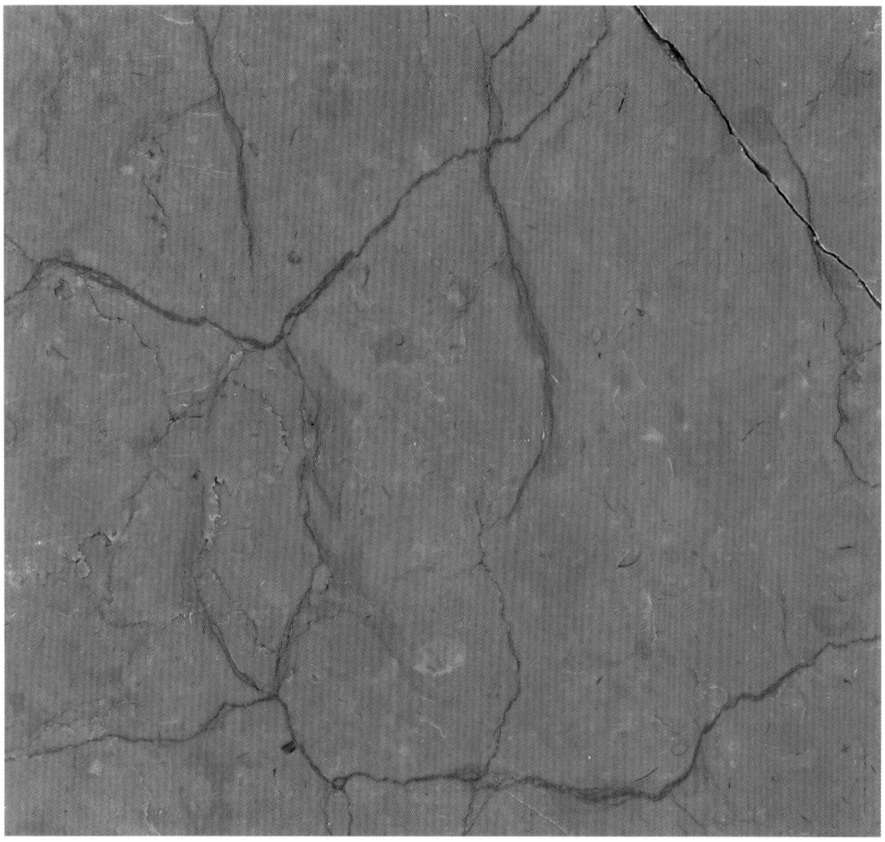

灰网
GREY NET
MGY011

- 产地（P.P）：湖北（Hubei）
- 一般用途（G.U）：–
- 储量（Reserve）：–
- 抗压强度（C.S）：–
- 抗折强度（M.R）：–
- 萧氏硬度（S.H）：–
- 吸水率（W.A）：–
- 岩石密度（B.D）：–
- 化学成分（C.P）：

  SiO_2：–　Al_2O_3：–
  CaO：–　MgO：–
  Na_2O：–　K_2O：–
  烧失量（Ig.loss）：–
  Fe_2O_3：–

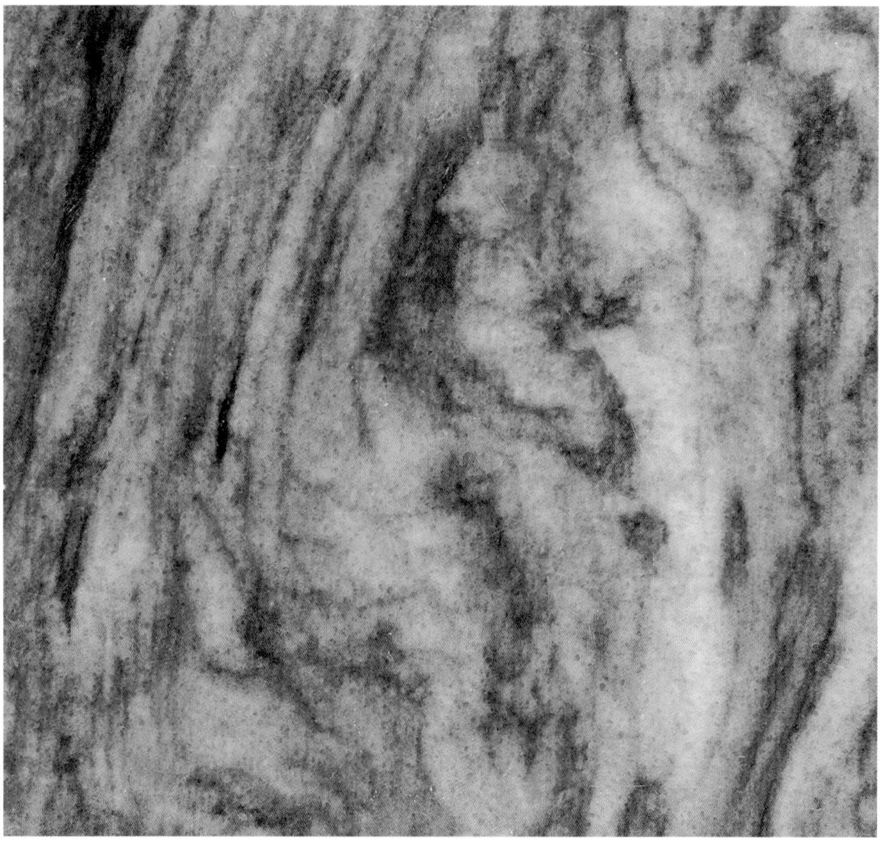

云灰
CLOUDY GREY
MGY012

- 产地（P.P）：广东（Guangdong）
- 一般用途（G.U）：–
- 储量（Reserve）：–
- 抗压强度（C.S）：–
- 抗折强度（M.R）：–
- 萧氏硬度（S.H）：–
- 吸水率（W.A）：–
- 岩石密度（B.D）：–
- 化学成分（C.P）：

  SiO_2：–　Al_2O_3：–
  CaO：–　MgO：–
  Na_2O：–　K_2O：–
  烧失量（Ig.loss）：–
  Fe_2O_3：–

冰花玉
ICE-FLOWER JADE
MGY013

- 产地（P.P）：河南（He'nan）
- 一般用途（G.U）：–
- 储量（Reserve）：–
- 抗压强度（C.S）：–
- 抗折强度（M.R）：–
- 肃氏硬度（S.H）：–
- 吸水率（W.A）：–
- 岩石密度（B.D）：–
- 化学成分（C.P）：
  SiO_2：–　Al_2O_3：–
  CaO：–　MgO：–
  Na_2O：–　K_2O：–
  烧失量（Ig.loss）：–
  Fe_2O_3：–

啡贝花（海贝花）
FEIBEI FLOWER
MGY014

- 产地（P.P）：河南（He'nan）
- 一般用途（G.U）：–
- 储量（Reserve）：–
- 抗压强度（C.S）：–
- 抗折强度（M.R）：–
- 肃氏硬度（S.H）：–
- 吸水率（W.A）：–
- 岩石密度（B.D）：–
- 化学成分（C.P）：
  SiO_2：–　Al_2O_3：–
  CaO：–　MgO：–
  Na_2O：–　K_2O：–
  烧失量（Ig.loss）：–
  Fe_2O_3：–

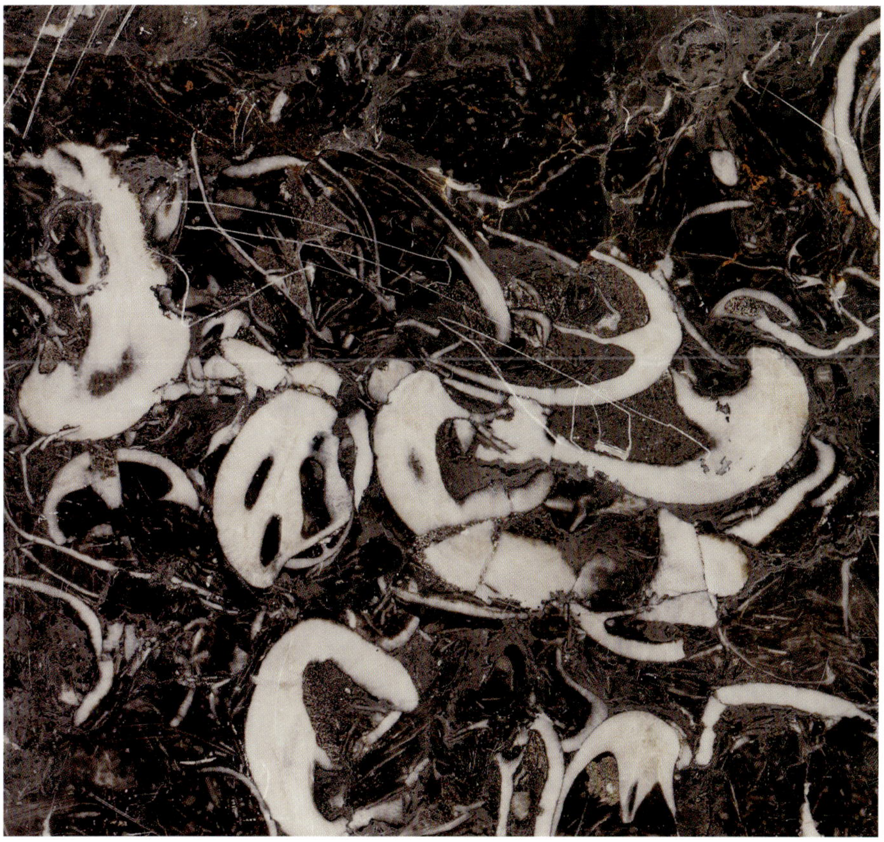

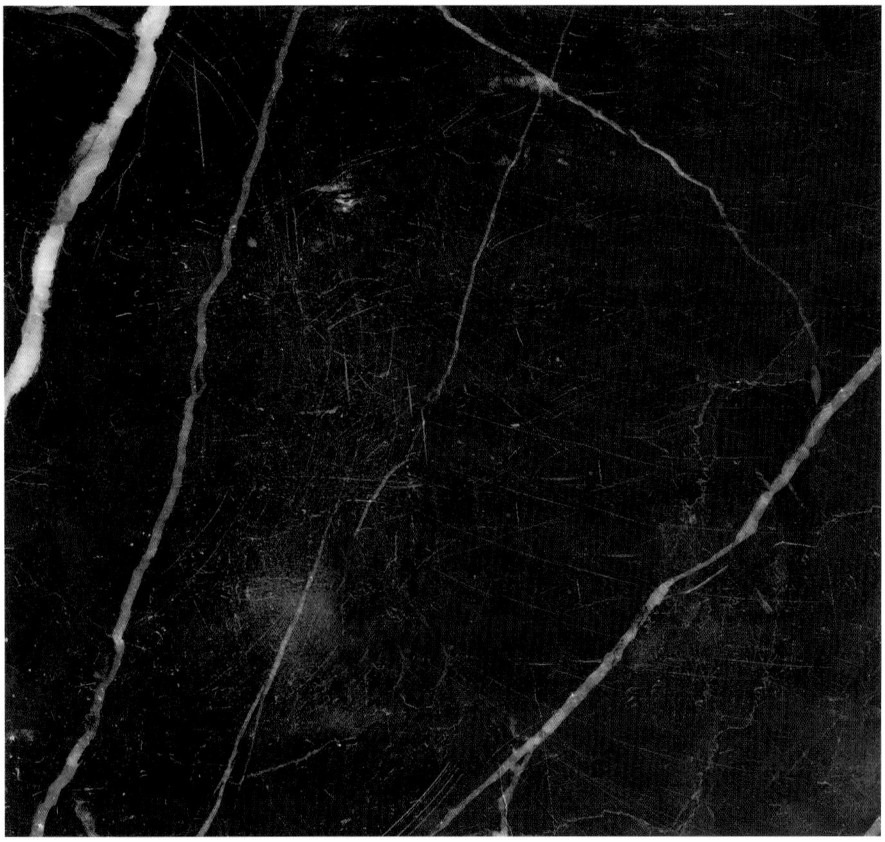

通山黑白根 4296
BLACK-WHITE STRIPE TONGSHAN
MBK001

- 产地（P.P）：湖北（Hubei）
- 矿址（Q.L）：湖北通山（Tongshan County Hubei Province）
- 一般用途（G.U）：-
- 储量（Reserve）：-
- 抗压强度（C.S）：-
- 抗折强度（M.R）：-
- 萧氏硬度（S.H）：-
- 吸水率（W.A）：-
- 岩石密度（B.D）：-
- 化学成分（C.P）：

SiO_2：-　Al_2O_3：-
CaO：-　MgO：-
Na_2O：-　K_2O：-
烧失量（Ig.loss）：-
Fe_2O_3：-

毕节晶墨玉 5261
BLACK CRYSTAL JADE BIJIE
MBK002

- 产地（P.P）：贵州（Guizhou）
- 矿址（Q.L）：贵州毕节县杨家湾（Yangjiawan Bijie County Guizhou Province）
- 一般用途（G.U）：-
- 储量（Reserve）：-
- 抗压强度（C.S）：-
- 抗折强度（M.R）：-
- 萧氏硬度（S.H）：-
- 吸水率（W.A）：-
- 岩石密度（B.D）：-
- 化学成分（C.P）：

SiO_2：-　Al_2O_3：-
CaO：-　MgO：-
Na_2O：-　K_2O：-
烧失量（Ig.loss）：-
Fe_2O_3：-

双峰黑
SHUANGFENG BLACK
MBK003

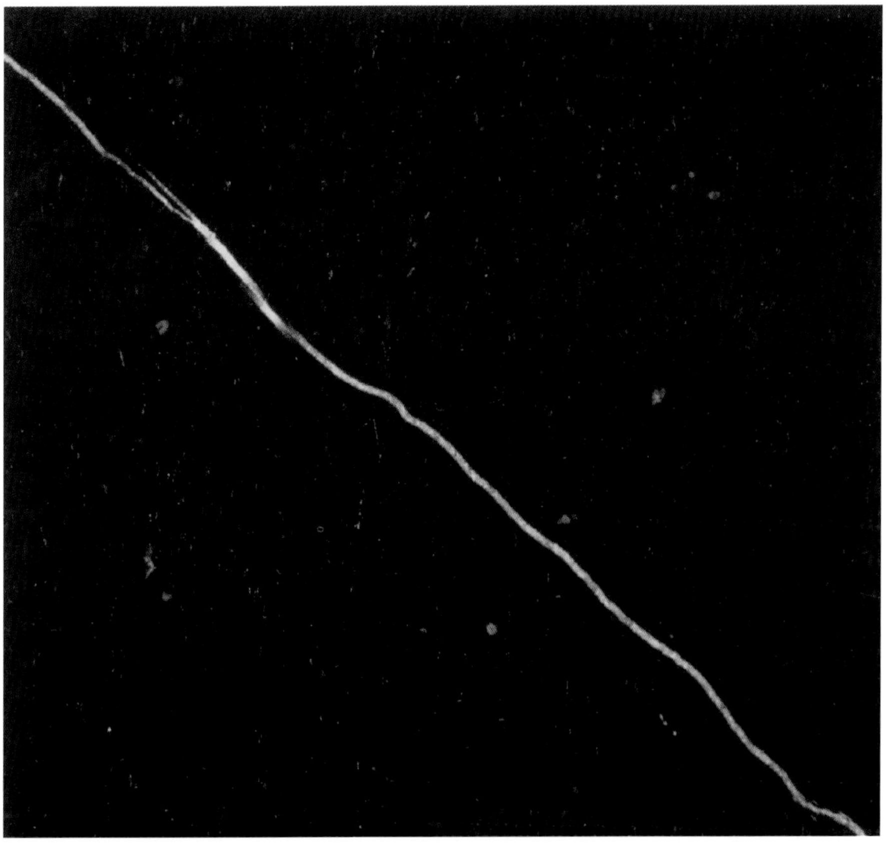

- 产地（P.P）：湖南（Hu'nan）
- 一般用途（G.U）：–
- 储量（Reserve）：–
- 抗压强度（C.S）：–
- 抗折强度（M.R）：–
- 肃氏硬度（S.H）：–
- 吸水率（W.A）：–
- 岩石密度（B.D）：–
- 化学成分（C.P）：
  SiO_2：–　Al_2O_3：–
  CaO：–　MgO：–
  Na_2O：–　K_2O：–
  烧失量（Ig.loss）：–
  Fe_2O_3：–

湖北墨玉
BLACK JADE HUBEI
MBK004

- 产地（P.P）：湖北（Hubei）
- 一般用途（G.U）：–
- 储量（Reserve）：–
- 抗压强度（C.S）：–
- 抗折强度（M.R）：–
- 肃氏硬度（S.H）：–
- 吸水率（W.A）：–
- 岩石密度（B.D）：–
- 化学成分（C.P）：
  SiO_2：–　Al_2O_3：–
  CaO：–　MgO：–
  Na_2O：–　K_2O：–
  烧失量（Ig.loss）：–
  Fe_2O_3：–

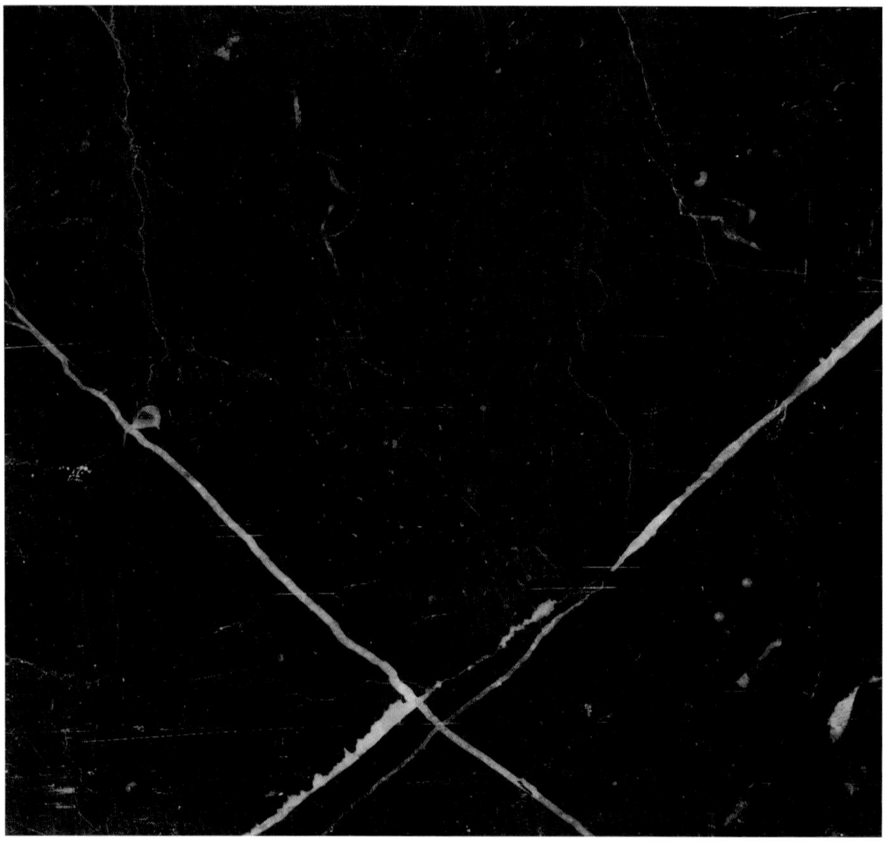

黑白根
BLACK-WHITE STRIPE
MBK005

- 产地（P.P）：广西（Guangxi）
- 一般用途（G.U）：–
- 储量（Reserve）：–
- 抗压强度（C.S）：–
- 抗折强度（M.R）：–
- 萧氏硬度（S.H）：–
- 吸水率（W.A）：–
- 岩石密度（B.D）：–
- 化学成分（C.P）：

SiO_2：– Al_2O_3：–
CaO：– MgO：–
Na_2O：– K_2O：–
烧失量（Ig.loss）：–
Fe_2O_3：–

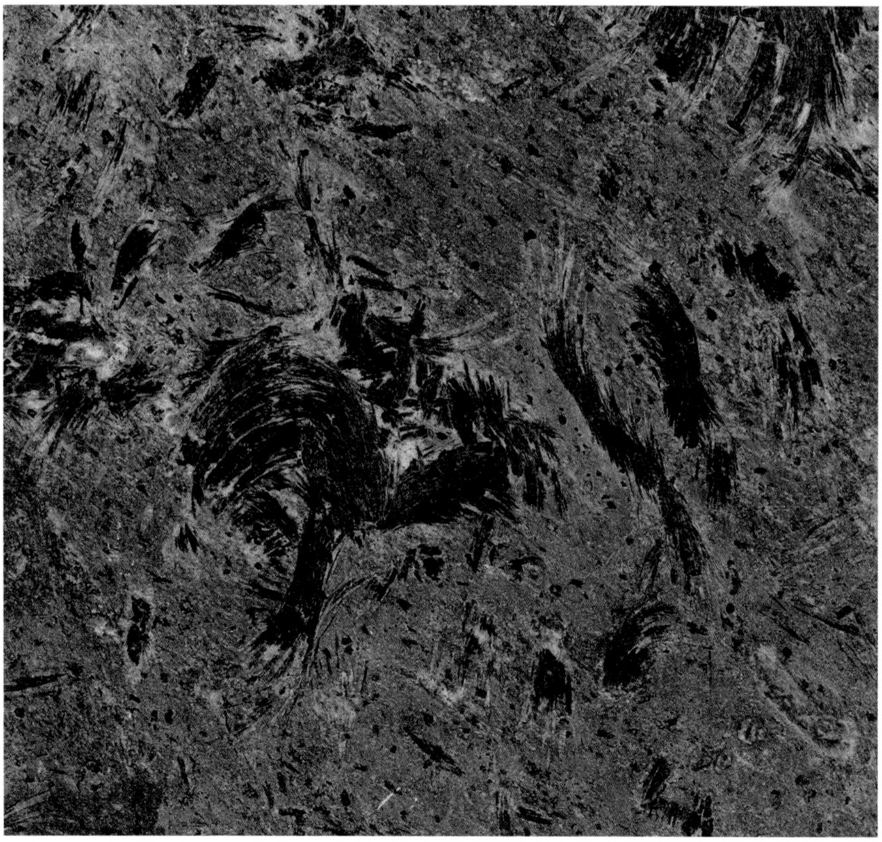

凤羽花
FENGYU FLOWER
MBK006

- 产地（P.P）：四川（Sichuan）
- 一般用途（G.U）：–
- 储量（Reserve）：–
- 抗压强度（C.S）：–
- 抗折强度（M.R）：–
- 萧氏硬度（S.H）：–
- 吸水率（W.A）：–
- 岩石密度（B.D）：–
- 化学成分（C.P）：

SiO_2：– Al_2O_3：–
CaO：– MgO：–
Na_2O：– K_2O：–
烧失量（Ig.loss）：–
Fe_2O_3：–

雅伦金
ELEGANT GOLD
MBK007

- 产地（P.P）：湖北（Hubei）
- 一般用途（G.U）：–
- 储量（Reserve）：–
- 抗压强度（C.S）：74.2 MPa
- 抗折强度（M.R）：–
- 萧氏硬度（S.H）：–
- 吸水率（W.A）：2.13 %
- 岩石密度（B.D）：2.57 g/cm^3
- 化学成分（C.P）：

  SiO_2：– Al_2O_3：–
  CaO：– MgO：–
  Na_2O：– K_2O：–
  烧失量（Ig.loss）：–
  Fe_2O_3：–

菊花石
CHRYSANTHEMUM STONE
MOT001

- 产地（P.P）：河南（He'nan）
- 一般用途（G.U）：–
- 储量（Reserve）：–
- 抗压强度（C.S）：–
- 抗折强度（M.R）：–
- 萧氏硬度（S.H）：–
- 吸水率（W.A）：–
- 岩石密度（B.D）：–
- 化学成分（C.P）：

  SiO_2：– Al_2O_3：–
  CaO：– MgO：–
  Na_2O：– K_2O：–
  烧失量（Ig.loss）：–
  Fe_2O_3：–

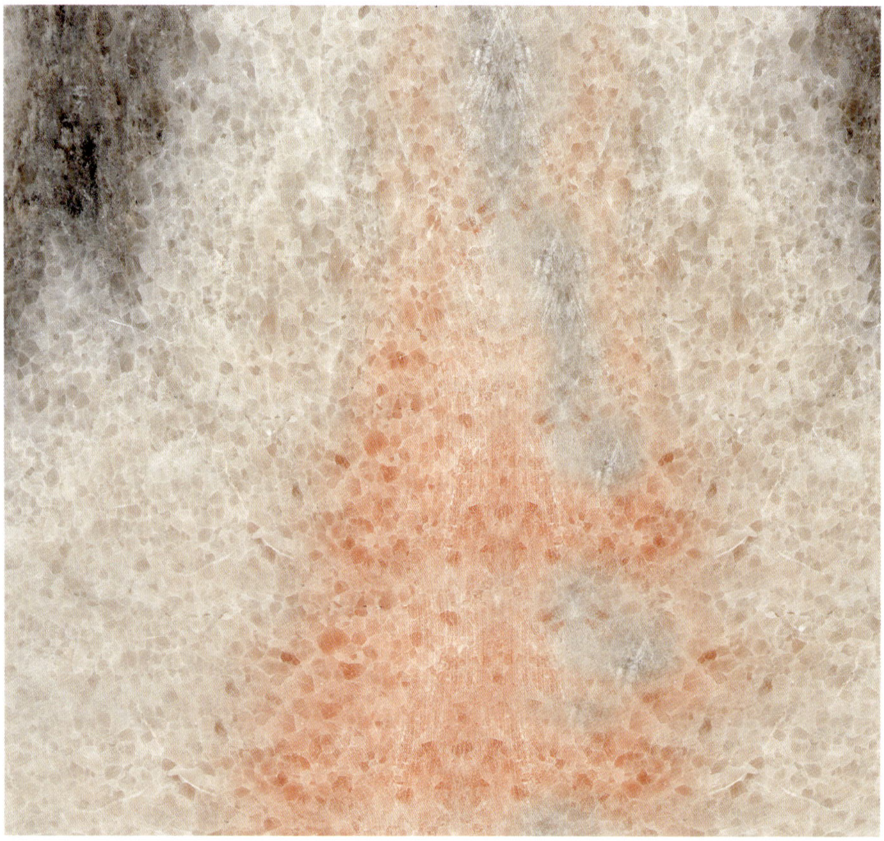

七彩玉
SEVEN-COLOUR GEM
MOT002

- 产地（P.P）：河南（He'nan）
- 一般用途（G.U）：－
- 储量（Reserve）：－
- 抗压强度（C.S）：－
- 抗折强度（M.R）：－
- 萧氏硬度（S.H）：－
- 吸水率（W.A）：－
- 岩石密度（B.D）：－
- 化学成分（C.P）：

  SiO_2：－ Al_2O_3：－
  CaO：－ MgO：－
  Na_2O：－ K_2O：－
  烧失量（Ig.loss）：－
  Fe_2O_3：－

卧龙图
WOLONG DRAWING
MOT003

- 产地（P.P）：河南（He'nan）
- 一般用途（G.U）：－
- 储量（Reserve）：－
- 抗压强度（C.S）：－
- 抗折强度（M.R）：－
- 萧氏硬度（S.H）：－
- 吸水率（W.A）：－
- 岩石密度（B.D）：－
- 化学成分（C.P）：

  SiO_2：－ Al_2O_3：－
  CaO：－ MgO：－
  Na_2O：－ K_2O：－
  烧失量（Ig.loss）：－
  Fe_2O_3：－

国产板岩

Domestic Grit

林州银晶板4101
SILVER CRYSTAL
LINZHOU
SW001

● 产地（P.P):河南（He'nan)

白砂石板石
WHITE SAND SLATE
SW002

● 产地（P.P):山西（Shanxi)

白砂岩（光板）
WHITE SAND STONE (POLISHING)
SW003

● 产地（P.P):山西(Shanxi)

金秀岩板石
JINXIU SLATE
SW004

● 产地（P.P):北京（Beijing）

霞云岭乡红白板岩
WHITE-RED SLATE
XIAYUNLING
SW005

- 产地（P.P）:北京（Beijing）

芝麻黄
SESAME YELLOW
SY001

- 产地（P.P）:河北（Hebei）

芝麻黄板石
SESAME YELLOW SLATE
SY002

● 产地（P.P）:河北（Hebei）

虎皮花板石
TIGER-SKIN SLATE
SY003

● 产地（P.P）:河北（Hebei）

粉黄砂板石
PINK SAND SLATE
SY004

● 产地（P.P）:河南（He'nan）

粉砂岩（光板）
PINK SAND STONE (POLISHING)
SR001

● 产地（P.P）:河南（He'nan）

粉砂岩板石
PINK GRIT
SR002

● 产地（P.P）:河北（Hebei）

红砂岩（光板）-A
PINK SAND STONE
SR003

● 产地（P.P）:河北（Hebei）

红砂岩（光板）-B
PINK SAND STONE
SR004

● 产地（P.P）:河北（Hebei）

P007（光板）

SG001

● 产地（P.P）:河北（Hebei）

绿砂岩板石
GREEN GRIT SLATE
SG002

● 产地（P.P）:山西（Shanxi）

永定乡豆绿板石－A
BEAN GREEN SLATE YONGDING
SG003

● 产地（P.P）:北京（Beijing）

永定乡豆绿板石-B
BEAN GREEN SLATE YONGDING
SG004

● 产地（P.P）:北京（Beijing）

绿晶石（光板）
GREEN CRYSTAL
SG005

● 产地（P.P）:北京（Beijing）

石英小花板石
SILICA SLATE
(FINE GRAIN)
SG006

● 产地（P.P):河北（Hebei）

粉石英板
PINK SILICA SLATE
SG007

● 产地（P.P):河北（Hebei）

贵顺青板石 5201
GUISHUN GREEN SLATE
SC001

● 产地（P.P）:贵州（Guizhou）

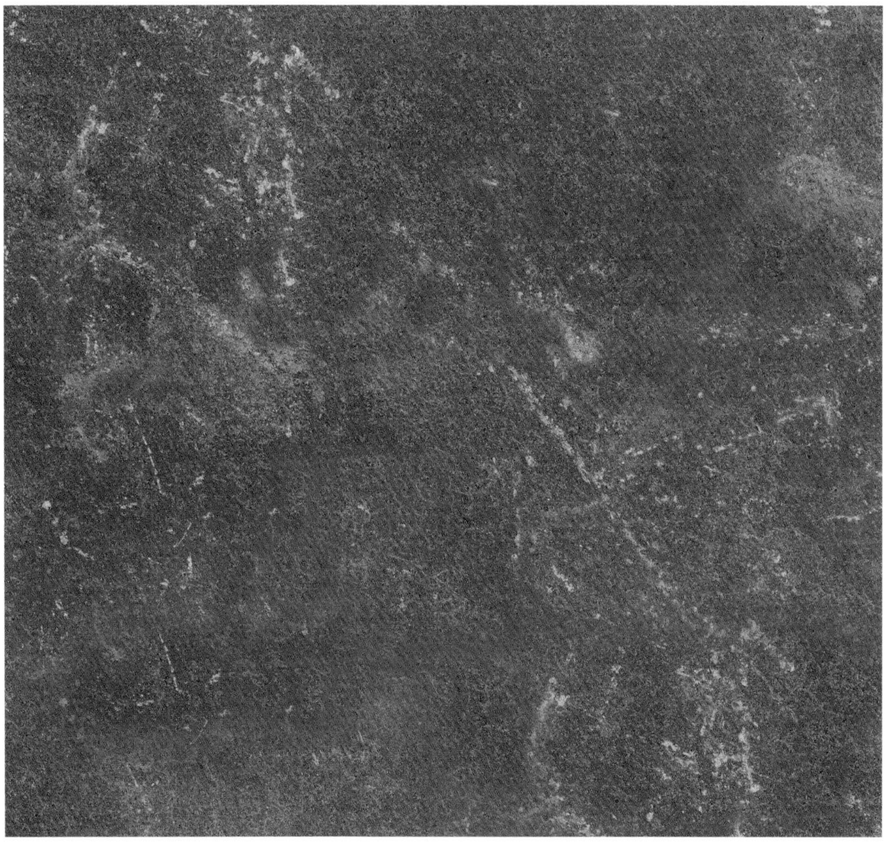

紫青岩板石
CYANOSIS SLATE
SC002

● 产地（P.P）:北京（Beijing）

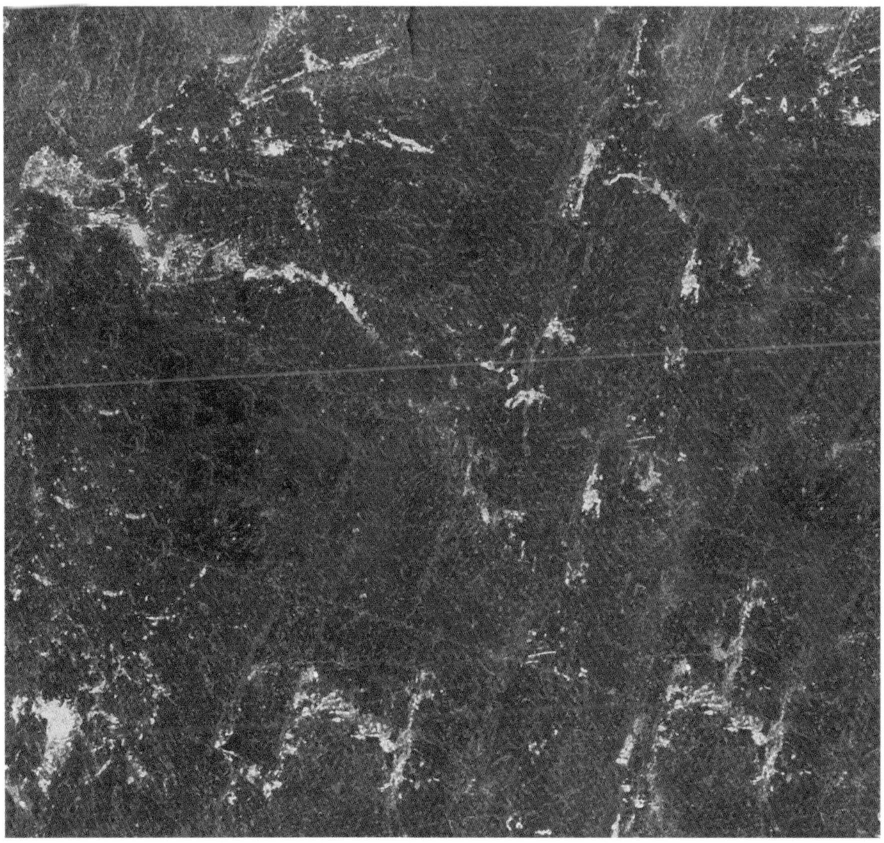

永定乡豆青板石 -A
CYAN SLATE YONGDING
SC003

● 产地（P.P）:北京（Beijing）

定乡豆青板石 -B
CYAN SLATE YONGDING
SC004

● 产地（P.P）:北京（Beijing）

霞云岭青板石 1115
GREEN SLATE
XIAYUNLING
SC005

● 产地（P.P）:北京（Beijing）

紫板石
PURPLE SLATE
SCF001

● 产地（P.P）:河北（Hebei）

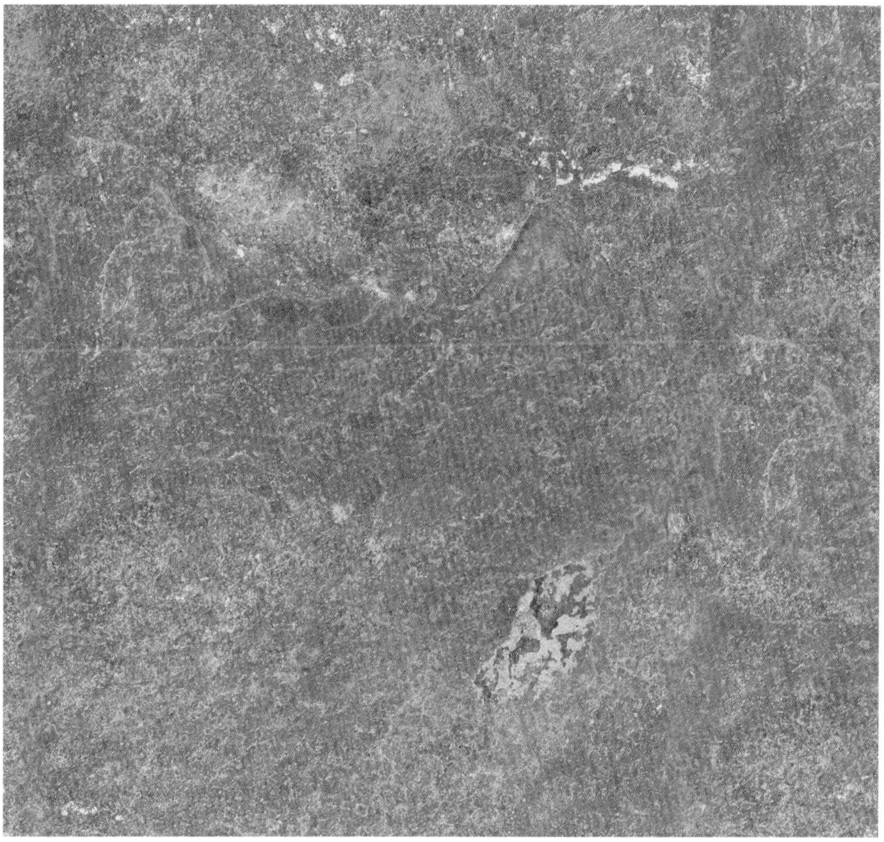

紫银晶（光板）
PURPLE SILVER CRYSTAL
SCF002

- 产地（P.P）:贵州（Guizhou）

桃江灰板石 4301
TAOJIANG GREY SLATE
SBK001

- 产地（P.P）:湖南（Hu'nan）

霞云岭锈板石 1118
RUST SLATE XIAYUNLING
SBK002

● 产地（P.P):河北（Hebei）

凤凰黑 4306
PHOENIX BLACK
SBK003

● 产地（P.P):湖南（Hu'nan）

纳雍黑板石 5202
NAYONG BLACK SLATE
SBK004

● 产地（P.P）:贵州（Guizhou）

黑砂岩板石
BLACK GRIT
SBK005

● 产地（P.P）:北京（Beijing）

黑板石
BLACK SLATE
SBK006

- 产地（P.P）:北京（Beijing）

黑窿石（火山石）
VOLCANO BLACK
SOT001

- 产地（P.P）:
  黑龙江（Heilongjiang）
- 一般用途（G.U）: –
- 储量（Reserve）: –
- 抗压强度（C.S）: –
- 抗折强度（M.R）: –
- 萧氏硬度（S.H）: –
- 吸水率（W.A）: 3.39%
- 岩石密度（B.D）: 2.27g/cm^3
- 化学成分（C.P）:
  SiO_2: –　Al_2O_3: –
  CaO: –　MgO: –
  Na_2O: –　K_2O: –
  烧失量（Ig.loss）: –
  Fe_2O_3: –

木纹砂岩（木纹岩）
WOOD-GRAIN GRIT
SOT002

- 产地（P.P）：云南（Yunnan）
- 一般用途（G.U）：–
- 储量（Reserve）：–
- 抗压强度（C.S）：–
- 抗折强度（M.R）：–
- 萧氏硬度（S.H）：–
- 吸水率（W.A）：–
- 岩石密度（B.D）：–
- 化学成分（C.P）：

  SiO_2：–　Al_2O_3：–
  CaO：–　MgO：–
  Na_2O：–　K_2O：–
  烧失量（Ig.loss）：–
  Fe_2O_3：–

昆明黄砂岩
YELLOW GRIT KUNMING
SOT003

- 产地（P.P）：云南（Yunnan）
- 一般用途（G.U）：–
- 储量（Reserve）：–
- 抗压强度（C.S）：–
- 抗折强度（M.R）：–
- 萧氏硬度（S.H）：–
- 吸水率（W.A）：3.39%
- 岩石密度（B.D）：2.27g/cm^3
- 化学成分（C.P）：

  SiO_2：–　Al_2O_3：–
  CaO：–　MgO：–
  Na_2O：–　K_2O：–
  烧失量（Ig.loss）：–
  Fe_2O_3：–